21 世纪全国高职高专电子信息系列技能型规划教材

高频电子技术

主　编　朱小祥

副主编　陈晓黎　王文婷

参　编　周福平　朱芸　张成军

北京大学出版社

PEKING UNIVERSITY PRESS

内 容 简 介

高频电子技术是电子信息、通信类专业的主要技术基础课程，是模拟电子线路课程的后续内容。高频电子技术研究的是高频信号的产生、发射、接收和处理的相关电路，主要解决无线电广播、电视和通信中发射与接收信号的有关技术问题。本书主要内容有高频小信号放大器，高频功率放大器，正弦波振荡器，振幅调制、解调及混频，角度调制与解调，反馈控制电路，数字调制与解调，高频电子线路实验以及高频电子线路实训等。

本书根据应用型高职高专的教学要求和特点，注重理论与实践相结合，重视理论知识的实际应用。

本书可作为高等学校应用型高职高专电子信息、通信类专业的教材，也可供有关工程技术人员参考。

图书在版编目(CIP)数据

高频电子技术/朱小祥主编. —北京：北京大学出版社，2012.6
(21世纪全国高职高专电子信息系列技能型规划教材)
ISBN 978-7-301-20706-2

Ⅰ.①高…　Ⅱ.①朱…　Ⅲ.①高频—电子电路—高等职业教育—教材　Ⅳ.①TN710.2

中国版本图书馆 CIP 数据核字(2012)第 108833 号

书　　　　名：	高频电子技术
著作责任者：	朱小祥　主编
策划编辑：	赖　青　张永见
责任编辑：	刘健军
标准书号：	ISBN 978-7-301-20706-2/TN・0089
出　版　者：	北京大学出版社
地　　　址：	北京市海淀区成府路 205 号　100871
网　　　址：	http://www.pup.cn　http://www.pup6.cn
电　　　话：	邮购部 62752015　发行部 62750672　编辑部 62750667　出版部 62754962
电子邮箱：	pup_6@163.com
印　刷　者：	北京鑫海金澳胶印有限公司
发　行　者：	北京大学出版社
经　销　者：	新华书店

787 毫米×1092 毫米　16 开本　16.75 印张　390 千字
2012 年 6 月第 1 版　2012 年 6 月第 1 次印刷

定　　　价：32.00 元

前　言

高频电子技术是应用电子技术、电子信息技术及通信技术等专业的一门基础课，其理论性及实践性都极其重要。

本书除提供一般高频教材要求掌握的高频小信号放大器、高频功率放大器、正弦波振荡器、振幅调制、检波及混频、角度调制与解调、反馈控制电路和数字信号的调制与解调等内容外，还用两章的篇幅着重讲解高频典型的实验，以及强调学生实际动手能力的高频实训。通过这些实验及实训，最终激发学生对高频的兴趣，掌握无线信号发送与接收的原理，日后可以应对电子设计中关于高频的内容，达到能够检修维护无线电信号发送或接收设备的目的。

为适应高频电子技术高职高专的教学要求，本书在编写的过程中，理论知识部分从够用的角度出发，相关知识点摒弃了纷繁复杂的计算，以降低学生学习本门课程的畏难情绪。另外，从实践教学考虑，本书从3个方面立体考虑。一是选取6个典型的实验，其实验板可根据本书提供的电路图自己制作，提高学生的实际制作能力。通过这6个实验，学生基本掌握所对应的理论知识内容。二是从集中实训出发，本书提供了3个较为典型的动手操作内容，紧贴理论知识内容。三是采用仿真技术，几个重要的章节列举了典型的电路进行仿真，使得学生能够方便地进行相关知识点的验证。每一章后面还提供了大量丰富的习题内容，通过练习，使学生进一步巩固所学内容，并拥有独立分析问题、解决问题的能力。

本书内容讲解深入浅出、编排独特、形式新颖、目标明确、方式多样，有利于促进高职高专学生对本课程的求知欲和学习主动性。本书安排的课时为86课时左右，其中理论教学60课时左右，集中实训一周（26课时左右）。

本书由武汉软件工程职业学院朱小祥任主编并统稿全书，湖北科技职业学院陈晓黎、淄博职业学院王文婷任副主编，武汉软件工程职业学院周福平、朱芸、武汉信息传播职业技术学院张成军参编。本书第2章、第3章3.6节、第9章和第10章由朱小祥编写，第6章和第7章由陈晓黎编写，第1章和第4章由王文婷编写，第5章由周福平编写，第3章3.1～3.5节由朱芸编写，第8章由张成军编写。

由于编者水平有限，书中难免存在不妥之处，恳请读者批评指正。

编　者
2012 年 2 月

目　　录

第 1 章

绪 论

↘ 知识目标

通过本章的学习，要求掌握通信系统的组成；模拟通信中调制的必要性，无线电波波段划分和无线电波的传播方式；建立非线性电子线路的基本概念。

↘ 能力目标

能力目标	知识要点	相关知识	权重	自测分数
无线电发展史	无线电发展及通信系统组成、波段划分	通信系统组成框图，通信频段、用途及无线电波的传输	20%	
无线信号的发射与接收	无线电信号发送与接收设备框图	无线电信号产生、调制与解调、发送与接收电路框图组成	80%	

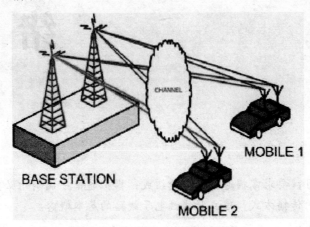

引言

本课程的研究对象是无线模拟通信系统中发送设备和接收设备的各种功能电路的电路组成、工作原理和分析方法。首先，信号源如话筒把声音转换成电信号、摄像机把图像转换成电信号、传感器把压力、温度、气体浓度等参数转换成电信号，再通过发送设备处理后发射出去。携带信号的无线电波经过空间传输，到达目的地经由接收设备处理，以恢复发送端的基带信号，还原成声音、图像、压力、温度等参数。其示意图如图1-1所示。

图1-1 无线电信号发送与接收

生活中最典型的无线电信号接收设备有电视机、收音机等，手机、对讲机和车载电台既是发送设备，也是接收设备。

1.1 无线电发展概况

无线电的发明起源于电磁学的发展。19世纪60年代，麦克斯韦总结库仑、安培、法拉第等人的研究后，提出了电磁波的概念。1887年，赫兹成功地在导线中激起高频电流，验证了电磁场的存在。1896年3月，苏联物理学家波波夫在莫斯科首次进行无线电电报的发射与接收试验。1901年，意大利科学家马可尼首次完成横跨大西洋的无线电通信。1973年4月，手机发明者马丁·库帕第一次在街头使用手机通话。此后，无线电技术获得了迅速发展，其应用领域也不断扩大，但是到现在信息传输和处理仍是其主要的应用领域。

现今，在各种信息传输技术中，无线电通信的应用是最广泛、最方便的。人们可以利用移动电话自由方便地通话，用收音机收听无线电广播，用电视机收看世界各地的电视节目。高频电子技术研究的对象主要是无线电发送与接收设备中电路的原理、组成与功能。

1.2 无线电通信系统

1. 通信系统基本组成

所谓通信系统，可以简单称为传输信息的系统，即实现信息传递所需的一切设备和传输媒质的总和。以点对点通信为例，通信系统的组成如图1-2所示。

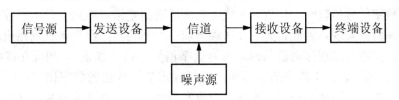

图1-2 通信系统框图

图中信号源的作用是把待传输的原始消息转换成电信号，如话筒，将原始语音信号（20Hz～20kHz）转变成音频电信号。发送设备是将电信号变换成适合在信道中传输的形式——已调信号。变换方式是多种多样的，在需要频谱搬移的场合，调制是常见的变换方式；对传输数字信号来说，发送设备又常常包含信源编码和信道编码等。

信道是指信号传输的通道，可以是电缆线、光导纤维，也可以是自由空间。图中的噪声源是信道中的所有噪声以及分散在通信系统中其他各处噪声的集合。

在接收端，接收设备的功能与发送设备相反，即进行信号的解调、译码、解码等。它的任务是从带有干扰的接收信号中恢复出与发送端相对应的电信号；终端设备是将复原的电信号转换成相应的原始消息，如将音频信号还原成声音。

按照信道中所传已调信号的形式不同，通信系统又分为模拟通信系统和数字通信系统。

信道中传输模拟信号的系统称为模拟通信系统。模拟通信系统的组成可由图1-2略加改变而成，如图1-3所示。这里，图1-2中的发送设备和接收设备分别用调制器和解调器来代替，以突出模拟通信的主要组成设备。

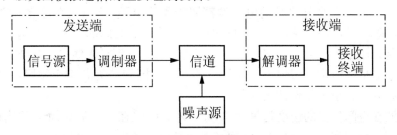

图1-3 模拟通信系统框图

在模拟通信系统中，主要应用两种变换。一是将原始消息变换成连续变化的电信号（由发送端信号源完成）和把电信号恢复成最初的连续信号（由接收端终端装置完成）。由于信号源输出的电信号频率较低，不能直接送到信道中去。因此，模拟通信系统有第二种变换，这一变换由调制器完成，即用电信号（又称调制信号）去控制高频振荡（载波）的某一参量，经过调制后的信号称为已调信号。无线通信中常用的已调信号有调幅、调频和调相信号。在接收端同样要经过相反的变换，它由解调器完成。已调信号有3个基本特点：一是携带消息；二是适合在信道中传输；三是频谱具有一定带宽，且中心频率远离零频。

从消息的发送到消息的恢复，在无线通信系统里还有滤波、放大、高频功放、天线辐射与接收、控制和低频功放等环节。本书重点介绍模拟通信系统的主要单元电路，简要介绍数字调制与解调技术。

信道中传输数字信号的系统称为数字通信系统。数字通信的基本特征是，它的信号具有"离散"或"数字"的特性,从而使数字通信具有许多独特的问题。

第一,数字信号传输时,信道噪声或干扰所造成的差错,原则上是可以控制的,即通过差错控制编码来实现,因此,要在发送端增加一个编码器,而在接收端相应需要一个解码器。第二,当需要实现保密通信时,可对数字信号进行"加密",相应在接收端就需要进行"解密"。第三,由于数字通信传输的是按一定节拍传送的数字信号,因而接收端必须有一个与发送端相同的节拍,否则就会因收发步调不一致而造成混乱,这就是数字通信中的"同步"。综上所述,点对点的数字通信系统如图 1-4 所示。

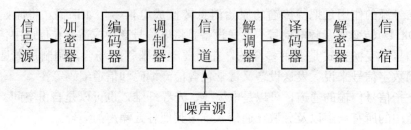

图 1-4　数字通信系统框图

需要说明,图中调制器/解调器、加密器/解密器、编码器/译码器等环节,在具体通信系统中是否全部采用,取决于设计要求和条件。但在一个通信系统中,如果发送端有调制/加密/编码,则接收端必须有解调/解密/译码。

数字通信的主要优点有:抗干扰能力强、差错可控、易于加密及便于与现代电子技术、计算机技术相结合。因此,数字通信在今后的通信方式中将占主导地位。

2. 无线电波段划分

频率从几十千赫至几万兆赫的电磁波都属于无线电波(指载波频率范围为 $10^4 \sim 10^{10}$ Hz)。在如此宽广的频率范围内,无线电波虽然具有许多共同的特点,但是随着频率的升高,高频振荡的产生、放大和处理方法等都有所不同,特别是无线电波的传播特点不尽相同。为了便于分析和应用,习惯上将无线电的频率范围划分为若干个频段,也称为波段。它可以按频率划分,也可以按波长划分。

无线电波在空间传播的速度是每秒 30 万千米。电波在一个振荡周期 T 内的传播距离称为波长,用符号 λ 表示。波长 λ、频率 f 和电波传播速度 C 的关系为

$$\lambda = C \cdot T = \frac{C}{f}$$

式中:波长 λ 的单位为米(m);频率 f 的单位为赫(Hz);$C = 3 \times 10^8$ m/s 为电磁波在自由空间中的传播速度。上式是电磁波的一个基本关系式。

表 1-1 列出了通信中使用的频段、波长范围及主要用途。米波和分米波有时合称为超短波,波长小于 30cm 的又称微波。

表 1-1　通信频段及主要用途

频 段 名 称	频 率 范 围	波 长	用 途
甚低频 VLF	3～30kHz	$10^8 \sim 10^4$ m	音频、电话、数据终端、长距离导航、时标
低频 LF	30～300kHz	$10^4 \sim 10^3$ m	导航、信标、电力线通信

频 段 名 称	频 率 范 围	波 长	用 途
中频 MF	300kHz～3MHz	10^3～10^2m	调幅广播、移动陆地通信、业余无线电
高频 HF	3～30MHz	10^2～10m	移动无线电话、短波广播、定点军用通信、业余无线电
甚高频 VHF	30～300MHz	10～1m	电视、调频广播、空中管制、车辆通信、导航、集群通信
特高频 UHF	300MHz～3GHz	100～10cm	电视、空间遥测、雷达导航、点对点通信、移动通信
超高频 SHF	3～30GHz	10～1cm	微波接力、卫星和空间通信、雷达
极高频 EHF	30～300GHz	10～1mm	雷达、微波接力、射电天文学

上述各波段的划分是相对的，波段之间并没有显著的分界线。还有其他的划分方法，如中波调幅广播 AM 波段为 535～1605kHz，调频广播 FM 波段为 88～108MHz，这是按应用范围来划分的波段，其他划分方法就不一一列举了。

3. 无线电波的传播

当电磁波自波源(天线)发出后，要经过各种可能的途径到达接收天线，几种主要的传播途径如图 1-5 所示，它们分别为空间波传播、地波传播和天波传播。

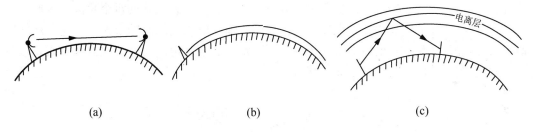

(a) $\qquad\qquad$ (b) $\qquad\qquad$ (c)

图 1-5 电波传播的途径

1) 空间波传播

空间波传播又称为视距传播，如图 1-5(a)所示。在可视距离以内由发射端直接传送到接收端的电磁波称为直射波，而通过地面或四周物体反射到达接收端的电磁波称为反射波。直射波和反射波统称为空间波。由于这种传播方式需要架设高度至少在一个波长以上的天线，这在长、中、短波波段内是困难的。

电视、微波中继通信、卫星通信及测速定位雷达的电波属于视距传播。空间波能够直射传播，从发射天线发出的电磁波沿直线传播到接收天线，如果把接收天线放到卫星上，通信距离可以大大增加，微波中继通信就是通过卫星中继转发信号来进行通信。

由于地球表面是一个曲面，如果天线太低，电波传播时会受到地面的阻挡，发射和接收天线越高，能够进行通信的距离也越远。理论计算和实验表明：当发射和接收天线各为 50m 时，视距传播的通信距离约为 50km。因此，只有在超短波波段才能采用空间波的传播方式。

2) 地波传播

地波传播又称表面波传播，图 1-5(b)所示即电磁波沿地球表面绕射的传播。电波沿地球表面传播时，将有一部分能量被消耗掉。波长越长，损耗越小。长波沿地面绕射传播的本领最强，白天的中波广播就是靠地波传播。由于地面的电性能在较短时间内的变化不会很大，所以，地波传播比较稳定。晚上，电离层对中波的作用减小，这时中波可借天空波传播到较远的地方，例如某些位于远处的电台，白天听不到，晚间却听得很清楚。

3）天波传播

无线电波利用电离层的反射和折射传播的电波称为天空波，又称天波，如图 1-5(c) 所示。我们知道，地球表面有一层厚厚的大气层，由于受到太阳的照射，大气层上部的气体将发生电离，产生自由电子和离子，这部分大气层称为电离层。电离层中电子和离子的密度与高度有关。对电波传播有明显作用的电离层有两层：一层叫 E 层，离地面约 100～130km；另一层叫 F 层，离地面约 200～400km。电离层的高度以及电子和离子的密度与太阳有密切关系。在一年四季中、在一昼夜间受太阳活动变化的影响，电离层都在变化。

当无线电波遇到电离层时，电磁波会被反射与折射，同时也有一部分被电离层吸收。电离层的电离程度越大，对电波的反射、折射和吸收作用就越强；此外，波长较长的无线电波容易从电离层反射回到地面，而波长较短的无线电波比较容易穿过电离层 E 传播到电离层 F，然后返回地面。

长波在低电离层(如 E 层)中受到较强的反射作用。从地面天线辐射出去的长波，受到电离层的反射而折回地面，又将受到地面的反射折回电离层。这样多次反射与折射的结果，可以使长波传播到很远的地方。长波波段主要用于导航和播送标准时间信号，也用于长距离无线电报。短波从高电离层(如 F 层)反射回地面，又受到地面的反射，又射向天空，向前传播。因此，短波的传播距离可以很远，几乎可达到地球的每个角落。因此，它是国际无线电广播的主要手段。但短波天空波的传播受电离层的影响很大，而电离层的物理特性又是经常变化的，所以短波的传播很不稳定，通常在两点间进行短波通信时，接收信号往往会突然减弱，有时甚至无法接收。

1.3　无线电信号的发射

调幅发送设备的组成框图如图 1-6 所示。其中，高频振荡器用来产生频率稳定、波长符合要求的高频正弦波。高频放大器及倍频器将振荡器产生的高频信号幅度放大并通过倍频将频率提高到载频(射频)。

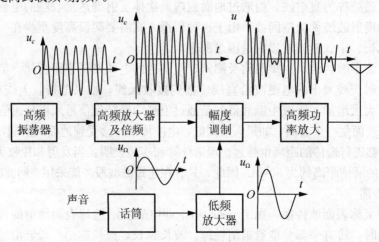

图 1-6　调幅发送设备框图

话筒(微音器)的作用是将语言、音乐转换成电信号,该电信号又称为调制信号;低频放大器将电信号放大到一定的强度,以满足幅度调制的要求;幅度调制器将调制信号"装载"到载波上,调制信号"装载"到载波幅度上的调制方式叫调幅(AM),若调制信号"装载"到载波频率上,则调制方式叫调频,经调制后携带音频电信号的高频波,称为已调波;高频功率放大器对高频波(或载波,或已调波)进行功率放大;天线将具有一定功率的已调波信号以电磁波的形式辐射到自由空间、传送到四面八方。调幅发送设备各部分的作用如下。

1. 载波产生电路

载波产生电路由高频振荡器、高频放大器及倍频器组成,它的功能是产生高频大功率的正弦波信号。高频振荡器又称主振器,其主要功能是产生波形纯正、频率稳定的高频正弦波信号。为提高正弦波的频率稳定度,主振器一般用石英晶体振荡器。

高稳定度的石英晶体振荡器的振荡频率并不高,因此石英晶体振荡器所产生的正弦波频率往往达不到所要求的载频,故必须对主振器产生的高频正弦波进行放大和倍频,使正弦波信号的幅度增大、频率成倍增加,以满足发送设备对载波的要求。

2. 调制信号产生电路

调制信号产生电路由话筒和低频放大器组成。话筒的功能是将声音转换成音频(低频)信号;由于话筒输出的音频信号很微弱(一般为毫伏级),远不能满足振幅调制器对调制信号幅度的要求,为此,在话筒与调制器之间,增加一级或多级低频信号放大器,将调制信号放大到调制器所需要的电平。

3. 幅度调制器

幅度调制器的功能是将调制信号"装载"到载波的幅度上,使高频正弦波信号的幅度跟随调制信号的变化规律而变化。幅度调制的基本原理将在本书第4章详细介绍。

如果音频信号为具有一定频带的信号,例如50Hz~4.5kHz,已调波的频带宽度将等于两倍的最高调制信号频率,即带宽 $BW=2×4.5=9(kHz)$,这就是我国无线电广播中波波段一个电台所占用的频带宽度。

特别提示

采用调制发射方式的原因:无线电通信是将已调信号馈送到天线上,交变的信号在天线四周激起以光速向远处传播的电磁波,这称为电波辐射。为了使已调波通过天线有效地辐射出去,已调信号的载波波长应与天线的尺寸可相比拟。比如1000MHz的手机信号,其波长为0.3m,所以手机天线长度10cm左右就可以了。而对于1000kHz的中波信号,其波长为300m,天线长度就需几十米到一百米。比中频低很多的频率是不易辐射的,通常把能有效辐射的几百千赫兹以上的信号称为射频信号。

调制信号多为复杂的非正弦信号,它可分解为一个由许多正弦量组成的频带。例如声音信号的频带为20Hz~20kHz,这是一个低频信号,也称音频信号。用于无线电广播的音频信号(调制信号)频带范围为50~4500Hz;用于电视广播的视频信号频带范围约为0~6MHz。现以视频信号为例来说明调制信号不宜直接发射和接收的原因。

一是视频信号中的低频成分，即零到几百千赫的信号难以从天线有效辐射出去。

二是因视频信号包括从低频到高频的很宽频率范围，馈送到天线上，低频和高频辐射效果不同，整个视频信号不可能均匀地、有效地辐射出去；而接收到这样的信号也不可能通过解调恢复成原视频信号。

三是即使不考虑上述两个因素，假设视频信号能从天线辐射，可是一个地区不可能只有一个频道的电视节目，当数个电视节目在 0～6MHz 频率范围内向空中辐射电磁波时，接收端无法把它们分开，只能全部接收、混在一起、相互干扰而无法正常收看电视节目。

上述 3 个原因使直接发射音频或视频信号（调制信号）来实现无线电通信几乎不可能。利用调制技术将音频或视频信号调制到高频载波上，则可以实现有效辐射。另外，将不同的调制信号调制到不同的载波上可以实现"多路复用"，接收到不同的载波，通过解调技术就可以恢复这个载波所携带的音频或视频信号。例如，无线广播的中波波段（即 AM 波段）频率范围为 535～1605kHz，该波段传送的音频信号频率范围为 50～4500Hz，则在同一地区此波段内最多可以容纳的广播电台数目可计算如下。

每个调幅广播电台所占带宽为

$$2 \times 4500 = 9000(\text{Hz}) = 9(\text{kHz})$$

同时工作的电台数为

$$\frac{1605 - 535}{9} = \frac{1070}{9} = 118.8 \approx 118$$

综上所述，采用调制发射方式的原因是：无线电波通过天线有效辐射的条件和"多路复用"的需要。

4. 高频功率放大器

由于幅度调制电路输出的功率不大，通常要对其输出的调幅信号进行功率放大，以增大射频信号的覆盖率，即增大发射设备的作用距离，使接收机在覆盖范围内能有效地接收。

5. 调制与解调

无线电波通过天线传播时，只有当天线的长度与信号波长可比拟时才能有效地辐射。为了减小天线尺寸和区分不同的电台信号，必须把需要传送的基带信号调制到频率较高的载频上。

1）调制

调制是将基带信号装载到高频振荡上的过程。模拟调制可分为 3 种方式。

（1）振幅调制（AM）：即用基带信号去改变载波的振幅。

（2）频率调制（FM）：即用基带信号去改变载波的瞬时频率。

（3）相位调制（PM）：即用基带信号去改变载波的瞬时相位。

频率调制和相位调制统称为角度调制。

2）解调

解调是调制的逆过程，即从已调制信号中恢复出原基带信号的过程，根据调制信号的不同，它可分为振幅解调（检波）、频率解调（鉴频）和相位解调（鉴相）。

1.4 无线电信号的接收

无论是无线电广播接收机、电视接收机、通信接收机或是雷达接收机，现今都毫无例外地采用"超外差"式接收机的形式。各类接收机的组成与工作原理基本相似，所以，下面以超外差收音机为例，对其工作原理作简要分析。超外差调幅接收机的组成框图如图 1-7 所示。由图可见，调幅接收机由高频放大器、本振电路、混频器、中频放大器、检波器和低频放大器等部分组成。

超外差接收机的基本工作原理如下：接收天线接收从空中传来的微弱（一般只有几微伏至几十微伏）的电磁波，并通过谐振电路感生出微弱的高频已调信号，高频放大器从中选择出所需的信号并进行放大，得到高频调幅波信号 $u_c(t)$，本地振荡器（又称本机振荡器）产生高频等幅振荡信号 $u_L(t)$，它比载波信号 $u_c(t)$ 高一个特定的"中频"频率。载波信号 $u_c(t)$ 和本振信号 $u_L(t)$ 同时送入混频器进行混频，输出中频信号 $u_I(t)$。$u_I(t)$ 与 $u_c(t)$ 相比，其包络的形状不变，这表明 $u_I(t)$ 中承载有调制信号的信息，但载波的频率则变换为本振频率与载波频率之差，这个频率就称为"中频"，故 $u_I(t)$ 为中频调幅波信号。$u_I(t)$ 经中频放大器放大后，送入检波器。检波器从中频调幅信号 $u_I(t)$ 中提取出反映所传送信息的调制信号 $u_\Omega(t)$，经低频放大器进行功率放大后送到扬声器中变换为声音信号。

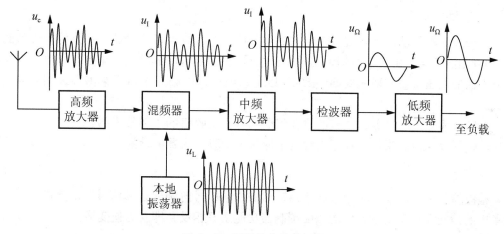

图 1-7 调幅接收设备框图

1. 高频放大器

高频放大器的主要任务有两个：一是从接收到的众多电台中选择出一个所需要的电台信号；二是对所选中的信号进行放大。也就是说，高频放大器是选频放大器，放大器的谐振频率调谐于该电台的载频上，选出这个电台的已调信号，并加以放大。

 特别提示

为降低整机的噪声，提高整机的灵敏度，高频管应尽量选用低噪声的放大管，高频放大器的选频功能应尽可能好，这类放大器的负载回路一般为 LC 谐振电路，常称这类放大器为小信号选频放大器。

2. 本机振荡器

本机振荡器又称本振电路，它的功能是为混频器提供高频正弦波信号，以便与接收到的载波信号混频。本振电路常采用互感耦合振荡器或三点式振荡器。

3. 混频器

混频器是超外差接收机的重要组成部分。混频器的功能是将载波信号与本振信号进行非线性变换，使之变成中频的调幅信号输出。

若输入混频器的载波信号频率用 f_C 表示，本振信号频率用 f_L 表示，而混频输出中频调幅波的频率用 f_I 来表示，则

$$f_I = f_L - f_C$$

已调信号的载频 f_C 是随不同广播电台而异的。例如广播电台 A 的载频为 1200kHz，而广播电台 B 的载频为 837kHz。无论收音机收听 A 台节目还是 B 台节目，混频器输出的中频信号的频率是不变的，即中频 465kHz。这是超外差接收机的主要特点。

既然超外差接收机的中频频率 465kHz 不会因接收不同电台而改变，那么本振信号频率就应随不同电台而改变。如接收 A 台信号，本振信号频率应为 1665kHz，而接收 B 台信号，本振信号频率就应变为 1302kHz。可见，高频放大器的输入回路谐振频率应与本振频率保持同步变化，以保持中频不变。

4. 中频放大器

中频放大器的功能是将混频器输出的中频信号进行放大，为检波器提供峰—峰值约为 1V 的调幅波信号。由于混频器输出的中频信号通常为毫伏(mV)级甚至更小，故收音机中频放大器的电压增益一般需要 60~80dB 以上，因此，中频放大器通常由多级调谐放大器组成。

中频放大器是超外差接收机的重要组成部分。接收机的主要技术指标，如灵敏度、信噪比、选择性和通频带等，在很大程度上取决于中频放大器的性能。

5. 检波器

检波器的主要功能是将中频放大器输出的中频信号解调成音频信号，由此可见，接收设备中的检波器与发射设备中的幅度调制器功能刚好相反，即互为逆变换。

6. 低频放大器

低频放大器的功能是将检波器输出的音频信号进行功率放大，使之具有足够的功率以推动扬声器发声。

本 章 小 结

本章介绍了无线电广播发射与接收的基本原理和工作过程。无线电调幅广播发射机主要由载波信号产生电路、调制信号产生电路、振幅调制等组成；无线电调幅广播接收机主要由高频放大器、本振、混频器、中频放大器、检波器、前置放大器、低功放及扬声器组成。

无线电波波段常划分为超长波、长波、中波、短波、米波、分米波、厘米波等。其传播常采用绕射传播、直射传播和反射及折射传播等。

习 题

1. 一个完整的通信系统一般由哪几部分组成?
2. 接收机可分为哪两种?
3. 人耳能听到的声音的频率约在什么范围内?
4. 画出无线通信收发信机的原理框图，并说出各部分的功用。
5. 画出超外差接收机组成框图。
6. 为什么在无线电通信中要使用"载波"发射，其作用是什么?
7. 无线电通信中为什么要采用"调制"与"解调"? 各自的作用是什么?
8. 无线通信为什么要用高频信号?"高频"信号指的是什么?
9. 无线电信号的频段或波段是如何划分的? 各个频段的传播特性和应用情况如何?

第2章

高频小信号放大器

知识目标

通过本章的学习，应掌握并联谐振回路的选频作用以及通频带和选择性的基本概念；掌握小信号谐振放大器的分析方法以及主要技术指标，谐振电路增益与通频带的计算；了解集中选频放大器的组成及陶瓷滤波器和声表面滤波器的工作原理和特点；掌握并联谐振回路的幅频特性和相频特性；了解非线性电路与线性电路的区别、特点和作用；了解非线性电路的分析方法。

能力目标

能力目标	知识要点	相关知识	权重	自测分数
高频小信号放大器的组成与高频电路基础	高频小信号放大器的定义、组成、LC并联谐振回路	高频小信号放大器的组成、LC并联谐振回路及相关参数计算	20%	
高频小信号的性能指标	高频小信号放大器中心频率、增益、通频带及选择性等	高频小信号放大器的主要技术指标定义及其计算方法	10%	
小信号谐振放大器的工作原理	单调谐放大器与双调谐放大器	单、双调谐放大器的工作原理、稳定措施	50%	
集中选频放大器	集中选频放大器的组成、特点及类型	集中选频放大器的结构与应用	20%	

引言

　　高频小信号放大器是无线通信设备中的重要电路，它是由放大电路和选频网络共同组成的，具有放大和选频的作用。其工作频率与接收的无线电信号频率相关，接收机的前置高频放大器的工作频率与接收的信号频率相同，接收机的中频放大器工作频率通常低于接收信号的频率而且固定。

　　高频小信号放大器广泛地应用于广播、电视、通信、雷达等的接收机中，图 2-1 所示为各种信号放大器的外形图。

(a) 电视信号放大器　　　　　　　　　　(b) 手机信号放大器

图 2-1　各种信号放大器

2.1　概　　述

　　能够放大微弱高频信号的电路称为高频小信号放大器，高频小信号放大器又称高频小信号调谐放大器，它是无线通信设备中的重要电路，其中心频率为几百千赫到几百兆赫，信号频谱宽度为几千赫到几十兆赫。

2.1.1　小信号放大器的作用

　　在无线通信系统中，信号经过发送到接收两地一般相距很远，信号经过传输媒质传输后，受到很大衰减，到达接收设备的高频信号电平多在微伏数量级。因此，接收设备必须先将微弱信号放大再进行下一步处理。另外，在接收的信号中，除了所需要的有用信号外，同时还存在许多偏离有用信号频率的各种干扰信号。高频小信号放大器要有从众多信号中选出有用信号、滤除无用干扰信号的功能。所以，高频小信号放大器集放大和选频功能于一体，其电路模型由有源放大元件和无源选频网络组成。

　　高频小信号放大器的放大元件可以由晶体管、场效应管或集成电路构成，如调幅收音机的信号放大器由三极管 9018 构成。小信号放大器的选频网络可以由 LC 谐振回路、声表面滤波器或陶瓷滤波器等构成。不同的组合方法构成了各种各样的电路形式。

2.1.2　主要技术指标

　　1. 中心频率 f_0

　　中心频率是指高频小信号放大器的工作频率，一般在几百千赫到几百兆赫。它是高频小信号放大器的主要指标，根据设备的整体指标确定。

2. 增益

增益是指放大器输出电压 U_o（或功率 P_o）与输入电压 U_i（或功率 P_i）之比，也称为放大倍数。它用来衡量放大电路对有用信号的放大能力，用 A_{u0}（或 A_{P0}）表示（有时以 dB 数计算）。

电压增益为

$$A_{u0} = \frac{U_o}{U_i} \tag{2-1}$$

功率增益为

$$A_{P0} = \frac{P_o}{P_i} \tag{2-2}$$

用分贝表示为

$$A_{u0} = 20\lg \frac{U_o}{U_i} \tag{2-3}$$

$$A_{P0} = 10\lg \frac{P_o}{P_i} \tag{2-4}$$

3. 通频带

放大器的电压增益下降到最大值的 0.7（即 $1/\sqrt{2}$）倍时，所对应的频率范围称为放大器的通频带，用 $BW = 2\Delta f_{0.7}$ 表示，$BW = 2\Delta f_{0.7}$ 也称为 3dB 带宽，如图 2-2 所示。

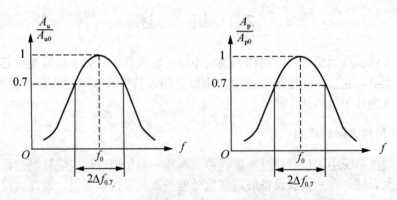

图 2-2 高频小信号放大器的通频带

高频小信号放大器放大的一般都是已调制的信号，而已调制的信号都包含一定的频谱宽度，所以放大器必须有一定的通频带，以便让必要的信号中的频谱分量通过放大器。

与谐振回路相同，放大器的通频带决定于回路的形式和回路的等效品质因数 Q_L。此外，放大器的总通频带随着级数的增加而变窄。并且通频带愈宽，放大器的增益愈小。

4. 选择性

选择性是指对通频带以外干扰信号的衰减能力，即放大器从各种不同频率的信号中选出有用信号、抑制干扰信号的能力，常采用矩形系数和抑制比来表示。

1）矩形系数

矩形系数是指电压增益下降到 0.1 时的带宽与下降到 0.7 时的带宽之比，用 $K_{r0.1}$ 表示，如图 2-3 所示。从图中可以看出，矩形系数总是大于 1。实际矩形系数越接近于 1，则谐振曲线越接近于矩形，曲线边沿越陡直，表明放大器抑制干扰信号的能力越强，选择性越好。

矩形系数为

$$K_{r0.1} = \frac{2\Delta f_{0.1}}{2\Delta f_{0.7}} \tag{2-5}$$

2）抑制比

抑制比表示对某个干扰信号 f_n 的抑制能力，通常以有用信号中心频率 f_0 对应的 A_{V0} 与某干扰频率 f_n 对应的增益 A_{n0} 之比表示放大器的抑制能力，用 d_n 表示，也可用分贝表示，如图 2-4 所示。中波段接收机选择性一般大于 20dB，高档接收机选择性一般在 40dB以上。

抑制比为

$$d_n = \frac{A_{u0}}{A_{n0}} \tag{2-6}$$

用分贝表示为

$$dB = 20\lg \frac{A_{u0}}{A_{n0}} \tag{2-7}$$

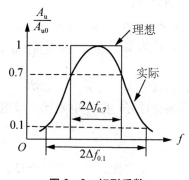

图 2-3　矩形系数

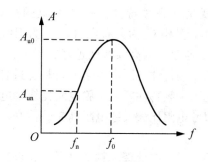

图 2-4　抑制比

5. 工作稳定性

工作稳定性指在电源电压变化或器件参数变化时，上述参数的稳定程度。一般的不稳定现象是增益变化、中心频率偏移、通频带变窄等，不稳定状态的极端情况是放大器自激，以致使放大器完全不能工作。

为使放大器稳定工作，必须采取稳定措施，即限制每级增益，选择内反馈小的晶体管，应用中和或失配方法等。

6. 噪声系数

噪声系数是用来描述放大器本身产生噪声电平大小的一般参数，是指放大器输入端信噪比与输出端信噪比的比值，即

$$N_F = \frac{P_{si}/P_{ni}(\text{输入信噪比})}{P_{so}/P_{no}(\text{输出信噪比})} \tag{2-8}$$

N_F 越接近 1 越好，在多级放大器中，前两级的噪声对整个放大器的噪声起决定作用，因此要求它的噪声系数应尽量小。

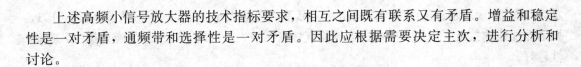

上述高频小信号放大器的技术指标要求，相互之间既有联系又有矛盾。增益和稳定性是一对矛盾，通频带和选择性是一对矛盾。因此应根据需要决定主次，进行分析和讨论。

2.2 高频电路基础

各种高频电路基本上由有源器件、无源元件和无源网络组成，高频电路中使用的元器件与在低频电路中使用的元器件基本相同，但要注意它们在高频使用时的高频特性。高频电路中的元件主要是电阻、电容和电感，它们都属于无源元件；有源器件主要有半导体二极管、晶体管、场效应管(FET)与集成电路。

2.2.1 高频电子线路元器件

1. 无源器件

1) 高频电阻

电阻在低频时主要表现为电阻特性，但在高频使用时不仅表现有电阻特性，而且还表现有电抗特性，电阻的电抗特性反映的就是其高频特性。一个电阻的高频等效电路如图 2-5 所示，其中 C_R 为分布电容，L_R 为引线电感，R 为电阻。L_R 和 C_R 越小，其高频特性越好。

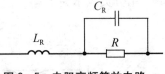

图 2-5 电阻高频等效电路

电阻的高频特性与制作电阻的材料、封装形式和尺寸大小有关。一般情况下金属膜电阻比碳膜电阻高频特性好；碳膜电阻比线绕电阻高频特性好；贴片电阻比引线电阻高频特性好；小尺寸电阻比大尺寸电阻高频特性好。

2) 高频电容

同电阻一样，在处理高频信号时电容也会表现出高频特性，其高频特性反映的是阻抗特性。一个电容的高频等效电路如图 2-6(a) 所示，其中 R_C 为极间绝缘电阻，L_C 为分布电感，C 为电容。一般电解电容高频特性差；云母、陶瓷电容高频性能好。

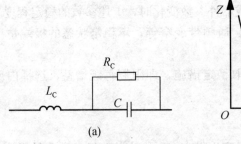
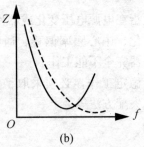

(a)   (b)

图 2-6 电容的高频等效电路

理想电容器的容抗为 $1/(\mathrm{j}\omega C)$，电容器的容抗与频率的关系如图 2-6(b) 中虚线所示。可以看出，随着频率的增大，其阻抗是减小的。图 2-6(b) 中实线所示的是电容在高频状态下的阻抗特性，开始随着频率的增加其阻抗降低，表现为容性；随着频率的继续增加，其阻抗也增加，这时表现为感性。

3）高频电感

电感的高频等效电路如图 2-7 所示，其中 R_L 为交流电阻，C_L 为分布电容。因此，高频电感存在着自身谐振频率(SRF)。在其自身谐振频率 f_0 上，高频电感阻抗幅值最大，表现为电阻性质，相角为零，实际高频电感特性如图 2-8 所示。

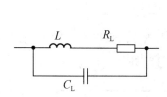

图 2-7　电感的高频等效电路

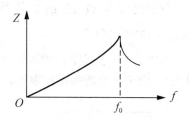

图 2-8　高频电感自身谐振频率

2. 有源器件

1）二极管

在高频电路中，二极管主要用于检波、调制、解调及混频等非线性变换电路中，工作在低电平。点接触二极管(2AP)，极间电容小，工作频率高；表面势垒二极管工作频率高达微波波段；变容二极管电容随反偏电压变化而变化。此时 PN 结呈电容效应，PN 结正偏时，扩散电容 C_D 起主要作用；PN 结反偏时，势垒电容(结电容)C_j 起主要作用。

2）晶体管与场效应管(FET)

在高频电路中，应用的晶体管仍然是双极型晶体管和各种场效应管，在外形结构方面有所不同。高频晶体管有两大类型：一类是作小信号放大的高频小功率管，对它们的主要要求是高增益和低噪声，工作频率可达几 GHz；另一类为高频大功率管，其在高频工作时除高增益外，且能输出较大功率。场效应管在频率相同时，其增益同样，噪声更低。

3）集成电路

用于高频的集成电路的类型和品种要比用于低频的集成电路少得多，主要分为通用型和专用型两种。通用型的主要有宽带集成放大器和模拟乘法器，专用型的有集成锁相环、单片集成接收机、集成鉴频器、彩电专用芯片和手机专用芯片等。

2.2.2　LC 并联谐振回路

高频谐振回路是高频电子线路中应用最广的无源网络，也是构成高频放大器、振荡器以及各种滤波器的主要部件，可直接作为负载使用。LC 谐振回路是高频电路里最常用的基本选频网络。所谓选频是指从各种输入频率分量中选择出有用信号而抑制掉无用信号和噪声，这对于提高整个电路输出信号的质量和抗干扰能力是极其重要的。另外，用 L、C 元件还可以组成各种形式的阻抗变换电路。

特别提示

LC 谐振回路分为并联谐振回路和串联谐振回路两种形式，其中并联网络在实际电路中用途更广，且两者之间具有一定的对偶关系。因此只要理解并联谐振回路，串联谐振回路的特性用对偶方法就可以得到。

并联谐振回路由电感线圈 L、电容 C 和外接信号源相互并联构成，如图 2-9(a)所示。在并联谐振回路中，电容的损耗很小，其支路可认为是纯电容。电感支路中，电感线圈损耗用电阻 r 表示，一般认为线圈损耗就是整个回路的损耗。在分析并联谐振回路时，往往把电感与电阻 r 的串联支路转换成电感与电阻的并联的回路形式，如图 2-9(b)所示。当 $\omega L \geqslant r$ 时，其换算公式近似为如图 2-9 所示。

1. 并联谐振回路及特点

在图 2-9 中，r 代表线圈 L 的等效损耗电阻（串联模型），为折合到回路两端的等效电阻（并联模型）。由于电容器的损耗很小，图中略去其损耗电阻。

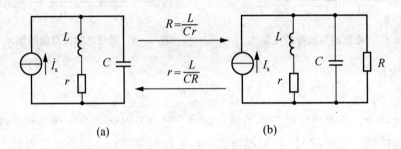

图 2-9 并联谐振电路

根据前面所学的知识，并联谐振回路的并联阻抗为

$$Z_p = \frac{(r+j\omega L)\dfrac{1}{j\omega C}}{r+j\omega L+\dfrac{1}{j\omega C}} \tag{2-9}$$

可以等效为

$$Z_p = \frac{1}{\dfrac{1}{R_0}+j\omega C+\dfrac{1}{j\omega L}} \tag{2-10}$$

在实际电路中，一般 r 很小，符合条件 $r \ll \omega L$。

当 Z_p 的虚部为零时，回路产生谐振，此时的阻抗为纯电阻且最大，因此可以用 R_0 表示，这时式(2-9)可以变为

$$Z_p = R_0 = \frac{L}{Cr} \tag{2-11}$$

并联谐振回路的频率为

$$\omega_0 = \frac{1}{\sqrt{LC}} \quad 或 \quad f_0 = \frac{1}{2\pi\sqrt{LC}} \tag{2-12}$$

在 LC 谐振回路中，为了衡量谐振回路的损耗，常引入空载品质因数 Q，定义为回路谐振时的感抗（或容抗）与回路等效损耗电阻 r 之比，即为

$$Q = \frac{\omega_0 L}{r} = \frac{1}{\omega_0 Cr} \tag{2-13}$$

可以等效为

$$Q = \frac{R_0}{\omega_0 L} = \omega_0 C R_0 \tag{2-14}$$

将式(2-11)、式(2-12)和式(2-13)带入式(2-9)，可得并联谐振回路的阻抗特性为

$$Z_P = \frac{\dfrac{L}{Cr}}{1+jQ(\dfrac{\omega}{\omega_0}-\dfrac{\omega_0}{\omega})} = \frac{R_0}{1+jQ\dfrac{2\Delta\omega}{\omega_0}}$$

式中：$\Delta\omega=\omega-\omega_0$ 表示频率偏离谐振的程度，称为失谐。ω 为外加信号的频率，ω 和 ω_0 接近时，其相对失谐 ε 为

$$\varepsilon = \frac{f}{f_0} - \frac{f_0}{f} = (\frac{f+f_0}{f})(\frac{f-f_0}{f_0}) \approx 2\frac{\Delta f}{f_0}$$

并联谐振的幅频特性与相频特性分别为

$$|Z_p| = \frac{R_0}{\sqrt{1+(Q\dfrac{2\Delta\omega}{\omega_0})^2}} \tag{2-15}$$

$$\varphi_Z = -\arctan(2Q\frac{\Delta\omega}{\omega_0}) \tag{2-16}$$

其对应的幅频特性与相频特性如图 2-10 所示，谐振时，谐振阻抗，相移为零。当 $\omega<\omega_0$ 时，回路呈感性，相移为正值，最大值趋于 $90°$；当 $\omega>\omega_0$ 时，回路呈容性，相移为负值，最大值趋于 $-90°$。

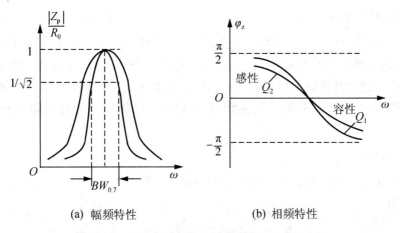

(a) 幅频特性　　　　　　　　(b) 相频特性

图 2-10　并联谐振回路幅频特性和相频特性

2. 通频带和选择性

在并联谐振回路中，当 $|Z_P|/R_0$ 由最大值 1 下降为 $1/\sqrt{2}$（即 0.707）时，其对应的频率范围称为回路的通频带，也称为回路的带宽，常用 $BW_{0.7}$ 来表示，如图 2-10(a)所示。令式(2-15)等于 $R_0/\sqrt{2}$，则可推导得 $\varepsilon=\pm1$，从而可得带宽为

$$BW_{0.7} = 2\Delta f = \frac{f_0}{Q} \tag{2-17}$$

式(2-17)说明，回路 Q 值越大，幅频特性曲线越尖，其通频带越窄；回路谐振频率越大，其通频带越宽。

从前面可知，选择性是指回路从包含频率信号中选出有用信号，抑制干扰信号的能力。由图 2-10 可以看出，LC 谐振回路对偏离谐振频率信号具有抑制作用，偏离越大，

$|Z_P|/R_0$ 越小；而且回路 Q 值越大，曲线就越尖锐，说明回路的选频性能越好，回路 Q 值越小，曲线越平缓，回路的选频性能就越差。正常使用时，谐振回路的谐振频率应调谐在所需信号的中心频率上。

理想谐振回路的幅频特性曲线为一个宽度为 $BW_{0.7}$，高度为 1 的矩形，如图 2-3 所示。但实际上谐振回路的特性曲线不能满足要求。为了说明实际幅频特性曲线接近矩形的程度，常用矩形系数来表示。矩形系数越接近于 1，回路的选择性越好。

特别提示

通过前面的分析，需要说明以下几点。

(1) 回路的品质因数越高，谐振曲线越尖锐，回路的通频带越狭窄。因此，对于简单（单级）并联谐振回路，通频带与选择性是不能兼顾的。

(2) 前面的结论均是在 Q 值较大的情况，如果 Q 值较小，并联谐振回路的谐振频率将低于高 Q 时的谐振频率，并使谐振曲线和相位特性随着 Q 值而偏离。

(3) 以上所知品质因数均是指回路没有外加负载时的值，称为空载品质因数，用 Q_0 来表示。当回路有外加负载时，品质因数要用有载品质因数值 Q_e 表示。

2.2.3 谐振回路的接入方式

并联谐振回路的接入方式一般采用部分接入，这样可以减小接入回路对 Q 值和谐振频率的影响（其影响是使 Q 值减小、增益下降、谐振频率降低）。部分接入的并联谐振回路指的是在保证简单并联谐振回路的元件数值 L 和 C 不变，即回路谐振频率不变的情况下，通过改变接入系数 p 来调节谐振阻抗的大小，以便与信号源内阻或负载匹配的回路。

1. 接入系数 p

接入系数 p 定义为接入电压 U_1 与回路两端总电压 U 的比值。图 2-11(a) 所示电路的接入系数 p 为

$$p = \frac{U_1}{U} = \frac{I_K \omega (L_1 + M)}{I_K \omega (L_1 + L_2 + 2M)} = \frac{L_1 + M}{L} \tag{2-18}$$

式中：M 为 L_1 与 L_2 之间的互感，回路的总电感 $L = L_1 + L_2 + 2M$。

同理，图 2-11(b) 所示电路的接入系数 p 为

$$p = \frac{U_1}{U} = \frac{C}{C_1} \tag{2-19}$$

式中：$C = \dfrac{C_1 C_2}{C_1 + C_2}$ 为回路的总电容。

在晶体管放大电路中，线圈一般绕在磁心上，耦合很紧，可看作是理想变压器，如图 2-11(c) 和 (d) 所示。它们的接入系数等于线圈的匝数比，其接入系数为

$$p = \frac{U_1}{U} = \frac{N_1}{N} \tag{2-20}$$

式中：N 为初级线圈匝数，N_1 为次级线圈匝数。

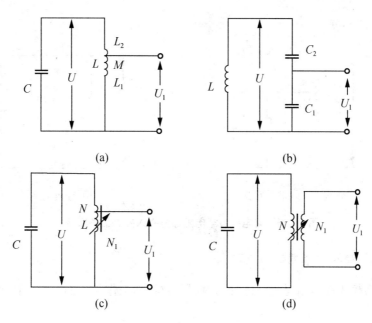

图 2 - 11 部分接入并联谐振回路

2. 负载电阻部分接入

负载电阻部分接入有两种情况：一是 R_L 负载电阻接在电感线圈抽头上，如图 2 - 12(a)所示；二是 R_L 接在容抗的一部分 C_1 上；如图 2 - 12(b)所示。在分析电路时，通常将负载部分接入的电路折合成由图 2 - 12(c)所示的等效电路来进行分析。

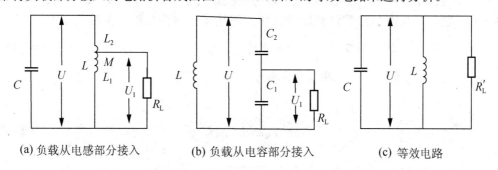

(a) 负载从电感部分接入   (b) 负载从电容部分接入   (c) 等效电路

图 2 - 12 负载电阻部分接入并联谐振回路

根据能量守恒定理，图 2 - 12 中(a)、(b)和(c)等效的条件是负载电阻吸收的功率相等，即为

$$\frac{U_1^2}{R_L} = \frac{U^2}{R_L'} \qquad\qquad (2-21)$$

根据式(2 - 21)可得

$$R_L' = \left(\frac{U}{U_1}\right)^2 \cdot R_L = \frac{1}{p^2} \cdot R_L \qquad\qquad (2-22)$$

在图 2 - 12(a)所示电路中，$p = \dfrac{L_1 + M}{L}$；在图 2 - 12(b)所示电路中，$p = \dfrac{C}{C_1}$。

当外接负载不是纯电阻，含有电抗成分时，上述方法仍然适用。如图 2 - 13 所示，图

中 $R'_L = \dfrac{1}{p^2} R_L$，$C'_L = p^2 C_L$。

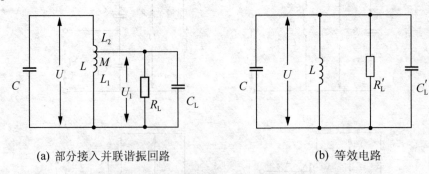

(a) 部分接入并联谐振回路　　　　　　　　　　(b) 等效电路

图 2-13　含电抗负载电阻部分接入并联谐振回路

2.2.4　高频晶体管的 Y 参数等效电路

晶体管在高频线性运用时，晶体管的内部参数将随工作频率而变化，因而必须讨论晶体管的高频等效电路。

晶体管高频等效电路的建立有两种方法：一是根据晶体管内部发生的物理过程拟定模型而建立的物理参数等效电路，如常用的晶体管混合 π 型参数等效电路；另一种是把晶体管看作是一个有源二端口网络，先从外部端口列出电流和电压的方程，然后拟定满足方程的网络模型而建立的网络参数等效电路，如 H、Y、Z 和 G 参数等效电路。分析高频小信号调谐放大器的性能时，一般常用高频 Y 参数等效电路来代替晶体管进行电路分析。

Y 参数具有导纳量纲，是导纳参数。因为高频放大器的调谐回路以及下一级负载大都与晶体管并联，因此用 Y 参数计算比较方便。把晶体管视为二端口网络，如图 2-14 所示。可见，二端口共有 4 个变量，即输入电流 $\dot{I}_i$、输入电压 $\dot{U}_i$、输出电流 $\dot{I}_o$ 和输出电压 $\dot{U}_o$。若选 $\dot{U}_i$ 和 $\dot{U}_o$ 为自变量，$\dot{I}_i$ 和 $\dot{I}_o$ 为因变量，则可列出二端口网络的 Y 参数方程为

$$\dot{I}_i = Y_{ie}\dot{U}_i + Y_{re}\dot{U}_o$$

$$\dot{I}_o = Y_{fe}\dot{U}_i + Y_{oe}\dot{U}_o \tag{2-23}$$

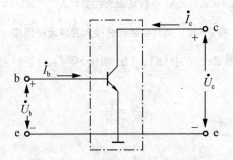

图 2-14　共射放大等效为二端口网络

式中：4 个 Y 参数下标 e 表示晶体管为共射组态，若两个端口的变量用 $\dot{I}_b$、$\dot{U}_b$、$\dot{I}_c$ 和 $\dot{U}_c$ 表示，则得到的 Y 参数方程为

$$\dot{I}_b = Y_{ie}\dot{U}_b + Y_{re}\dot{U}_c$$

$$\dot{I}_c = Y_{fe}\dot{U}_b = Y_{oe}\dot{U}_c \qquad (2-24)$$

式中：$Y_{ie} = \dfrac{\dot{I}_b}{\dot{U}_b}\bigg|_{\dot{U}_C=0}$ 定义为晶体管输出端短路时的输入导纳，它反映了晶体管输入电压对

输入电流的控制能力，其倒数就是晶体管的输入阻抗；$Y_{fe} = \dfrac{\dot{I}_c}{\dot{U}_b}\bigg|_{\dot{U}_c=0}$ 定义为晶体管输出端

短路时的正向传输导纳，它反映了晶体管输入电压对输出电流的控制能力，Y_{fe} 越大说明晶

体管的放大能力越强；$Y_{re} = \dfrac{\dot{I}_b}{\dot{U}_c}\bigg|_{\dot{U}_b=0}$ 定义为晶体管输入端短路时的反向传输导纳，它反映

了晶体管输出电压对输入电流的影响，即晶体管内部的反向传输作用或称晶体管内部反馈

作用。Y_{re} 越大说明晶体管内部反馈越强。Y_{re} 的存在给晶体管工作带来很大危害，应尽可

能减小以削弱其影响；$Y_{oe} = \dfrac{\dot{I}_c}{\dot{U}_c}\bigg|_{\dot{U}_b=0}$ 定义为晶体管输入端短路时的输出导纳，它反映了晶

体管输出电压对输出电流的影响，其倒数就是晶体管的输出阻抗。

根据 Y 参数定义，可以计算晶体管的 Y 参数。由 Y 参数方程可画出其等效电路，如
图 2-15 所示。

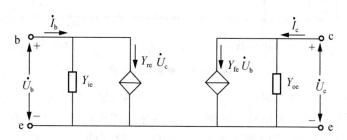

图 2-15 共射放大 Y 参数等效电路

晶体管的 Y 参数与频率有关，当工作频率在较大范围内变化时，晶体管的 Y 参数也
会随之而变化。因此 Y 参数的确定，应注意工作条件和频率。

2.3 小信号谐振放大器

采用谐振回路作为负载的放大电路称为谐振放大器，又称调谐放大器。由于谐振负载
的选频特性，小信号谐振放大器具有从众多信号中选出所需信号并放大，而且还对其他无
用信号进行抑制的优点，它被广泛应用于广播、电视、通信和雷达接收设备中。

高频小信号放大器按通带分可分为窄带放大器和宽带放大器；高频小信号放大器按器
件分可分为晶体管放大器、场效应管放大器和集成电路放大器；高频小信号放大器按负载
分可分为谐振放大器和非谐振放大器。

2.3.1 单级单调谐放大器

单调谐放大电路如图 2-16 所示，图 2-16(a)为单调谐放大器的电路图，图 2-16(b)为其交流通路。图中 V、R_{b1}、R_{b2} 和 R_e 组成稳定工作点的分压式偏置电路，C_b 和 C_e 为高频旁路电容，初级电感 L 和电容 C 组成的并联谐振回路作为放大器的集电极负载。有抽头的谐振回路为放大器的负载，完成阻抗匹配和选频功能。三极管的输出端采用了部分接入的方式，以减小它们的接入对回路 Q 值和谐振频率的影响(其影响是 Q 值下降，增益减小，谐振频率变化)，从而提高了电路的稳定性，且使前后级的阻抗匹配。

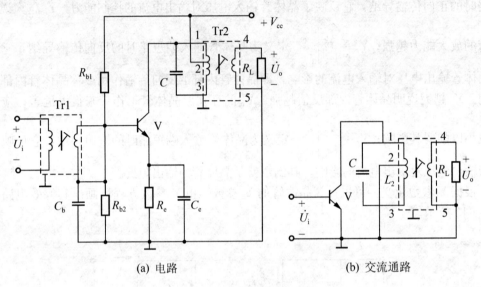

(a) 电路　　　　　　　　　　　(b) 交流通路

图 2-16　单调谐放大器

Tr1 和 Tr2 为中频变压器(即中周)，其中 Tr2 的初级线圈电感 L 和电容 C 组成并联谐振回路，作为放大器集电极负载，回路的谐振频率应调谐在输入信号的中心频率上。

将晶体管用小信号电路模型代入图 2-16(b)，得到图 2-17 所示的电路。图中 G_{ie}、C_{ie} 分别为晶体管的输入电导和输入电容，g_m 为晶体管的跨导，$g_m \approx \dfrac{I_{EQ}\ (mA)}{26(mV)}$，$G_{oe}$、$C_{oe}$ 分别为晶体管的输出电导和输出电容。

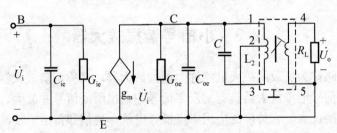

图 2-17　单调谐放大器小信号电路模型

设谐振回路一次电感线圈 1-2 之间的匝数为 N_{12}，1-3 之间的匝数为 N_{13}，二次线圈的匝数为 N_{45}。由图 2-17 可知，自耦变压器的匝比 $n_1 = N_{13}/N_{12}$，一次、二次之间的匝比 $n_2 = N_{13}/N_{45}$。因此可将 $g_m\dot{U}_i$、G_{oe}、C_{oe}、R_L 折算到谐振回路 1-3 端，得到图 2-18 所

示的小信号放大电路模型。图中 $G_p=1/R_p$ 为谐振回路空载电导，$G_L=1/R_L$。由此可得并联谐振回路的有载电导为

$$G_e=G_P+\frac{G_{oe}}{n_1^2}+\frac{G_L}{n_2^2} \tag{2-25}$$

当 LC 并联谐振回路调谐在输入信号频率上，回路产生谐振时，放大器输出电压最大，故电压增益也为最大，用 A_{u0} 表示，称为谐振电压增益。由图 2-18 可得

$$\dot{A}_{u0}=\frac{\dot{U}_o}{\dot{U}_i}=-\frac{g_m}{n_1 n_2 G_e} \tag{2-26}$$

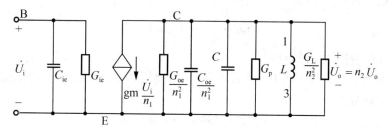

图 2-18　变换后的单调谐小信号电路模型

当输入信号频率不等于谐振回路谐振频率 f_0 时，回路失谐。输出电压下降，故电压增益下降。由于在谐振频率 f_0 附近很窄的频率范围内，晶体管的放大特性随频率变化不大，单调谐放大器的增益频率特性决定于 LC 并联谐振回路的频率特性。因此，可得放大器的增益频率特性为

$$\left|\frac{\dot{A}_u}{\dot{A}_{u0}}\right|=\frac{1}{\sqrt{1+\left(Q_e\frac{2\Delta f}{f_0}\right)^2}} \tag{2-27}$$

式中：Q_e 为 LC 并联谐振回路考虑到负载及晶体管参数影响后的有载品质因数；$\Delta f=f-f_0$ 为回路的绝对失调量。

根据式(2-27)作出单调谐放大器的增益频率特性曲线和 LC 并联谐振回路特性曲线相似，如图 2-19 所示。

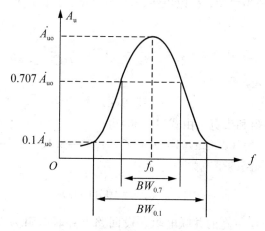

图 2-19　单调谐放大器幅频特性曲线

单调谐放大器的谐振频率 f_0 为

$$f_0 = \frac{1}{2\pi\sqrt{LC_\Sigma}} \tag{2-28}$$

式中：C_Σ 为三极管输出电容和负载电容折合到 LC 回路两端的等效电容与回路电容 C 之和。因此，改变 L 和 C_Σ 都可改变谐振频率，即进行调谐。

单调谐放大器的通频带为

$$BW_{0.7} = \frac{f_0}{Q_e} \tag{2-29}$$

有载品质因数 Q_e 的值为

$$Q_e = \frac{R_\Sigma}{\omega_0 L} = R_\Sigma \omega_0 C_\Sigma \tag{2-30}$$

式中：R_Σ 为 LC 谐振回路总电阻。

在实际电路中，常采用在 LC 并联回路两端并联电阻的方法，减小回路的有载品质因数，以扩展通频带。

通过理论的计算可以得到单调谐放大器的矩形系数为

$$K_{0.1} = \frac{BW_{0.1}}{BW_{0.7}} = \sqrt{10^2 - 1} \approx 9.95 \tag{2-31}$$

式(2-31)说明单调谐放大器的矩形系数远大于1，实际的谐振曲线与矩形相差太远，因此单调谐放大器的选择性较差。

例 2.1 设一放大器以简单并联振荡回路为负载，信号中心频率 $f_0 = 10\text{MHz}$，回路电容 $C = 50\text{pF}$。求：

(1) 试计算所需的线圈电感值。

(2) 若线圈品质因数为 $Q_e = 100$，试计算回路谐振电阻及回路带宽。

(3) 若放大器所需的带宽 $BW_{0.7} = 0.5\text{MHz}$，则应在回路上并联多大电阻才能满足放大器所需带宽要求？

解：(1) 计算 L 值。由式(2-28)可得

$$L = \frac{1}{\omega_0^2 C_\Sigma} = \frac{1}{(2\pi)^2 f_0^2 C_\Sigma}$$

将 f_0 以兆赫(MHz)为单位，C 以皮法(pF)为单位，L 以微亨(μH)为单位，上式可变为一常用计算公式

$$L = \left(\frac{1}{2\pi}\right)^2 \frac{1}{f_0^2 C_\Sigma} \times 10^6 = \frac{25330}{f_0^2 C_\Sigma}$$

将 $f_0 = 10\text{MHz}$ 代入，得

$$L = 5.07\mu\text{H}$$

(2) 求回路谐振电阻和带宽。由式(1-30)得

$$R_\Sigma = Q_e \omega_0 L = 100 \times 2\pi \times 10^7 \times 5.07 \times 10^{-6} = 3.18 \times 10^4 = 31.8(\text{k}\Omega)$$

由式(2-29)可得回路的带宽为

$$BW_{0.7} = \frac{f_0}{Q_e} = 100(\text{kHz})$$

(3) 求满足 0.5MHz 带宽的并联电阻。设回路上并联电阻为 R_1，并联后的总电阻为 $R_1 /\!/ R_0$。由带宽公式，有

$$Q_e = \frac{f_0}{BW_{0.7}} = \frac{10}{0.5} = 20$$

此时回路的总电阻为

$$R'_\Sigma = \frac{R_0 R_1}{R_0 + R_1} = Q_e \omega_0 L = 20 \times 2\pi \times 10^7 \times 5.07 \times 10^{-6} = 6.37(\text{k}\Omega)$$

上式中 $R_0 = R_\Sigma = 31.8\text{k}\Omega$，因此可求得在回路中并联电阻为

$$R_1 = \frac{31.8 \times 6.37}{31.8 - 6.37} = 7.97(\text{kHz})$$

2.3.2　多级单调谐回路谐振放大器

在实际应用中，经常需要把微弱的信号放大到足够大，因而要求放大器具有足够大的增益。如雷达或通信接收机对微弱信号的放大主要依靠中频放大器，而且要求放大器具有 $10^4 \sim 10^6$ 的放大倍数。很显然，单级放大器不能达到如此高的增益。因此高频小信号放大器，特别是中频放大器常采用多级单调谐放大器级联而成，如电视机中的中频放大器一般有 3～4 级，而雷达接收机中的中频放大器有 6 级。

1. 多级单调谐放大器的电压增益

设单调谐放大器有 m 级，各级电压增益分别为 A_{u1}、A_{u2}、A_{u3}、$\cdots$、A_{um}，则级联后放大器的总电压增益为

$$A_m = A_{u1} \cdot A_{u2} \cdot \cdots \cdot A_{um} \qquad (2-32)$$

如果 m 级放大器是由完全相同的单级放大器组成的，则其电压增益可以表示为

$$A_m = (A_{u1})^m \qquad (2-33)$$

2. 多级单调谐放大器的谐振曲线

m 级相同的放大器级联时，它的谐振曲线等于各单级谐振曲线的乘积。它的谐振曲线可由式(2-34)表示

$$\frac{A_m}{A_{m0}} = \frac{1}{\left[1 + \left(Q_e \frac{2\Delta f}{f_0}\right)^2\right]^{\frac{m}{2}}} \qquad (2-34)$$

从式(2-34)可以知道，级数越多，谐振曲线越尖锐，如图 2-20 所示。从图中可以看出，放大器级联的级数越多，谐振曲线的形状越接近于矩形。

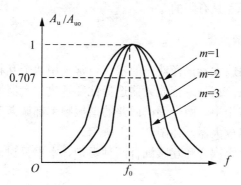

图 2-20　级联放大器谐振曲线

3. 多级单调谐放大器的通频带

m 级相同的放大器级联时，根据总通频带的定义，即从式(2-34)可知

$$BW_{0.7}=(2\Delta f_{0.7})_m=\sqrt{2^{\frac{1}{m}}-1}\cdot\frac{f_0}{Q_e} \tag{2-35}$$

式中：$\frac{f_0}{Q_e}$ 为 $m=1$ 即单级单调谐放大器的通频带；$\sqrt{2^{\frac{1}{m}}-1}$ 为放大器的频带缩小因子，表 2-1 列举了不同 m 值对应的缩小因子的值。

表 2-1　多级放大器级数 m 与频带因子对应值

m	1	2	3	4	5	⋯
$\sqrt{2^{\frac{1}{m}}-1}$	1	0.64	0.51	0.43	0.39	⋯

4. 多级单调谐放大器的矩形系数

对于多级单调谐放大器来说，级数越多其谐振曲线越接近于矩形，即矩形系数越接近于 1，其选择性就越好。对于 m 级相同的单调谐放大器级联后的矩形系数可以求得

$$K_{0.1}=\frac{BW_{0.1}}{BW_{0.7}}=\frac{\sqrt{100^{\frac{1}{m}}-1}}{\sqrt{2^{\frac{1}{m}}-1}} \tag{2-36}$$

表 2-2 为不同 m 值对应的矩形系数的大小。

表 2-2　多级放大器级数 m 与矩形系数对应值

m	1	2	3	4	5	6	⋯
$K_{0.1}$	9.95	4.66	3.75	3.4	3.2	3.1	⋯

从上面分析可以知道，在多级谐振放大器中，其总的电压增益要比单级的电压增益大、选择性好，但总的带宽要比单级窄。如此时要使其带宽与单级谐振放大器一样，可通过减小每级回路的有载品质因数 Q_e 值，加宽各级放大器的通频带来弥补。在多级谐振放大器中，级数越多，选择性有一定的提高，但是在 $m>3$ 后，选择性提高不太明显。因此，依靠增加级数来改善选择性是有限的。

2.3.3 双调谐回路谐振放大器

为了克服单调谐回路放大器选择性差的缺点，常采用两个互相耦合的调谐回路作为放大器负载来改善矩形系数。它是改善放大器选择性和解决放大器增益和通频带之间矛盾的有效方法之一。在实际应用中，两个调谐回路的谐振频率都调谐于同一个中心频率上，这种放大器称为双调谐回路放大器，如图 2-21 所示。

双调谐耦合回路有电容耦合和互感耦合两种类型，本书只讨论互感耦合调谐回路，如图 2-22 所示。

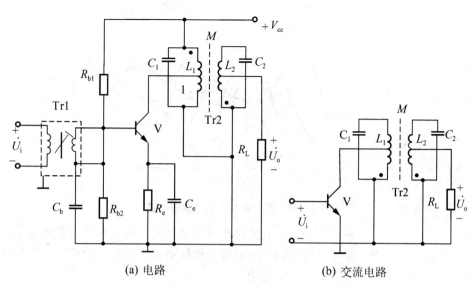

(a) 电路 (b) 交流电路

图 2 - 21 双调谐放大器

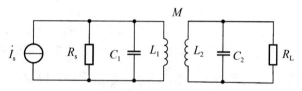

图 2 - 22 互感耦合调谐电路

为使分析问题简化，设初、次级回路元件的参数相同。为说明回路间的耦合程度，常用耦合系数 k 表示。耦合系数为

$$k = \frac{M}{\sqrt{L_1 L_2}} = \frac{M}{L} \qquad (2-37)$$

初、次级回路的谐振频率和有载品质因数分别为

$$f_0 = \frac{1}{2\pi \sqrt{LC_\Sigma}}$$

$$Q_e = \frac{R_\Sigma}{\omega_0 L} = R_\Sigma \omega_0 C_\Sigma$$

在此定义耦合因数 η 为

$$\eta = kQ_e \qquad (2-38)$$

根据理论分析画出双调谐放大器的谐振曲线，如图 2 - 23 所示。当 $\eta < 1$ 时，称为弱耦合，此时的谐振曲线为单峰，但峰值较小；当 $\eta > 1$ 时，称为强耦合，此时谐振曲线为双峰，中心下陷；当 $\eta = 1$ 时，称为临界耦合，比较理想的是临界耦合时的情况，谐振曲线既为单峰，峰值又大。从图中可以看出，临界耦合与强耦合的峰值相等。临界耦合的通频带和矩形系数分别为

$$BW_{0.7} = \sqrt{2}\frac{f_0}{Q_e}$$

$$K_{0.1} = \frac{BW_{0.1}}{BW_{0.7}} \approx 3.16$$

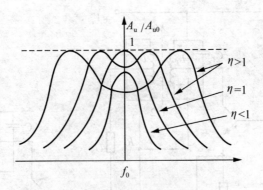

图 2-23　双调谐放大器的谐振曲线

因此，双调谐放大器在弱耦合时，其谐振曲线与单调谐相似，其特点是增益小、带宽窄以及选择性差，一般不采用。在强耦合时，带宽增加明显，矩形系数变好，但其顶部凹陷，所以只在放大器带宽要求较大时才使用。

**特别提示**

双调谐放大器与单调谐放大器相比较，处于临界耦合的双调谐放大器具有通频带宽、增益大以及选择性好等优点，但其缺点是回路的结构比较复杂、调谐麻烦。

质量较好的晶体管收音机有的也采用双调谐谐振放大器，以提高选择性。在电视接收机中双调谐放大器被用来加宽频带和提高选择性。

2.3.4　谐振放大器的稳定性

在高频电路中，谐振放大器的稳定性是其重要指标之一，放大器稳定与否，直接影响到放大器的性能，而影响调谐放大器稳定性能的主要原因是三极管内部反馈及负载变化。一般不稳定的表现是中心频率偏移、带宽变窄以及谐振曲线变形等；严重的不稳定表现为放大器产生自激振荡（或寄生振荡），使正常的放大作用受到破坏。即使不产生自激振荡，由于内部反馈随频率的变化而变化，会对某些频率信号形成正反馈，而对另外一些频率信号形成负反馈，造成反馈的强弱不同，使输出信号一部分频率分量加强，一部分频率分量减弱，其结果就是放大器的频率特性、通频带和选择性受到影响。

1. 影响小信号调谐放大器不稳定因素

前面分析的小信号放大器都是假定其工作在稳定状态，即输出电路对输入端无影响，这时的反向传输导纳 $Y_{re}=0$。在实际运用中，晶体管存在着反向传输导纳 Y_{re}，放大器的输出电压可通过晶体管的 Y_{re} 反向作用到输入端，引起输入电流 $\dot{I}_i$ 的变化，这种反馈作用将可能引起放大器产生自激等不良后果，这种反馈是导致放大器工作不稳定的主要原因。

1）晶体管内部反馈影响

通过理论分析，能够得到 Y_{re} 的反馈作用可由式（2-39）所示的放大器输入导纳 Y_i 来表示，即

$$Y_i=Y_{ie}+Y_F=Y_{ie}-\frac{Y_{re}Y_{fe}}{Y_{oe}+Y_L'} \qquad (2-39)$$

式中：Y_{ie} 为输出端短路时晶体管本身的输入导纳，Y_F 为通过 Y_{re} 的反馈引起的反馈导纳，它反映了对负载导纳 Y'_L 的影响。

从式(2-39)可以知道，当 $Y_{re}=0$ 时，反馈导纳 Y_F 不存在，晶体管为单向器件，放大器的输入导纳 Y_i 只与晶体管的输入导纳 Y_{ie} 有关；当 $Y_{re} \neq 0$ 时，放大器的输入导纳 Y_i 中引入了反馈导纳 Y_F，将会对放大器的工作稳定性产生较大影响。

反馈导纳 Y_F 与晶体管的反向传输导纳 Y_{re} 成正比，它的作用主要有两个方面：一是由于内部反馈作用使放大器的输入回路与输出回路之间互相牵连(即电路的双向性)，它会给电路的调试调整带来很多不利；二是使放大器工作不稳定，放大后的输出信号通过反馈导纳 Y_{re} 将一部分输出信号反馈到输入端，由晶体管再次放大后又通过 Y_{re} 反馈到输入端，循环不止，就会产生寄生振荡(或自激振荡)，最终破坏放大器的稳定工作。

因此，晶体管内部的反馈所产生的有害影响主要与反向传输导纳 Y_{re} 有关，Y_{re} 越大，反馈越强，对放大器工作稳定性影响越大。

2) 外部干扰影响

在实际电路中，放大器外部的寄生反馈都是以电磁耦合的方式出现的，电磁干扰的耦合方式有以下几种。

(1) 电容耦合。导线与导线之间，导线与元器件之间以及元器件与元器件之间，均存在着分布电容。频率越高，其容抗就越小，当信号频率高到一定程度时，分布电容就会起作用，将信号从后级耦合到前级，对放大器的稳定性造成影响。

(2) 互感耦合。导线与导线之间，导线与电感之间以及电感与电感之间，除存在分布电容外，在高频状态下，还存在着互感。流经导线与电感的后级高频电流产生的交变磁场将会与前级回路交链，产生不必要的耦合。

(3) 电阻耦合。当前后级信号电流经过同一导线时，由于导线存在电阻，后级电流在导线上产生的电压会对前级产生影响。

(4) 电磁辐射耦合。当工作频率达到射频(150kHz 以上)时，后级高频信号可以通过电磁辐射的方式耦合到前级。

2. 谐振放大器稳定性措施

由于晶体管有反向传输导纳存在，实际上晶体管为双向器件。为了抵消或减少反向传输导纳的作用，应使晶体管单向化。单向化的方法有两种：一种是消除反向传输导纳的反馈作用，称为中和法；另一种是使负载电导或信号源电导的数值加大，使得输入或输出回路与晶体管失去匹配，称为失配法。

1) 中和法

中和法是在晶体管的输出端与输入端之间引入一个附加的反馈电路(中和电路)，以抵消晶体管内部 Y_{re} 的反馈的作用。图 2-24(a)所示为收音机中常见的中和电路，图 2-24(b)为其交流等效电路，为了直观，将晶体管内部电容 $C_{b'c}$ 画在晶体管的外部，为集电极电容。C_N 为外加中和电容，其作用是抵消 $C_{b'c}$ 的影响。

从图中可以看出，未加中和电容 C_N 时，由于 $C_{b'c}$ 的存在，有反馈电流 $\dot{I}_{b'c}$ 流进 A 点，进入晶体管的输入端，加入 C_N 后，由于 C_N 的作用，引入另一个反馈电流 $\dot{I}_N$ 也流进 A 点。由于反向耦合变压器的作用，使得 $\dot{I}_{b'c}$ 和 $\dot{I}_N$ 的相位相差 180°，即

$$\sum I_A = I_{b'c} - I_N \qquad (2-40)$$

如果 C_N 的参数选择合理，使得 $I_{b'c} = I_N$，内部反馈电流在进入晶体管输入端相互抵消，$I_{b'c}$ 不会进入晶体管输入端，从而消除了晶体管内部因数造成的影响。

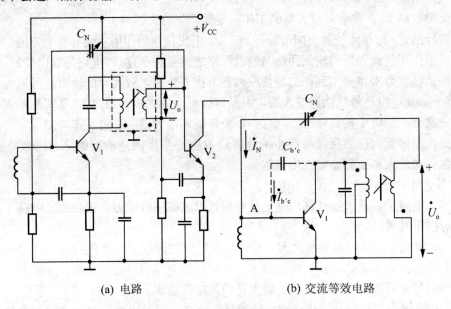

(a) 电路   (b) 交流等效电路

图 2-24　收音机放大调谐电路

为了得到中和电容 $C_{b'c}$ 的参数，可把该中和过程看作一个电桥平衡，即其桥式等效电路如图 2-25 所示。$C_{b'c}$、C_N、L_1 和 L_2 构成一个桥式电路。

根据电桥平衡原理，若电桥对边两臂的阻抗乘积相等，则 CD 两端（即放大器输出端）的电压不会对 AB 两端（即放大器输入端）产生影响，即放大器的输出信号不会反馈到放大器的输入端。

根据电桥平衡条件，可以得到

$$\omega L_1 \cdot \frac{1}{\omega C_N} = \omega L_2 \cdot \frac{1}{\omega C_{b'c}} \qquad (2-41)$$

变换得

$$C_N = \frac{L_1}{L_2} C_{b'c} \qquad (2-42)$$

因此，在电路 AD 两端外接一个中和电容，使之成为电桥的臂，并适当选择其参数，满足电桥平衡的条件，进而消除 $C_{b'c}$ 引起的内部反馈，提高放大器的稳定性。

2）失配法

失配法通过增大负载电导，进而增大总回路电导，使输出电路严重失配，输出电压相应减小，从而反馈到输入端的电流减小，对输入端的影响也就减小。可见，失配法是用牺牲增益而换取电路的稳定。用两只晶体管按共射—共基方式连接成一个复合管是经常采用的一种失配法，其结构原理图如图 2-26 所示。由于共基电路的输入导纳较大，当它和输出导纳较小的共射电路连接时，相当于使共射电路的负载导纳增大而失配，从而使共射晶体管内部反馈减弱，稳定性大大提高。

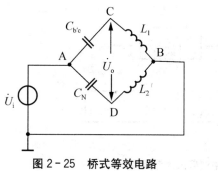

图2-25　桥式等效电路

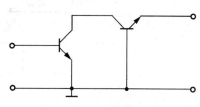

图2-26　共射—共基电路

图2-26中由两个晶体管组成级联电路，前一级是共射电路，后一级是共基电路。由于共基电路的输入阻抗很小(即输入导纳大)、输出阻抗很大(即输出导纳很小)，当它和共射电路连接时，相当于共射放大电路的负载导纳很大。此时，电压增益很小，但电流增益依然较大；而共基极虽然电流增益接近于1，但电压增益很大。因此，当它们级联时，总增益等于电压增益和电流增益相乘，共射极和共基极发挥各自的特点，其结果是级联后总的电压增益和电流增益都较大，功率增益也较大。

特别提示

中和法的优点是电路简单，增益不受影响。其缺点是只能在一个频率上完全中和，不适合宽带放大器。因为晶体管离散性大，所以实际调整麻烦，不适于批量生产。采用中和法来稳定放大器工作，对由于温度等原因引起的各种参数变化没有改善效果。

失配法的优点是性能稳定，能改善各种参数变化的影响，频带宽，适合宽带放大，适于波段工作，生产过程中无须调整，适于大量生产。

2.4　集中选频放大器

由LC构成的调谐放大器组成级联放大器时，线路复杂，调试不方便，频率特性稳定性不高，可靠性差，尤其是不能很好地满足某些特殊频率特性要求。随着电子技术的发展，新型元件不断出现，高频小信号放大器出现了采用集中滤波和集中放大相结合的集成电路，也就是集中选频式放大器。

2.4.1　集中选频放大器的组成与特点

集中选频放大器的组成一般有两种形式，如图2-27所示。其中图2-27(a)所示的集中选频滤波器放在宽带放大器之后，它要求放大器与滤波器之间要实现阻抗匹配。阻抗匹配能使放大器有较大功率增益，同时能使滤波器有正常的频率特性。图2-27(b)所示的集中选频滤波器放在宽带放大器的前面，能避免强干扰信号使放大器进入非线状态产生新的干扰。但若选用的集中滤波器的衰减较大时，进入放大器的信号较小，通常可在集中滤波器前加一前置放大器。

宽带放大器一般由线性集成电路组成，当工作频率较高时，也可由其他分立元件构成宽带放大器。集中选频滤波器是由多节电感、电容串并联回路构成的LC带通滤波器，也可以由石英晶体滤波器、陶瓷滤波器和声表面滤波器构成。

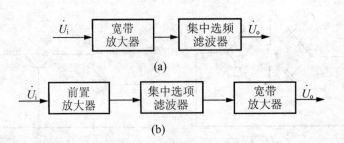

图 2-27　集中选频放大器组成

特别提示

　　与分立元件构成的多级调谐放大器相比，集中选频放大器具有选择性好的优点。石英晶体滤波器、陶瓷滤波器和声表面滤波器在与放大器连接时可以设置良好的阻抗匹配，使得选频性几乎达到理想的要求。因此，这几种滤波器目前应用广泛。

2.4.2　集中选频滤波器

　　1. 陶瓷滤波器

　　陶瓷滤波器是利用陶瓷片的压电效应制成的，它的材料一般是锆钛酸铅陶瓷。制作时，先在陶瓷片的两面涂上氧化银浆，然后加高温使之还原为银，且牢固附着在陶瓷片上，形成两个电极，再经过直流高压极化后，陶瓷片就有了压电效应。所谓压电效应，就是当有机械力(压力或张力)作用于陶瓷片时，陶瓷片的表面就会出现等量的正负电荷，称为正压电效应；反之，当给陶瓷片的两面加上极性不同的电压时，陶瓷片的几何尺寸就会发生变化(伸长或缩短)，称为反压电效应。显然，如果给陶瓷片两个端面上加上交流电压，陶瓷片就会随交流电压极性周期性地变化而产生机械振动，同时由于反压电效应，陶瓷片两端面产生极性周期变化的正负电荷，即产生交流电压。当外加电压的频率正好等于陶瓷片固有振动频率(其值取决于陶瓷片的结构和几何尺寸)时，将会出现谐振现象，此时机械振动最强，形成的交流电压也最大，这就表明压电陶瓷片具有与谐振电路相似的特性。总之，陶瓷片具有的谐振特性，可代替电路中的 LC 谐振回路用作滤波器。陶瓷滤波器的等效品质因数 Q 可达几百，比 LC 滤波器高，但比石英晶体滤波器低。因此其选择性比 LC 滤波器好，比晶体滤波器差；其通频带比晶体滤波器宽，比 LC 滤波器窄。陶瓷滤波器具有体积小、易制作、稳定性好、无须调整等优点，现广泛应用于接收机和电子仪器电路中。

　　常用的陶瓷滤波器有两端和三端两种类型。

　　1) 两端陶瓷滤波器

　　两端陶瓷滤波器的结构示意图、图形符号、等效电路和实物图如图 2-28 所示。图中 C_0 为压电陶瓷片两面银层间的静电容，L_1、C_1、R_1 分别相当于机械振动时的等效质量、等效弹性系数和等效阻尼。压电陶瓷片的厚度、半径等尺寸不同时，其等效电路参数也就不同。由等效电路可以看出，陶瓷片具有两个谐振频率，一个是串联谐振频率 f_s，另一个是并联谐振频率 f_p。

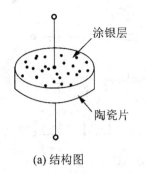
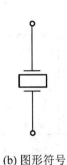
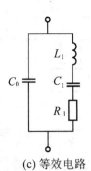

(a) 结构图　　　　(b) 图形符号　　(c) 等效电路　　　(d)两端陶瓷滤波器实物

图 2 - 28　两端陶瓷滤波器

$$f_s = \frac{1}{2\pi\sqrt{L_1 C_1}} \qquad\qquad (2-43)$$

$$f_p = \frac{1}{2\pi\sqrt{L_1 \dfrac{C_1 C_0}{C_1 + C_0}}} \qquad\qquad (2-44)$$

串联谐振时，陶瓷片的等效阻抗最小，并联谐振时，陶瓷片的等效阻抗为最大。两端陶瓷片相当于一个单调谐回路。由于它频率稳定、选择性好、具有适合带宽，常把它做成固定中频滤波器使用。

两端陶瓷滤波器还可以根据需要，组成不同选择性、不同带宽的三端滤波器。图 2 - 29 所示为两种形式的四端陶瓷滤波器，图 2 - 29(a)所示为二单元型，图 2 - 29(b)所示为五单元型，还可以构成七单元型、九单元型等。一般来说，陶瓷数目越多，滤波效果越好。

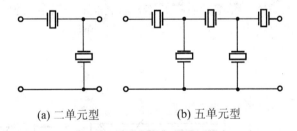

(a) 二单元型　　　　　(b) 五单元型

图 2 - 29　四端陶瓷滤波器

2) 三端陶瓷滤波器

图 2-30 所示为三端陶瓷滤波器的结构图、电路符号、等效电路图和实物图。图中1、3 为滤波器的输入端，2、3 为滤波器的输出端。

1、3端输入信号后，信号频率如果和陶瓷滤波器的串联谐振频率相等，陶瓷片产生相当于谐振频率的机械振动，由于压电效应，2、3 端产生频率为谐振频率的输出信号。三端陶瓷滤波器的等效电路相当于一个双调谐回路，可以代替中频放大电路中的中频变压器。其优点是无须调整。因此，三端陶瓷滤波器在集成电路接收机中得到了广泛的应用。

2. 声表面滤波器

声表面波(SAW)是在压电固体材料表面产生和传播，且振幅随深入固体材料的深度

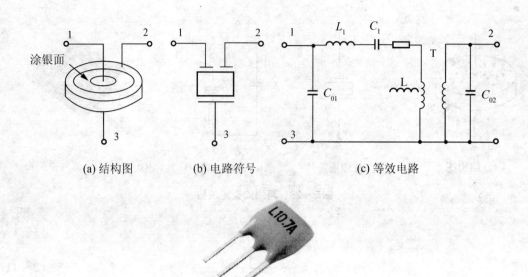

(a) 结构图　　　　　(b) 电路符号　　　　　　　(c) 等效电路

(d) 三端陶瓷滤波器实物

图 2-30　三端陶瓷滤波器

增加而迅速减小的弹性波。声表面波能量密度高，其中 90% 的能量集中在厚度等于一个波长的表面薄层中；传输速度慢，约为纵波速度的 45%，是横波速度的 90%。

　　声表面波器件是一种利用沿弹性固体表面传播机械振动波的器件，主要有滤波器、延迟线等。声表面波器件的实物、结构及符号如图 2-31 所示。滤波器的基片材料是石英、铌酸锂、钛酸钡等压电晶体，经抛光后在晶体表面蒸发上一层金属膜，再经光刻工艺制成两组相互交错的叉指形金属电极，它具有能量转换的功能。

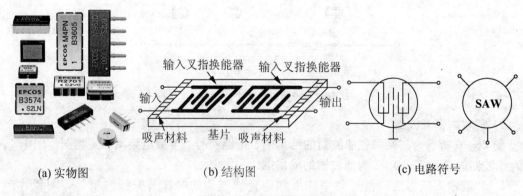

(a) 实物图　　　　　　　　(b) 结构图　　　　　　　(c) 电路符号

图 2-31　声表面滤波器

　　当输入叉指换能器接收电信号时，压电晶体基片的表面产生振动，并激发出与外加信号同频率的声波。此声波主要沿基片的表面在与叉指电极垂直的方向传播，其中一个方向的声波被吸声材料吸收；另一个方向的声波则传送到输出叉指换能器，转换为电信号。

 **特别提示**

声表面波滤波器具有以下特点。

（1）工作频率范围宽，可达 10～10000MHz。

（2）相对频带也较宽，一般可达 1％～50％。

（3）便于微型化和片式化。

（4）带内插入衰减大，一般不低于 15dB——最突出的不足。

（5）矩形系数可达 1.1～2。

总之，声表面波器件与其他滤波器相比，声表面波滤波器具有体积小、质量轻、性能稳定、工作频率高（几兆赫至几吉赫）、通频带宽、特性一致性好、抗辐射能力强、动态范围大等特点，因此它在通信、电视、卫星和宇航领域等得到了广泛的应用。

2.4.3　集中选频放大器应用

1.8FZ1 宽带放大器的应用

图 2-32 所示是国产 8FZ1 集成放大电路，属于利用负反馈展宽频带的放大器。它是由两个晶体管组成的直接耦合放大器，电路中具有两级电流并联负反馈。从 V_2 的发射极电阻 R_{e2} 上取得反馈信号经 R_f 反馈到输入端，而电容 C_e 和（$R_{e1}+R_{e2}$）并联，是为了使高频工作时反馈最小，以改善高频特性。另外，改变外接元件还可以调节放大器的其他性能。例如在引线 8 和 6 之间接入电阻与 R_f 并联，可以增强反馈；在 8 和 9 之间串入不同阻值的电阻可以减小反馈；在 2 和 3 或 3 和 4 之间连接电阻，可以改变放大器的电压增益。

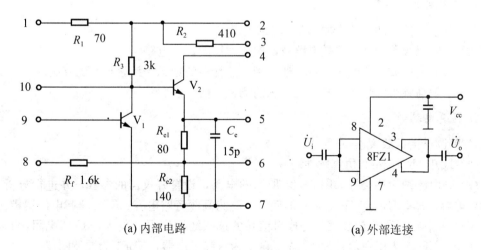

(a) 内部电路　　　　　(a) 外部连接

图 2-32　8FZ1 宽带放大器

2. 声表面滤波器的应用

在某品牌的彩色电视机中，集成中频放大器常采用声表面滤波器 SAWF 和集成宽带放大器 TA7680AP，具体电路如图 2-33 所示。

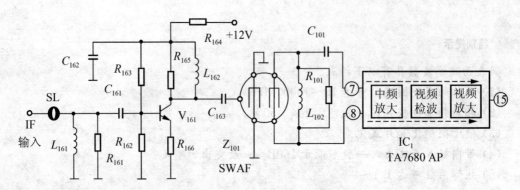

图 2 - 33　TA7680AP 图像中频放大器

　　由电视机高频调谐器输出的图像中频信号经 C_{161} 耦合至预中放管 V_{161} 的基极，完成前置放大，以弥补 Z_{101}（SAWF）带来的插入损耗。R_{162}、R_{163} 是 V_{161} 的偏置电阻，R_{166} 是 V_{161} 发射极负反馈电阻。L_{162} 为高频扼流圈，R_{165} 是阻尼电阻，它们与 V_{161} 的输出电容以及 Z_{101} 的输入分布电容共同组成中频宽带并联谐振电路。选频放大后的信号经 V_{161} 集电极输出，经由 C_{163} 耦合至声表面滤波器 Z_{101}，在其输出端接有匹配电感 L_{102}。由声表面滤波器选出的中频信号经 C_{101} 耦合后，进入中频放大器 TA7680AP 的 7、8 引脚，经中频放大、视频检波和视频放大后，从其 15 脚输出彩色全电视信号。

　　可见，此电路有 SWAF 和 TA7680AP 包含的中频放大电路一起构成的集成中频宽带放大器，无须调整，使用方便。

2.5　仿真实训：高频小信号放大器的性能分析

1. 仿真目的

（1）掌握小信号调谐放大器的基本工作原理。

（2）了解三极管的高频等效电路及谐振放大器的等效电路。

（3）掌握谐振放大器电压增益、通频带、选择性的定义、计算与测试方法。

（4）了解高频小信号放大器动态范围的测试方法。

2. 仿真电路

1）单调谐谐振放大器

（1）打开 Multisim 9 仿真软件。

（2）画电路图。连接好如图 2 - 34 所示的电路，设置好仪器的参数，并进行分析。C_1 为耦合电容；R_1、R_2、R_3 完成对 V 的偏置；C_3 为高频旁路电容；R_5、C_4 起电源退耦作用；$L_1 C_2$ 谐振回路为 V 的交流负载，完成对信号的选频滤波作用；R_4 为降 Q 值电阻，起展宽频带作用；XFG1 为函数信号发生器，XSC1 为双踪示波器，XBP1 为波特图仪。

（3）信号源参数设置。在 Multisim 9 仿真软件电路中，双击函数信号发生器 XFG1 图标，在弹出的信号发生器面板中，选择正弦波信号源，其工作频率为 10MHz、幅度为50mV 峰值。最后关闭信号发生器面板，即可完成信号源参数的设置。

（4）工作波形测量。根据图中电路设计，A 路为输出信号，B 路为输入信号。在 Multisim 9 仿真软件电路中，双击示波器 XSC1 图标，在弹出的示波器面板上，设置时 Time base 为 200 ns/div，通道 A(Channel A)幅度偏转因数为 5 V/div，通道 B(Channel B)幅度偏转因数为 100 mV/div。

打开仿真开关，出现图 2-35 所示的输入、输出波形。观察并对比输入、输出波形（注意：因为存在放大器的相移，输入、输出波形的相位并没有相差 180°），估算此电路的电压增益（约为 100 倍）。

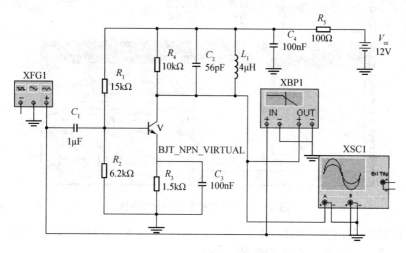

图 2-34 单调谐放大器仿真电路

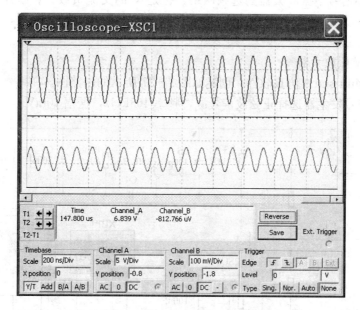

图 2-35 单调谐放大器输入、输出波形

（5）频特性的测量。在 Multisim 9 仿真软件电路中，双击波特图仪 XBP1 图标，在弹出的波特图仪面板上，在方式(Mode)选择区域，单击幅度测量(Magnitude)按钮，此时选择测量的是幅频特性。在水平(Horizontal)区域，单击 log 按钮，F 参数设置为 2GHz，I 参数设置为 20kHz，在垂直(Vertical)区域，单击 log 按钮，F 参数设置为 45dB，I 参数设置为 0dB。

(6) 打开仿真开关，出现图 2-36 所示的幅频特性曲线，中心频率为 10.714MHz。根据通频带的定义，可以求得 $BW_{0.7}=6.28$MHz，$BW_{0.1}=19.29$MHz；由 $BW_{0.7}=2\Delta f=\dfrac{f_0}{Q}$ 可得

$$Q=\frac{f_0}{BW_{0.7}}=\frac{10.714}{6.28}=1.7$$

$$K_{0.1}=\frac{BW_{0.1}}{BW_{0.7}}=\frac{19.29}{6.28}=3.07$$

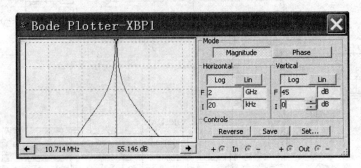

图 2-36 单调谐放大器幅频特性

(7) 分别取 R_4 的值为 500Ω、1kΩ、2kΩ、5kΩ、15kΩ、20kΩ 等，观察幅频特性曲线的变换情况，进一步了解降 Q 值电阻的作用。

L_1、C_1 为小信号谐振放大器的选频网络，也是 V 的交流负载。若断开它们中的任意一个，仿真时会出现电路工作不正常的现象。R_4 为降 Q 值电阻，若删去，会出现类似调幅波的输出波形。

2) 双调谐谐振放大器

(1) 打开 Multisim 9 仿真软件，创建如图 2-37 所示的电路图。

(2) 函数信号发生器选择正弦波信号源，频率 465kHz，振幅 10mV。

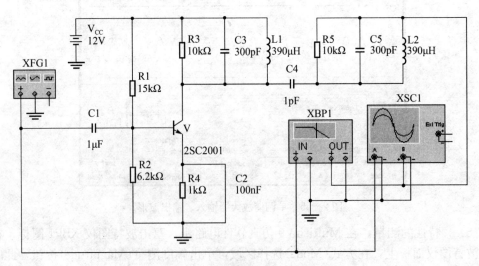

图 2-37 双调谐放大器仿真电路

(3) 设置好双踪示波器参数，打开仿真开关，观察到的波形如图 2-38 所示。

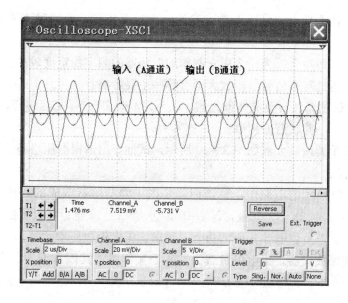

图 2-38 双调谐放大器输入、输出波形

（4）打开仿真开关，出现如图 2-39 所示的幅频特性曲线，中心频率为 456.395kHz。

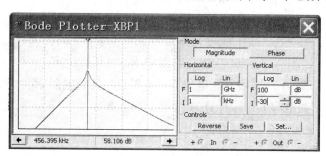

图 2-39 双调谐放大器幅频特性曲线

（5）双调谐放大器的通频带、品质因数与矩形系数可参照前面单调谐放大器设置，这里省略。

本 章 小 结

高频小信号放大器分为宽带和窄带两类。扩展频带的方法有负反馈法、组合电路法和补偿法。小信号谐振放大器是一种窄带放大器，由放大器和谐振负载组成，具有选频或滤波功能。按谐振负载的不同，可分为单调谐放大器、双调谐放大器等。

集中选频放大器是由集中选频滤波器和宽带放大器组成的。常用的集中选频滤波器有陶瓷滤波器、声表面波滤波器等。

习　题

1. 对高频小信号放大器的主要要求是什么？高频小信号放大器有哪些分类？

2. 通频带为什么是小信号谐振放大器的一个重要指标？通频带不够会给信号带来什么影响？为什么？

3. 石英晶体有何特点？为什么用它制作的振荡器的频率稳定度较高？

4. 外接负载阻抗对小信号谐振放大器有哪些主要影响？

5. 一个 5kHz 的基频石英晶体谐振器，$C_q = 2.4 \times 10^{-2} pF$，$C_0 = 6pF$，$r_0 = 15\Omega$。求此谐振器的 Q 值和串、并联谐振频率。

6. 共发射极单调谐放大器如图 2-40 所示，试推导出谐振电压增益、通频带及选择性（矩形系数）公式。

7. 在图 2-40 所示的电路中，调谐回路是由中频变压器构成的，其中 $f_0 = 465kHz$，$L = 560\mu H$，$Q_0 = 100$，$N_{12} = 46$ 匝，$N_{13} = 162$ 匝，$N_{45} = 13$ 匝；三极管的 $g_{oe} = 110\mu S$，工作电流 $I_E = 1mA$。若负载电导 $g_L = 1.0mS$，试求：①谐振电压增益 A_{u0}；②通频带 $BW_{0.7}$。

8. 一单调谐振放大器，集电极负载为并联谐振回路，其固有谐振频率 $f_0 = 6.5MHz$，回路总电容 $C = 56pF$，回路通频带 $BW_{0.7} = 150kHz$。求：①回路调谐电感、品质因数；②回路频偏 $\Delta f = 600kHz$ 时，对干扰信号的抑制比 d。

9. 中心频率都是 6.5MHz 的单调谐放大器和临界耦合的双调谐放大器，若 Q_e 均为 30，试问两个放大器的通频带各为多少？

10. 单调谐放大器如图 2-41 所示。已知工作频率 $f_0 = 30MHz$，$L_{13} = 1\mu H$，$Q_0 = 80$，$N_{13} = 20$，$N_{23} = 5$，$N_{45} = 4$。晶体管的 Y 参数为 $Y_{ie} = (1.6 + j4.0)mS$，$Y_{re} = 0$，$Y_{fe} = (36.4 - j42.4)mS$，$Y_{oe} = (0.072 + j0.60)mS$。电路中 $R_{b1} = 15k\Omega$，$R_{b2} = 6.2k\Omega$，$R_e = 1.6k\Omega$，$C_1 = 0.01\mu F$，$C_e = 0.01\mu F$，回路并联电阻 $R = 4.3k\Omega$，负载电阻 $R_L = 620\Omega$。①画出高频等效电路；②计算回路电容 C；③计算 A_{u0}，$2\Delta f_{0.7}$，$Kr_{0.1}$。

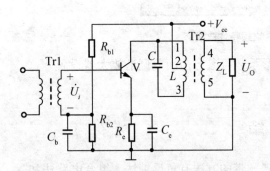

图 2-40 单调谐放大器输出端等效电路

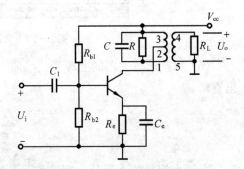

图 2-41 单调谐放大电路

11. 单调谐放大器如图 2-42 所示。已知 $L_{14} = 1\mu H$，$Q_0 = 100$，$N_{12} = 3$，$N_{23} = 3$，$N_{34} = 4$，工作频率 $f_0 = 30MHz$，晶体管在工作点的 Y 参数为 $g_{ie} = 3.2mS$，$C_{ie} = 10pF$，$g_{oe} = 0.55mS$，$C_{oe} = 5.8pF$，$Y_{fe} = 53mS$，$\phi_{fe} = -47°$，$Y_{re} = 0$。①画高频等效电路；②计算回路电容 C；③计算 A_{u0}，$2\Delta f_{0.7}$，$Kr_{0.1}$。

12. 图 2-43 所示是一个有高频放大器的接收机框图。各级参数如图中所示。试求接收机的总噪声系数。并比较有高放和无高放的接收机，对变频噪声系数的要求有什么不同？

13. 在小信号谐振放大器中，三极管与回路之间常采用部分接入，回路与负载之间也采用部分接入，简述其原因。

14. 解决小信号选频放大器通频带与选择性之间矛盾的方法有哪些？

15. 画出宽频带放大器基极回路补偿原理电路，并说明其工作原理。

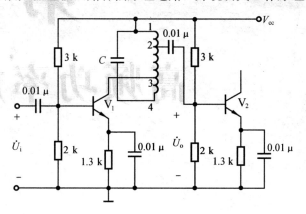

图 2-42　单调谐放大电路

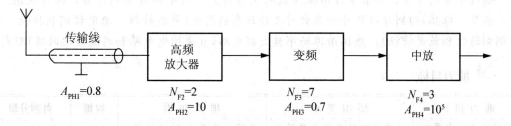

图 2-43　接收机的框图

第3章

高频功率放大器

知识目标

通过本章的学习，要求掌握谐振功放的工作特点，功率和效率的计算，工作状态(欠压、临界、过压)的划分以及外部参数对工作状态的影响(负载特性，集电极调制特性，基极调制特性和放大特性)；熟识谐振功率放大器电路(直流馈电电路和滤波匹配网络)形式。

能力目标

能力目标	知识要点	相关知识	权重	自测分数
谐振功率放大器的工作原理	丙类谐振功率放大器的特点、性能指标、工作原理	高频功率放大器的功能、电流电压波形	30%	
谐振功率放大器的特性分析	丙类功率放大器的近似分析法、工作状态及外部特性	动态负载线、过压、欠压及临界状态、负载特性、振幅特性、调制特性	50%	
谐振功率放大器电路	直流馈电电路、输出回路	集电极馈电电路、基极馈电电路、LC滤波匹配网络	20%	

在无线电传输电路中，为了弥补信号在传输过程中的衰减和各种噪声对信号的干扰，都要求发送端信号具有一定的功率电平。高频功率放大器不仅仅应用在各种类型的发射机中，许多电子设备如高频加热装置、微波功率源都有广泛的应用。

现实中，大家熟知的电子设备如手机、对讲机、车载电台等既要发射信号，也要接收信号。作为发射设备，上述3种设备在把信号发射出去之前，都要经过功率放大器放大信号，图3-1为对讲机、车载电台等移动设备的工作示意图。

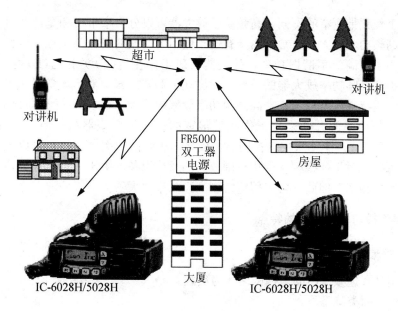

图3-1　对讲机、车载电台工作示意图

在高频范围(从几百千赫到几百兆赫)内，为了获得足够大的高频输出功率，必须采用高频功率放大器。它用于发射机的末级，作用是将高频已调波信号进行功率放大，以满足发送功率的要求，然后经过天线将其辐射到空间，保证在一定区域内的接收机可以接收到满意的信号电平，并且不干扰相邻信道的通信。

3.1　概　　述

高频功率放大器是用来产生高频功率的，常又称为射频功率放大器(radio frequency power amplifier)。因此产生符合要求的高频功率是对它的基本要求。同时，还应要求它具有尽可能高的效率。

3.1.1　高频功率放大器的功能

无线电通信的任务是传递信息。为了有效地实现远距离传输，通常要用传送的信息对高频载波信号进行调制。一般情况下，产生载波信号的振荡频率输出功率较小，而在实际应用中又需要达到较大的功率，因此需要高频功率放大器进行放大，以获得足够大的高频功率。

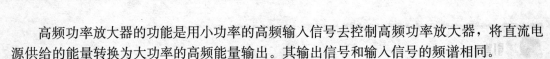

高频功率放大器的功能是用小功率的高频输入信号去控制高频功率放大器,将直流电源供给的能量转换为大功率的高频能量输出。其输出信号和输入信号的频谱相同。

高频功率放大器输出功率范围可以小到便携式发射机的毫瓦级,大到无线电广播电台的几十千瓦,甚至兆瓦级。高频功率放大器是无线电发送设备的重要组成部分。发送设备中的缓冲级、中间放大级、推动级和输出级均属于高频功率放大器的范围。除此之外,它还广泛地应用于高频加热装置、高频换能器及微波功率源等组成结构中。

3.1.2 高频功率放大器的分类

根据对工作频带宽窄的不同,高频功率放大器可以分为窄带型和宽带型两大类。

窄带型高频功率放大器通常采用具有选频作用的谐振网络作为负载,因此又称谐振功率放大器。为了提高效率谐振功率,放大器一般工作在丙(C)类和乙(B)类工作状态下。为了进一步提高高频功率放大器的效率,又出现了 D 类、E 类和 S 类等开关型高频功率放大器;还有利用特殊电路技术来提高高频功率效率的 F 类、G 类和 H 类高频功率放大器。

宽带型高频功率放大器采用工作频带很宽的传输线变压器(transmission-line transformers)作为负载,由于不采用谐振网络,故又称非调谐功率放大器,可以工作在很宽的工作频带范围内。对于那些频率变化范围较大的通信设备,由于很难迅速变换窄带功率放大器负载回路的频率,因此,常采用宽带型高频功率放大器。

3.1.3 丙类谐振功率放大器的特点

1. 丙类谐振功率放大器特点

(1) 采用具有选频作用的谐振网络作为负载。

(2) 工作在丙类状态下。

(3) 工作频率与相对频带相差很大。

(4) 输出功率大,效率高。

2. 丙类谐振功率放大器与低频功率放大器的异同之处

相同之处:两者都用来对输入信号进行功率放大。

不同之处:主要体现在工作频率和相对频带、负载性质以及工作状态这 3 个方面。

1) 工作频率和相对频带不同

低频功率放大器的工作频率较低,一般在 20Hz~20kHz 之间,相对频带较宽;而丙类谐振功率放大器是用来放大高频信号的,工作频率一般在几百千赫到几百兆赫,甚至更高,而且由于其采用具有选频作用的谐振网络作为负载,相对频带很窄,只有 0.1% 左右。

2) 负载性质不同

低频功率放大器采用电阻、变压器等非谐振负载,而丙类谐振功率放大器采用的是具有选频作用的谐振网络作为负载。

3) 工作状态不同

低频功率放大器除了要考虑效率还要兼顾信号的不失真放大,所以一般选择工作在乙类或甲乙类状态下,而丙类谐振功率放大器具有选频网络能滤除谐波,从严重失真的电流波形中得到不失真的电压输出,因而主要考虑效率因素,常选择工作在效率较高的丙类状态。

3. 丙类谐振功率放大器与小信号谐振放大器的异同之处

相同之处：两者都用来放大高频信号，且负载均为谐振网络。

不同之处：主要体现在激励信号的幅度、谐振网络的作用以及工作状态这3个方面。

1）激励信号的幅度不同

小信号谐振放大器属于小信号放大器，主要用来不失真地放大幅度微弱的高频小信号；而丙类谐振功率放大器用来放大幅度较大的高频功率信号。

2）谐振网络的作用不同

小信号谐振放大器的谐振网络主要用于抑制各种干扰信号；而丙类谐振功率放大器的谐振网络主要用来从失真的电流脉冲中选出基波，滤除谐波，从而得到不失真的输出信号。

3）工作状态不同

信号谐振放大器工作时主要考虑的是电压放大倍数、选择性以及通频带等性能参数，而对输出功率及效率一般不考虑，所以一般工作在甲类状态下；而丙类谐振功率放大器工作时主要考虑的是功率和效率，因而工作在丙类状态下。

3.1.4 丙类谐振功率放大器的主要技术指标

丙类谐振功率放大器的主要技术指标是输出功率 P_o，效率 η 和功率增益 A_P。

设直流电源提供的功率为 P_{DC}，功率管集电极的耗散功率为 P_C，基极输入功率为 P_i。

则输出功率 P_o 为

$$P_o = P_{DC} - P_C \qquad (3-1)$$

效率 η 为

$$\eta = \frac{P_o}{P_{DC}} \qquad (3-2)$$

功率增益 A_P 为

$$A_P = \frac{P_o}{P_i} \qquad (3-3)$$

应当强调指出：由于丙类谐振功率放大器工作在高频频段，且要求信号电平和效率高，因而工作在高频状态和大信号非线性状态是丙类谐振功率放大器的主要特点，故其属于非线性电子线路，不能用线性等效电路来分析。要准确地分析有源器件（晶体管、场效应管和电子管）在高频状态下的工作情况是十分烦琐和困难的。因此在下面的讨论中将在一些近似条件下进行分析，着重定性地说明丙类谐振功率放大器的原理和特性。

3.2 丙类谐振功率放大器的工作原理和性能分析

3.2.1 基本工作原理

图 3-2 所示是一个采用晶体管的丙类谐振功率放大器的原理电路。除电源和偏置电路以外，它的主要组成部分是晶体管和振荡回路。丙类谐振功率放大器通常采用平面工艺

制造的 NPN 高频大功率晶体管，能承受较高的电压和大电流，并且具有较高的特征频率 f_T。

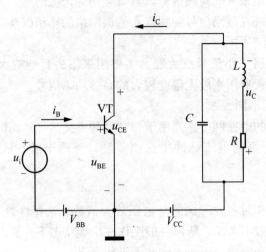

图 3-2　丙类谐振功率放大器原理电路图

晶体管作为一个电流控制元件在较小的激励信号电压的作用下引起基极电流 i_B，i_B 控制了较大的集电极电流 i_C，i_C 流过振荡回路产生高频功率输出，从而完成了把电源的直流能量转换为高频能量的任务。

1. 电流、电压波形

要了解丙类谐振功率放大器的原理，首先须了解晶体管的电流、电压波形及其对应关系。图 3-2 中 V_{CC} 和 V_{BB} 分别为集电极和基极的直流电源，由于丙类谐振功率放大器中晶体管工作在丙类状态，V_{BB} 因此小于晶体管的截止电压 U_{th}，即 $V_{BB}<U_{th}$。在实际使用中为了确保放大器能够可靠地工作在丙类状态，一般使 V_{BB} 为负压或不加基极电源。

当基极输入一高频余弦激励信号 u_i 后，三极管基极和发射极之间的电压为

$$u_{BE}=V_{BB}+u_i=V_{BB}+U_{im}\cos\omega t \tag{3-4}$$

当 u_{BE} 的瞬时值大于基极和发射极之间的截止电压 U_{th} 时，三极管导通。根据三极管的输入特性可知，将产生基极电流 i_B，如图 3-3(a)、(b)所示。晶体管工作在丙类状态下，只在小半个周期内导通，而在大半个周期内截止，i_B 为余弦脉冲波。由于 $i_C=\beta i_B$，所以 i_C 也为余弦脉冲波，如图 3-3(c)所示。且电流的最大值 i_{Bmax}、i_{Cmax} 与 u_{BE} 的最大值对应。通常把一个信号周期内集电极电流导通的一半称为导电角 θ。放大器可以工作在甲类、乙类、丙类 3 种状态下，这可以根据导电角 θ 的大小来分类。当 $\theta=180°$ 时为甲类，当 $\theta=90°$ 时为乙类，当 $\theta<90°$ 时为丙类。丙类谐振功率放大器的导电角 θ 的表达式为

$$\cos\theta\approx\frac{U_{th}-V_{BB}}{U_{im}} \tag{3-5}$$

利用傅氏级数展开，这样的周期性脉冲可以分解为直流、基波（信号频率分量）和各次谐波分量，即

$$i_C=I_{c0}+i_{c1}+i_{c2}+\cdots+i_{cn}$$
$$=I_{c0}+I_{c1m}\cos\omega t+I_{c2m}\cos2\omega t+\cdots+I_{cnm}\cos n\omega t \tag{3-6}$$

式中：I_{c0} 为直流电源；I_{c1m}、I_{c2m}、I_{cnm} 分别为基波、二次谐波、n 次谐波的电流振幅。

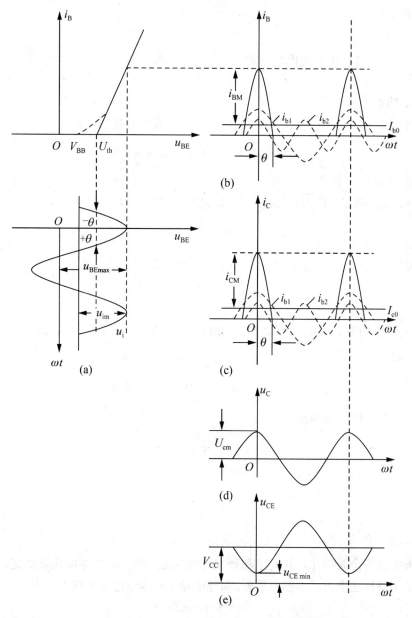

图 3-3　谐振功率放大器中电流、电压波形

如图 3-2 所示，当 i_C 流过回路时，在回路的两端要产生电压。由振荡回路的阻抗特性可知，当回路对信号频率调谐时，只对 ω 频率呈现出一个大的电阻 R_L，而对于远离 ω 的谐波频率 2ω、3ω 等呈现出很小的阻抗，因此回路两端只有基波电压

$$u_C = I_{c1m}R_P\cos\omega t = U_{cm}\cos\omega t \tag{3-7}$$

可见 u_C 的变化规律与基波电流分量 i_{c1} 相同，如图 3-3(d) 所示。此时三极管集电极和发射极之间的瞬时电压为

$$u_{CE} = V_{CC} - u_C = V_{CC} - U_{cm}\cos\omega t \tag{3-8}$$

如图 3-3(e) 所示，可见，当集电极回路调谐时，$u_{BE\,max}$、$i_{C\,max}$、$u_{CE\,min}$ 是在同一时刻出现的，这一点对理解晶体管是如何转换能量是很重要的。

2. 能量关系

1) 直流功率 P_{DC}

直流功率 P_{DC} 是指由直流供电电源 V_{CC} 提供的功率，即

$$P_{DC} = V_{CC} I_{c0} \qquad (3-9)$$

2) 输出功率 P_o

输出功率 P_o 是指由电子器件送给谐振回路的基波信号功率，即

$$P_o = \frac{1}{2} I_{c1m} U_{cm} = \frac{1}{2} I_{c1m}^2 R_P = \frac{1}{2} \frac{U_{cm}^2}{R_P} \qquad (3-10)$$

3) 集电极损耗功率 P_C

集电极损耗功率 P_C 即为直流输入功率与集电极高频输出功率之差，即

$$P_C = P_{DC} - P_o \qquad (3-11)$$

4) 集电极效率 η

为了说明高频功率放大器的能量转换能力，定义集电极效率为

$$\eta = \frac{P_o}{P_{DC}} = \frac{1}{2} \frac{I_{c1m}}{I_{c0}} \frac{U_{cm}}{V_{CC}} \qquad (3-12)$$

从式(3-12)可知，集电极效率决定于两个比值(即 $\frac{I_{c1m}}{I_{c0}}$ 和 $\frac{U_{cm}}{V_{CC}}$)的乘积。前者通常称为波形系数

$$\gamma = \frac{I_{c1m}}{I_{c0}} \qquad (3-13)$$

后者称为集电极电压利用系数

$$\xi = \frac{U_{cm}}{V_{CC}} \qquad (3-14)$$

因此式(3-12)又可以表示为

$$\eta = \frac{1}{2} \gamma \xi \qquad (3-15)$$

3. 电流脉冲的分析

集电极电流为余弦脉冲，其大小和形状完全由最大值 i_{CM} 和导电角 θ 决定。其他各电流分量可以用解析法求出，它们也是 i_{CM} 和导电角 θ 的函数，故可以表示为

$$I_{c0} = i_{CM} \cdot \alpha_0(\theta) \qquad (3-16)$$

$$I_{c1m} = i_{CM} \cdot \alpha_1(\theta) \qquad (3-17)$$

$$\vdots$$

$$I_{cnm} = i_{CM} \cdot \alpha_n(\theta) \qquad (3-18)$$

式中：$\alpha_0(\theta)$、$\alpha_1(\theta)$、$\alpha_n(\theta)$ 分别为余弦脉冲的直流、基波和 n 次谐波的电流分解系数，可将 α_0、α_1、α_2、α_3 及 $\gamma = \frac{I_{c1m}}{I_{c0}} = \frac{\alpha_1}{\alpha_0}$ 与 θ 的关系制成曲线，如图3-4所示。

当 $U_{cm} = V_{CC}$，即 $\xi = 1$ 时，由式(3-15)可求得不同工作状态下放大器效率分别如下。

甲类工作状态：$\theta = 180°$，$\gamma = 1$，$\eta = 50\%$。

乙类工作状态：$\theta = 90°$，$\gamma = 1.57$，$\eta = 78.5\%$。

丙类工作状态：$\theta = 60°$，$\gamma = 1.8$，$\eta = 90\%$。

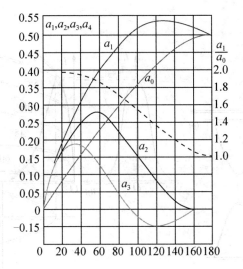

图 3-4 余弦脉冲分解系数与 θ 关系曲线

可见，丙类工作状态的效率最高，效率可达 90%，随着 θ 的减小，效率还会进一步提高，但是功率也将会减小，故导电角 θ 一般不宜小于 $60°$。

3.2.2 性能分析

1. 丙类功率放大器的近似分析法——动态负载线

在低频电路中分析一般放大电路时，常用的是图解分析法来得到输出回路的直流负载线，同样也可以用这种方法来近似地分析高频功率放大电路。但是在高频功率放大器中，负载是具有储能功能的振荡回路，当已知回路参数(如 ω_0、R_L、Q)时，并不存在回路两端电压与流过的电流之间唯一确定的关系式，或者说并不存在确定的负载线。因此，高频功率放大器中动态负载线除了已知回路各参数之外，还要求已知负载上的电压 u_{CE} 如何变化才能作出。但 u_{CE} 又只有在已知 i_C 的波形及其各分量大小后才能准确地确定。因此实际上求解 i_C 的过程是解 $i_C = f(u_{CE}, u_{BE})$ 的静态特性方程和回路的 $i_C \sim u_{CE}$ 微分方程的联立方程。若已知负载上的电压变化，则即已知 $u_{CE} \sim t$ 和 $u_{BE} \sim t$，求解 $i_C \sim u_{CE}$ 或 $i_C \sim u_{BE}$ 变为一个求解代数联立方程。在曲线上求动特性时，只需要以时间为参变量找出对应的动态点，连接这些动态点便可以得到丙类谐振功率放大器的动态负载线，具体做法如下。

已知基极电压为

$$u_{BE} = V_{BB} + u_i = V_{BB} + U_{im}\cos \omega t$$

集电极负载为调谐回路，且处于调谐时，集电极电压为

$$u_{CE} = V_{CC} - u_c = V_{CC} - U_{cm}\cos \omega t$$

将 ωt 等间隔给不同的数值(例如 $\omega t = 0°$、$\pm 15°$、$\pm 30° \cdots$)，分别代入上面两方程得出 u_{BE}、u_{CE} 的一列数组，再在输出特性曲线上找出对应的 i_C 的点，将这些点连线就得到丙类谐振功率放大器输出回路的动态特性曲线；最后根据不同的 ωt 值和对应的 i_C 值，就可画出 i_C 的波形，如图 3-5 所示。

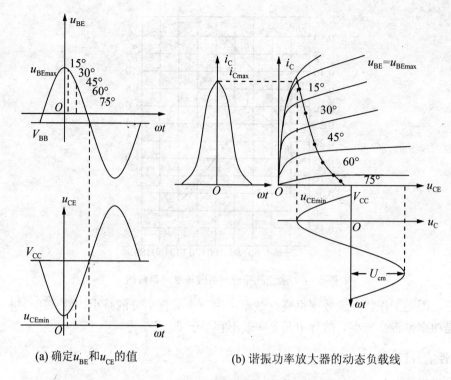

(a) 确定u_{BE}和u_{CE}的值 (b) 谐振功率放大器的动态负载线

图 3-5 谐振功率放大器的近似分析方法

2. 丙类功率放大器的工作状态

要提高丙类功率放大器的功率和效率，应该提高其电压利用系数 $\xi = \dfrac{U_{cm}}{V_{CC}}$，也就是增大 U_{cm}，这是靠增加回路阻抗 R_L 来实现的。由图 3-5 可见，当 U_{cm} 不是很大时，晶体管只是在截止和放大区变化，集电极电流为余弦脉冲波。随着 U_{cm} 的增大，集电极电流基本上不变化，输出功率 $P_o = \dfrac{1}{2} I_{clm} U_{cm}$ 随着 U_{cm} 的增大而增大。由于直流功率 P_{DC} 是指由直流供电电源 V_{CC} 提供的功率，由 $P_{DC} = V_{CC} I_{c0}$ 可见，直流功率 P_{DC} 基本不变，则集电极效率 $\eta = \dfrac{P_o}{P_{DC}}$ 随着 U_{cm} 的增大而增大。这种工作状态被称为欠压状态，它表示集电极电压利用得不充分。

当 U_{cm} 增加到接近 V_{CC} 时，u_{CEmin} 将小于 u_{BEmax}，此时不但发射结处于正向偏置，极电结也进入正向偏置，即晶体管工作在饱和区，其动态特性如图 3-6 所示。由图 3-6 可知，由于 u_{CE} 对 i_C 的强烈反作用，电流 i_C 随 u_{CE} 的下降而迅速下降，动态特性与饱和区的电流下降段重合。对应的集电极电流 i_C 呈现凹顶形状。通常将这种工作状态称为过压状态，是高频功放中所特有的一种工作状态和电流波形。出现过压状态的原因是：振荡回路上的电压并不决定于 i_C 的瞬时电流，使得在脉冲顶部期间，集电极电流迅速下降。这是采用电抗元件作为负载时才有的情况。

由图 3-6 的凹顶脉冲可以看到，它相当于一个余弦脉冲减去两个小的余弦脉冲，由此可以预料，其基波电流分量和直流分量应该都小于欠压状态的值。这就意味这晶体管的输出功率 P_o 下降，直流功率 P_{DC} 和集电极损耗功率 P_C 也相应减小。

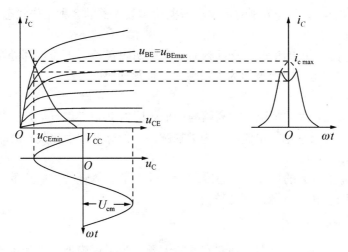

图 3-6 过压状态的动态特性及 i_C 波形

当 U_{cm} 介于欠压和过压状态之间的某一值，动态特性曲线的上端正好位于电流下降线上时，此状态称为临界状态。临界状态的集电极电流仍然为余弦脉冲，与过压状态相比它有较大的基波电流 i_{c1}，与欠压状态相比它有较大的回路电压 U_{cm}，故晶体管的输出功率最大。丙类功率放大器通常选择在这种状态下工作。保证这一工作状态所需的集电极负载阻抗 R_L 称为临界电阻或最佳负载电阻。

由上述分析可以得出改变 U_{cm} 对 i_C 脉冲波形的影响曲线，如图 3-7 所示。

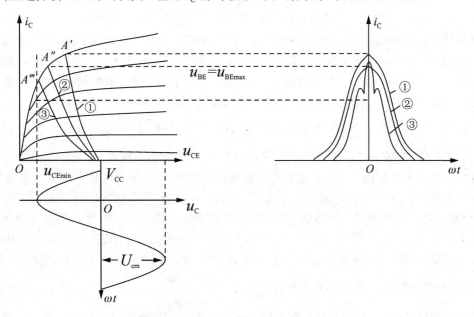

图 3-7 改变 U_{cm} 对 i_C 脉冲波形的影响

由图 3-7 可见，当 V_{BB}、U_{im}、V_{CC} 不变时，随着 U_{cm} 由小增大，u_{CEmin} 将由大减小，对应的动态点 A 将沿 $u_{BE}=u_{BEmax}$ 的那条特性曲线向左移动(由 A' 移动到 A''')。其中 A'' 为由放大区进入饱和区的临界点。可见，判断谐振功率放大器处于何种工作状态，只需判断动态线的顶点 A，即 $u_{BEmax}=V_{BB}+U_{im}$ 和 $u_{CEmin}=V_{CC}-U_{cm}$ 确定的点所处的位置即可。

图 3-7 中的①、②、③分别对应丙类谐振功率放大器的 3 种工作状态。

1) 欠压状态

R_P 较小，U_{cm} 也较小的情况。在高频的一个周期内各动态工作点都处在晶体管特性曲线的放大区，此时集电极电流波形为尖顶脉冲，且脉冲幅度较高。

2) 临界状态

R_P 较大，U_{cm} 也较大的情况。在高频的一个周期内动态工作点恰好到达晶体管特性曲线的临界饱和线，此时集电极电流波形为尖顶脉冲，但脉冲幅度比欠压时略低。

3) 过压状态

R_P 很大，U_{cm} 也很大的情况。动态线的上端进入了晶体管特性曲线的饱和区，此时集电极电流波形为凹顶状，且脉冲幅度较低。

3. 丙类功率放大器的外部特性

高频功率放大器是工作于非线性状态的放大器，为了正确地使用和进行调整，需要了解它的一些外部特性。

1) 负载特性

当放大器直流电源电压 V_{CC} 和 V_{BB}，激励电压 U_{im} 不变时，负载 R_P 变化会使动态线斜率改变，从而引起放大器的集电极电流 I_{c0}、I_{c1m}、回路电压 U_{cm}，输出功率 P_o、效率 η 等发生变化。丙类谐振功率放大器的这种特性称为负载特性。

当 R_P 由小逐渐增大时，U_{cm} 逐渐增大。根据前面所讨论的改变 U_{cm} 对 i_C 脉冲波形的影响（图 3-7）可知，随着 U_{cm} 的逐渐增大，集电极电流脉冲由尖顶形状过渡到凹顶形状，放大器的工作状态由欠压状态经临界状态过渡到过压状态。由 i_C 波形可以分析得出，I_{c0}、I_{c1m} 在欠压状态时略微下降，进入过压状态后急剧下降。而 $U_{cm}=I_{c1m}R_P$，在临界状态时由于 I_{c1m} 变化不大，U_{cm} 随 R_P 的增大而急剧增大；过压状态时，由于 I_{c1m} 急剧下降，致使 R_P 增大对 U_{cm} 的影响减小，U_{cm} 值略微增大，几乎不变。综上所述，我们可以得出负载 R_P 变化对放大器的集电极电流 I_{c0}、I_{c1m}、回路电压 U_{cm} 的影响，如图 3-8(a)所示。

由于 $P_{DC}=V_{CC}I_{c0}$，当 R_P 增大时其变化趋势与 I_{c0} 相同。$P_o=\dfrac{1}{2}I_{c1m}U_{cm}=\dfrac{1}{2}I_{c1m}^2R_P$，在欠压状态下 I_{c1m} 略微下降，变化缓慢，而 U_{cm} 随 R_P 的增大而急剧增大，因此在欠压状态下 P_o 的变化趋势主要取决于 U_{cm}，随着 U_{cm} 的变化而变化；而在过压状态下 I_{c1m} 急剧下降，U_{cm} 值略微增大，几乎不变，因此在过压状态下 P_o 的变化趋势主要取决于 I_{c1m}，随着 I_{c1m} 的变化而变化。不难看出，临界状态时 P_o 取得最大值。$P_C=P_{DC}-P_o$，在欠压状态时由于 P_{DC} 基本不变，P_C 将随 R_P 增大而急剧下降；但在过压状态由于 P_{DC} 与 P_o 变化相同，所以 P_C 几乎不随 R_P 的变化而变化，并且只有较小的值。不难看出在欠压状态下 P_C 很大，因此应避免丙类谐振功率放大器工作在欠压状态。$\eta=\dfrac{P_o}{P_{DC}}$，在欠压状态时 P_{DC} 基本不变，η 随 R_P 的变化规律与 P_o 的变化规律类似，逐渐增大。到达过压状态后，P_o 和 P_{DC} 都将下降，η 随 R_P 还是保持增大，但增幅比较缓慢，可见最大的效率是出现在略过压状态的时候。综上所述，可以得出负载 R_P 变化对放大器的输出功率 P_o、效率 η 等的影响，如图 3-8(b)所示。由图 3-8(b)可知，工作在临界状态时的谐振功放可以以较高的效率输出最大功率，所以临界状态为谐振功放的最佳工作状态，与之相对应的负载 R_P 称之为谐振功放的最佳负载。

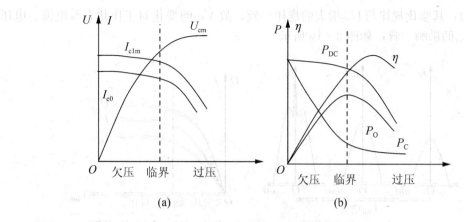

图3-8 谐振功率放大器的负载特性

2) 振幅特性

当放大器直流电源电压 V_{CC} 和 V_{BB}、负载 R_P 不变时，放大器的集电极电流 I_{c0}、I_{c1m}、回路电压 U_{cm} 随激励电压 U_{im} 的变化关系称为振幅特性。

因为 $u_{BE} = V_{BB} + u_i = V_{BB} + U_{im} \cos \omega t$，$U_{im}$ 的增加将引起 I_{bmax} 的增加。当 U_{im} 从小变到大时，放大器的工作状态将从欠压变到临界再到过压，放大器的集电极电流 I_{c0}、I_{c1m}、回路电压 U_{cm} 也会发生变化，变化规律如图3-9所示。

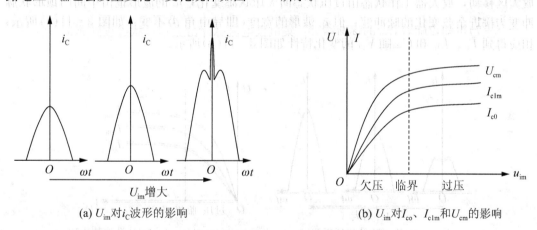

(a) U_{im}对i_C波形的影响   (b) U_{im}对I_{c0}、I_{c1m}和U_{cm}的影响

图3-9 谐振功率放大器的振幅特性

可见，在欠压区，放大器集电极电流和电压随 U_{im} 的变化而变化，因此若要放大振幅变化信号，为了保持输出振幅与输入振幅的线性关系，高频功率放大器应工作在欠压区。而在过压区，电流和电压受 U_{im} 的影响不大，此时电路具有振幅限幅作用，可作为振幅限幅器。

3) 调制特性

谐振功率放大器的调制特性分为基极调制特性和集电极调制特性两种。当放大器直流电源电压 V_{CC}、负载 R_P 和激励电压 U_{im} 不变时，放大器的性能随 V_{BB} 变化的特征称为基极调制特性；当放大器直流电源电压 V_{BB}、负载 R_P 和激励电压 U_{im} 不变时，放大器的性能随 V_{CC} 变化的特征称为集电极调制特性。讨论放大器的调制特性是为了说明放大器用于调幅时的特性。

（1）基极调制特性。因为 $u_{BE} = V_{BB} + u_i = V_{BB} + U_{im} \cos \omega t$，当 V_{BB} 由负值变到正值时，

u_{BE}逐渐增加，其变化规律与U_{im}增大的规律一致，故V_{BB}的变化对工作状态及电流、电压的影响与U_{im}的影响一致，如图 3 - 10 所示。

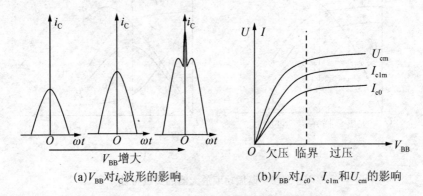

(a)V_{BB}对i_C波形的影响　　　　　　(b)V_{BB}对I_{c0}、I_{clm}和U_{cm}的影响

图 3 - 10　谐振功率放大器的基极调制特性

可见，在欠压区输出电流和电压随V_{BB}的增大而增大且呈现近似的线性关系；而在过压区，输出电压和电路几乎不随V_{BB}的变化而变化。因此，如果需要利用V_{BB}对U_{cm}实现一定的控制作用，即进行有效的基极调幅，则丙类放大器应工作在欠压状态。

（2）集电极调制特性。由前面的分析可知，当V_{CC}增大时，动态工作点 A 由饱和区向放大区移动，放大器工作状态由过压状态向欠压状态变化，i_C 的波形也由中间凹顶形状脉冲变为接近余弦变化的脉冲波，但i_C 波形的宽度（即导电角 θ）不变，如图 3 - 11(a)所示，相应得到 I_{c0}、I_{clm} 和 U_{cm} 随 V_{CC} 的变化特性如图 3 - 11(b)所示。

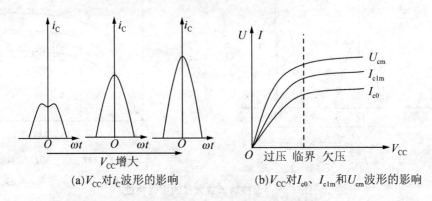

(a)V_{CC}对i_C波形的影响　　　　　　(b)V_{CC}对I_{c0}、I_{clm}和U_{cm}波形的影响

图 3 - 11　谐振功率放大器的集电极调制特性

可见，在过压区电流 I_{c0}、I_{clm} 和电压 U_{cm} 随 V_{CC} 的变化而变化，且具有一定的线性增加的关系。而在欠压区，电压和电流几乎不随V_{CC}的变化而变化。因此，如果需要利用V_{CC}对U_{cm}实现一定的控制作用，即实现集电极调幅，则丙类放大器应工作在过压状态。

3.3　丙类谐振功率放大器的实际线路

这里所指的丙类谐振功率放大器的实际线路既包括它的实际馈电线路，也包括各种不同用途的输入输出端的匹配电路。

3.3.1　直流馈电电路

要想使丙类谐振功率放大器正常工作，各电极必须接有相应的直流馈电线路。无论是集电极电路还是基极电路，它们的馈电方式都有串联馈电和并联馈电两种。

1. 集电极馈电电路

由前面的讨论可知，流经集电极回路的电流为余弦脉冲电流，它包含直流、基波和各次谐波分量。对于这些不同频率的分量，馈电电路的组成原则如下。

（1）对直流而言，要求直流电源直接接在晶体管 c、e 两端供给集电极电源以产生直流能量，除晶体管内阻外不存在其他电阻消耗能量，其等效电路如图 3-12(a) 所示。

（2）对于基波分量，要求基波分量 I_{c1m} 应通过负载回路以产生高频输出功率。因此除负载调谐回路外其余部分对于 I_{c1m} 来说都应短路，其等效电路如图 3-12(b) 所示。

（3）对于各次谐波，要求电路对于各次谐波 I_{cn} 来说都应尽可能接近短路，即 I_{cn} 不应消耗任何能量，其等效电路如图 3-12(c) 所示。

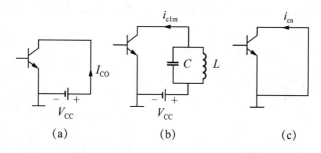

图 3-12　集电极馈电电路的构成原则

图 3-13 所示为两种集电极馈电电路，图 3-13(a) 所示为串联馈电方式，图 3-13(b) 所示为并联馈电方式，其组成均满足以上几条原则。

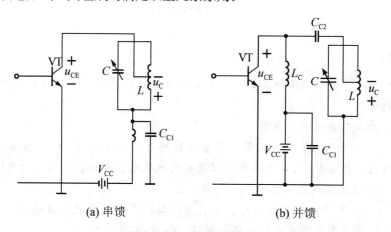

（a）串馈　　　　　　　　　　　（b）并馈

图 3-13　集电极馈电电路

串联馈电是指负载电路、基极直流电源 V_{CC} 和晶体管相串联；并联馈电是负载电路、基极直流电源 V_{CC} 和晶体管相并联。图中，L、C 组成负载回路。L_C 为高频扼流圈，它对直流信号近似为短路，而对高频则呈现出很大的阻抗，近似开路。C_{C1} 为高频旁路电容，作用是防止高频分量进入直流电源。C_{C2} 为隔直电容，作用是防止直流进入负载回路。

串联馈电的优点是分布电容不影响回路；并联馈电的优点是 L、C 元件可以直接接地，安装方便，但 L_C、C_{C1} 对地分布电容对电路产生不良影响，限制了放大器的高端频率。因此，串联馈电一般适用于高频电路，而并联馈电一般适用于低频电路。

2. 基极馈电电路

基极馈电电路的组成原则与集电极馈电电路相仿。

(1) 基极电流中的直流分量只流过基极偏置电源（即 V_{BB} 直接加到晶体管 b、e 两端）。

(2) 基极电流中的基波分量只流过输入端的激励信号源，以使输入信号控制晶体管的工作，实现放大。

图 3-14 为两种基极馈电电路，图 3-14(a)所示为串联馈电方式，图 3-14(b)所示为并联馈电方式，其组成均满足以上几条原则。图中，L_C 为高频扼流圈，C_{B1} 为高频旁路电容，C_{B2} 为耦合电容。串联馈电是指输入信号 u_i、基极直流电源 V_{BB} 和晶体管的发射结相串联；并联馈电是指输入信号 u_i、基极直流电源 V_{BB} 和晶体管的发射结相并联。

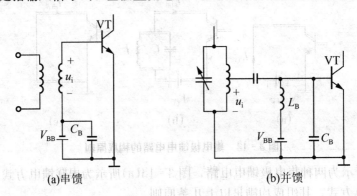

(a)串馈   (b)并馈

图 3-14 基极馈电电路

 特别提示

在实际应用中，高频功率放大器还经常采用自给偏置的方式来获取基极偏置电压。通常有以下 3 种方式。

1. 利用基极电阻建立偏置电压

如图 3-15(a)所示，基本原理是利用基极脉冲电流 i_B 的直流分量 I_{b0} 流经 R_B 来产生反向直流偏压的，要求 C_B 的容量要大，以便有效地短路基波和各次谐波的电流分量。

2. 利用发射极电阻建立偏置电压

如图 3-15(b)所示，基本原理与上一种情况类似，是利用发射极脉冲电流 i_C 的直流分量 I_{c0} 流经 R_E 来产生反向直流偏压的，同理，C_E 的容量要大。

3. 利用晶体管基区体电阻 $r_{bb'}$ 建立偏置电压

如图 3-15(c)所示，基本原理是利用基极脉冲电流 i_B 的直流分量 I_{b0} 流经晶体管基区体电阻 $r_{bb'}$ 来产生反向直流偏压的。

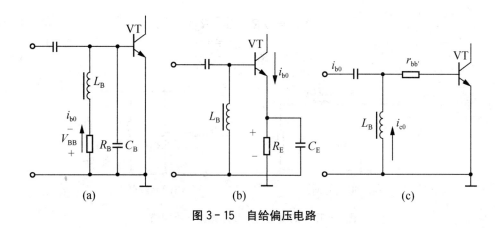

图 3 - 15　自给偏压电路

3.3.2 输出回路

为了与前级和后级电路达到良好的传输和匹配关系，谐振功率放大器通常接有输入匹配网络和输出匹配网络，它们通常是由电感、电容元件构成的四端网络（双端口网络），如图 3 - 16 所示。

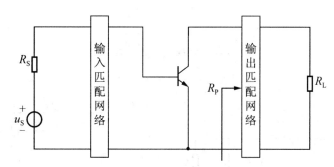

图 3 - 16　放大器的匹配网络

放大器的输出匹配网络一般是指晶体管与天线之间的电路，也称输出回路。常用的输出线路主要有两种类型：LC 滤波型匹配网络和耦合回路型匹配网络。其主要特点为能滤除谐波分量，与天线达到良好的匹配，保证获得高的输出功率，并能适应波段工作的要求，频率调节方便。下面主要给大家详细说明 LC 滤波型匹配网络。

LC 滤波型匹配网络根据其电路结构可以分为 L 形滤波匹配网络、Ⅱ 形滤波匹配网络以及 T 形滤波匹配网络。

1. L 形滤波匹配网络

L 形滤波匹配网络分为低阻抗变高阻抗的输出匹配网络（即降压电路）和高阻抗变低阻抗的输出匹配网络（即升压电路）两种。设 R_L 为外接电阻，R_P 为谐振阻抗。

当 $R_L < R_P$ 时使用降压电路，如图 3 - 17(a) 所示。图中 C 为高频损耗很小的电容，L 为 Q 值很高的电感线圈。将图 3 - 17(a) 中的 X_2、R_L 串联电路用并联电路来等效，则可得到图 3 - 17(b) 所示的电路。此时，L 形滤波匹配网络把实际电阻 R_L 变换为放大器处于临界工作状态时所要求的较大的谐振阻抗 R_P。其主要参数的计算公式为

$$Q = \sqrt{\frac{R_P}{R_L} - 1} \tag{3-19}$$

$$|X_2| = \sqrt{R_L(R_P - R_L)} \qquad (3-20)$$

$$|X_1| = R_P\sqrt{\frac{R_L}{R_P - R_L}} \qquad (3-21)$$

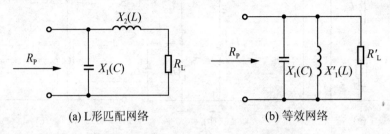

(a) L形匹配网络　　　　　　　　(b) 等效网络

图 3-17　低阻变高阻 L 形滤波匹配网络

当 $R_L > R_P$ 时使用升压电路,如图 3-18(a)所示。将图 3-18(a)所示的 X_2、R_L 并联电路用串联电路来等效,则可得到图 3-18(b)所示的电路。此时,L 形滤波匹配网络把实际电阻 R_L 变换为放大器处于临界工作状态时所要求的较小的谐振阻抗 R_P。其主要参数的计算公式为

$$Q = \sqrt{\frac{R_L}{R_P} - 1} \qquad (3-22)$$

$$|X_2| = R_L\sqrt{\frac{R_P}{R_L - R_P}} \qquad (3-23)$$

$$|X_1| = \sqrt{R_P(R_L - R_P)} \qquad (3-24)$$

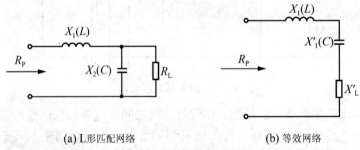

(a) L形匹配网络　　　　　　　　(b) 等效网络

图 3-18　高阻变低阻 L 形滤波匹配网络

2. Ⅱ 形和 T 形滤波匹配网络

图 3-19(a)所示为 Ⅱ 形滤波匹配网络的结构图,它可以分为两个串接的 L 形网络,如图 3-19(b)所示。图 3-20(a)所示为 T 形滤波匹配网络的结构图,它同样也可以分为两个串接的 L 形网络,如图 3-20(b)所示。因此 Ⅱ 形和 T 形滤波匹配网络变换之后,可以根据 L 形网络的阻抗变换关系来换算各电路参数。

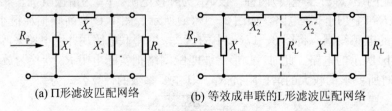

(a) Ⅱ形滤波匹配网络　　　　　　(b) 等效成串联的L形滤波匹配网络

图 3-19　Ⅱ 形滤波匹配网络

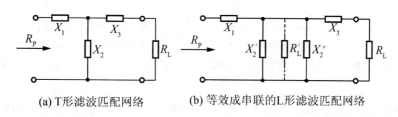

　　(a) T形滤波匹配网络　　　　　　(b) 等效成串联的L形滤波匹配网络

图 3-20　T形滤波匹配网络

3. 谐振功率放大器电路应用举例

　　图 3-21 所示是工作频率为 50MHz 的谐振功率放大器，它向 50Ω 外界负载提供 25W 的功率，功率增益可达 7dB。该电路基极采用自给偏压电路，由高频扼流圈 L_B 中的直流电阻及晶体管基区电阻产生很小的负偏压。L_1、C_1 和 C_2 构成 T 形输入匹配网络，可将功率管的输入阻抗在工作频率上变换为前级放大器所要求的 50Ω 匹配电阻。L_1 除了具有抵消功率管的输入电容作用外，还与 C_1、C_2 产生谐振，C_1 用来调匹配，C_2 用来调谐振。集电极采用串馈电路，L_2、L_3 和 C_3 构成 Ⅱ 形输出匹配网络，调节 C_3 和 C_4 可使输出回路谐振在工作频率上，并实现阻抗匹配。

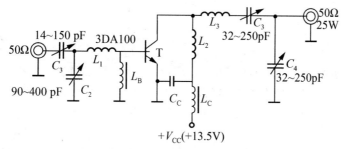

图 3-21　50MHz 谐振功率放大器电路

　　图 3-22 所示为 175MHz、VMOS 场效应管谐振功率放大电路。该电路功率增益为 10dB，效率大于 60%，可向负载提供 10W 功率。栅极采用并馈电路，漏极采用串馈电路。栅极采用 C_1、C_2、C_3、L_1 组成的 T 形匹配网络；漏极采用 L_2、L_3、C_5、C_7、C_8 组成的 Ⅱ 形匹配网络。

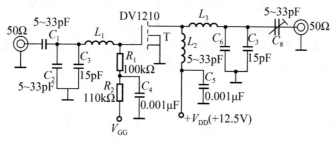

图 3-22　场效应管谐振功率放大器电路

3.4　丙类倍频器

　　输出信号的频率是输入信号频率的整数倍的电路称为倍频器。在无线电波发射机的中间级有时会用到倍频器。在发射机中采用倍频器，通常是为了达到以下目的：第一，采用倍频后在输出同样频率的条件下，可以降低振荡器的工作频率，提高振荡器的频率稳定度；第二，对于某些调频或调相发射机，倍频器可以加大信号的频移或相移。

倍频作用只有利用有源器件的非线性才能实现，按其工作原理可以分为两大类：一类是工作于丙类的谐振功率放大器，称为丙类倍频器；另一类是利用 PN 结电容的非线性变化来实现倍频作用，称为参量倍频器。当工作频率为几十兆赫时，主要采用丙类倍频器，当工作频率高于 100 兆赫时，主要采用参量倍频器。下面主要介绍以下丙类倍频器的工作原理。

由谐振功率放大器的分析可知，谐振功率放大器工作在丙类时，晶体管集电极电流脉冲含有丰富的谐波分量，如果把集电极谐振回路调谐在二次或三次谐波频率上，这时放大器就只有二次谐波电压或三次谐波电压输出，谐振功率放大器就成了二倍频或三倍频器。丙类倍频器一般都工作在欠压或临界状态，由前面的分析可知，n 次倍频器的输出功率 P_{on} 和效率 η_n 分别为

$$P_{on} = \frac{1}{2}U_{cnm}I_{cnm} \qquad\qquad (3-25)$$

$$\eta_n = \frac{P_{on}}{P_{DC}} = \frac{U_{cnm}I_{cnm}}{2V_{CC}I_{co}} \qquad\qquad (3-26)$$

由前面的分析可知，I_{cnm} 总小于 I_{c1m}，所以 n 次倍频器的输出功率和效率总低于基波放大器，且 n 越大，相应的谐波分量幅度越小，输出功率 P_{on} 和效率 η_n 降低就越多。即同一个晶体管在输出相同功率时，作为倍频器工作其集电极损耗要比作为放大器工作时大。

另外，考虑到输出回路需要滤除高于和低于 n 的各次谐波分量，其中最后低于 n 的各次谐波分量幅度要比有用分量即 n 次谐波分量大，要将它们滤除很困难。可见，倍频次数 n 越高，对输出回路的要求就会越苛刻而难以实现。因此一般单级丙类倍频器取 $n=2\sim3$。若要提高倍频次数，可将倍频器级联起来使用。

当 $n>2$ 时，为了有效地抑制低于 n 的各次谐波分量，实际丙类倍频器输出回路常采用陷波电路，如图 3-23 所示为三倍频器，其输出回路 L_3、C_3 并联回路调谐在三次谐波频率上，用以获得三倍频电压输出。而串联谐振回路 L_1、C_1 以及 L_2、C_2 与并联谐振回路 L_3、C_3 相并联，它们分别调谐在基波和二次谐波频率上，从而可以有效地抑制它们的输出，故 L_1、C_1 以及 L_2、C_2 称为串联陷波电路。

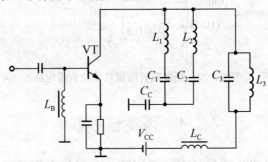

图 3-23　带有陷波电路的 3 倍频器

3.5 宽带高频功率放大器

3.5.1 传输线变压器

传输线变压器主要是指用来传输高频信号的双导线、同轴线。传输线变压器就是用上

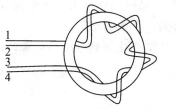

图 3-24 传输线变压器的典型结构

述传输线绕制在磁环上而构成的。

图 3-24 所示为 1:1 传输线变压器的结构示意图，它是由两根互相绝缘等长的导线紧靠在一起并绕在磁环上构成的。传输线的特点就是利用两导线间(或同轴线内外导体间)的分布电容和分布电感形成一电磁波的传输系统。它传输信号的频率范围很宽，可以从直流到几百、上千兆赫。

1. 基本原理

由图 3-24 可以看出，传输线变压器既可以看作是绕在磁环上的传输线，也可以看作是双线并绕的 1:1 变压器。因此它兼有传输线和高频变压器两者的特点。传输线变压器有两种工作模式。一种是传输线工作模式，一种是变压器模式。不同模式决定于信号对它的不同激励，如图 3-25 所示。

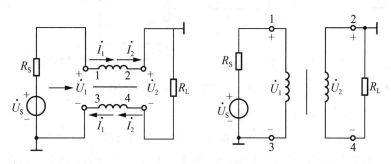

(a) 等效为传输线的原理图   (b) 等效为变压器的原理图

图 3-25 1:1 传输线变压器的工作原理

图 3-25(a)所示的传输线工作模式的特点是，在传输线上的任意一点，两导线上流过的电流大小相等、方向相反。这种方式传输特性的频率很宽。图 3-25(b)所示的变压器工作模式的特点是两线圈端(1、2 和 3、4 端)电压相等，流过传输线的电流大小相等，方向相反。在传输线的实际应用中，通常两种模式同时存在，可以利用这两种模式完成不同的功能。在高频范围内，由于激磁感抗很大，激磁电流可以忽略不计，传输线模式起主要作用，上限频率不再受漏感和分布电容的限制，也不受磁心应用频率上限的限制；在频率较低的中频阶段上，变压器近似为理想变压器，同时又由于传输线的长度很短，输入信号将直接加到负载上，能量的传输不会受到变压器的影响；在频率很低时，变压器传输模式起主要作用，由于一般采用的是 μ 值很高的磁心，传输线变压器仍具有较好的低频特性。可见，正是因为有了传输线方式，传输线变压器才有更宽的频率特性。

2. 传输线变压器的应用举例

1) 不平衡和平衡电路的转换

不平衡和平衡电路的转换包括两种类型：不平衡—平衡转换器和平衡—不平衡转换器。

有时需要从一个信号源变化得到两个大小相等，对地完全反相的电压，这时就要用到不平衡—平衡转换器，如图 3-26(a)所示。由于信号源的一端接地，称为"不平衡"，而转换后的两个输出电压对地是大小相等，相位相反的，称为"平衡输出"。

同理，有时需要从两个对地大小相等、相位相反的信号源变化得到一个信号源，这时就要用到平衡—不平衡转换器，如图 3-26(b)所示。

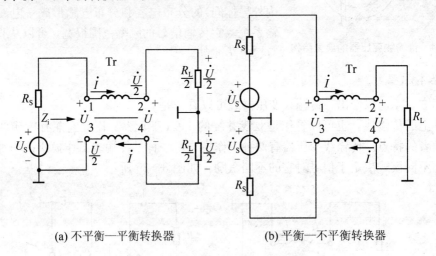

(a) 不平衡—平衡转换器　　　　　(b) 平衡—不平衡转换器

图 3-26　不平衡和平衡电路的转换

2) 1∶4 和 4∶1 阻抗变换器

传输线变压器的一个主要应用就是构成 1∶4 或 4∶1 宽带阻抗变换器。图 3-27 所示是 1∶4 阻抗变换器的电路。1、4 连接，信号源加在 1、3 端上(实际上也加在 4、3 端上)。负载电阻 R_L 加在 2、3 端。由于线圈两端电压相等，负载上的电压为两线圈电压串联，有 $\dot{U}_L=2\dot{U}$，而负载电流为 I，有

输入电阻
$$R_L=\frac{\dot{U}_L}{\dot{I}}=\frac{2\dot{U}}{\dot{I}}\qquad(3-27)$$

输入阻抗为
$$R_i=\frac{\dot{U}}{2\dot{I}}\qquad(3-28)$$

则有 $R_i=\frac{1}{4}R_L$，实现了 1∶4 阻抗变换。为了实现阻抗匹配，要求传输线的特性阻抗为

$$Z_C=\frac{\dot{U}}{\dot{I}}=\frac{1}{2}R_L\qquad(3-29)$$

图 3-28 所示是 4∶1 阻抗变换器的电路。由图可知

$$R_L = \frac{\dot{U}}{2\dot{I}} \tag{3-30}$$

$$R_i = \frac{2\dot{U}}{\dot{I}} \tag{3-31}$$

则有 $R_i = 4R_L$，实现了 4∶1 阻抗变换。为了实现阻抗匹配，要求传输线的特性阻抗为

$$Z_C = \frac{\dot{U}}{\dot{I}} = 2R_L \tag{3-32}$$

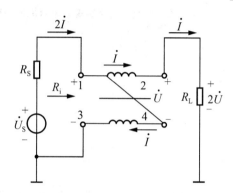

图 3-27 1∶4 传输线变压器

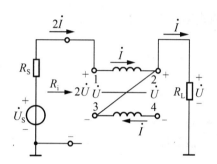

图 3-28 4∶1 传输线变压器

3.5.2 功率合成与分配电路

目前，由于技术上的限制和考虑，单个高频晶体管的输出功率一般只限于几十瓦至几百瓦。当要求更大的输出功率时，除了采用电子管之外，一个可行的方法就是采用功率合成。用多个三极管并联可以实现功率合成，但一管损坏必将改变其他管子的状态。如果采用传输线变压器构成混合网络来实现功率合成，就不会有这个缺点，还可以实现宽频带工作。采用魔 T 网络合成电路中的级间耦合和输出匹配网络的技术称为宽带高频功率合成技术。

1. 魔 T 网络

由 1∶4 或 4∶1 传输线变压器接成的混合网络称为魔 T 网络。理想的魔 T 网络有 4 个端口：A、B、C、D，如图 3-29 所示。

若 Tr 的特性阻抗为 R，则有 $R_A = R_B = R$、$R_C = \dfrac{R}{2}$、$R_D = 2R$。其中 C 端称为"和"端，D 端称为"差"端或平衡端。

2. 功率合成网络

图 3-30 所示是用魔 T 网络实现功率合成的原理电路。

由图可知，A、B 端接有相同的信号源 E，且内阻 R 相同。各支路电流的关系为

$$I_a = I + I_d \tag{3-33}$$

$$I_b = I - I_d \tag{3-34}$$

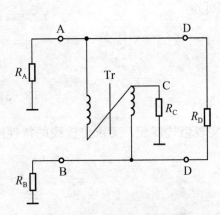

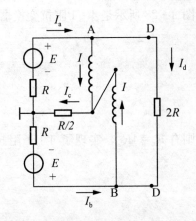

图 3-29 魔 T 网络电路结构　　　　图 3-30 用魔 T 网络实现功率合成的原理电路

两式相加或相减得到

$$I_a + I_b = 2I = I_c \tag{3-35}$$

$$I_d = \frac{I_a - I_b}{2} \tag{3-36}$$

由上述分析可知，D 端和 C 端上的电流是 A 端和 B 端的合成。

 特别提示

当 A 端和 B 端上信号源同相时(图 3-30)为同相合成，A 端和 B 端提供等值同相电流，在 C 端合成功率，D 端无输出。

当 A 端和 B 端上信号源反相时为反相合成，A 端和 B 端提供等值反相电流，在 D 端合成功率，C 端无输出。

3. 功率分配网络

(1) 同相功率分配：信号源接到 C 端，如图 3-31(a)所示。在 A 端和 B 端获得等值同相功率，而 D 端没有获得功率。

(2) 反相功率分配：信号源接到 D 端，如图 3-31(b)所示。在 A 端和 B 端获得等值反相功率，而 C 端没有获得功率。

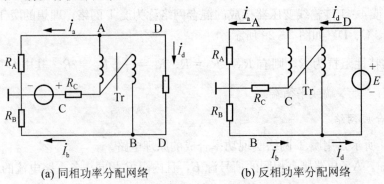

(a) 同相功率分配网络　　　　(b) 反相功率分配网络

图 3-31 用魔 T 网络实现功率分配的原理电路

4.功率合成电路应用举例

将上述的混合网络与适当的放大电路组合，就可以构成功率合成电路。图3-32所示为反相功率合成器应用电路。

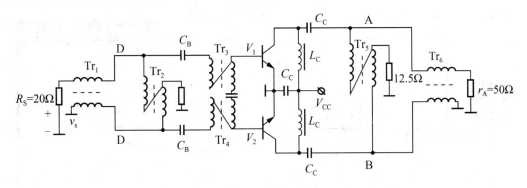

图3-32　反相功率合成电路

由图可知，信号源为不平衡电路结构，经由 Tr_1 不平衡—平衡变换器转换为平衡输出到 DD 端。Tr_2 为魔 T 网络构成的反相功率分配网络，将输入信号源（D 端）提供的功率反相均等地分配给功率管 V_1 和 V_2，使两个功率管输出反相等值的电流。Tr_3 和 Tr_4 是 4∶1 的阻抗变换传输线变压器。Tr_5 为魔 T 网络构成的反相功率合成网络，用来将两个功率管的输出功率相加，而后通过平衡—不平衡转换器 Tr_6 馈送到输出负载上。上述阻抗变换网络均采用了宽带的传输线变压器，因此该功率合成放大器是宽带放大器。

3.6　仿真实训：高频功率放大器性能分析

1.仿真目的

（1）了解丙类功率放大器的基本工作原理，掌握丙类放大器的调谐特性以及负载改变时的动态特性。

（2）了解高频功率放大器丙类工作的物理过程以及当激励信号变化、负载变化对功率放大器工作状态的影响。

（3）比较甲类功率放大器与丙类功率放大器的特点、功率和效率。

（4）掌握丙类放大器的计算与设计方法。

2.仿真电路

打开 Multisim 9 仿真软件，建立如图3-33（a）所示的高频功率放大器电路，并设置好各个元器件的参数。其中，XFG1 为信号发生器，双击弹出图3-33（b）所示的信号发生器面板，选择正弦波，工作频率为 2MHz，峰值幅度为 500mV。XSC1 为双踪示波器。

（1）输入/输出波形。根据图3-33（a）所示的电路图设置好参数，打开仿真开关，产生 A 路输入、B 路输出的两路信号，如图3-34所示。由通道 A、B 的幅度偏转因数的设置，可以看出，放大接近 10 倍，输出相比输入有滞后现象。

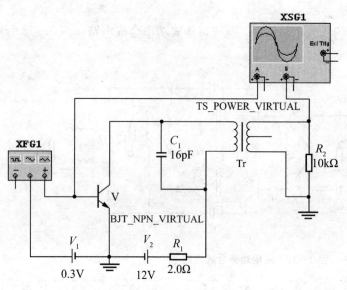

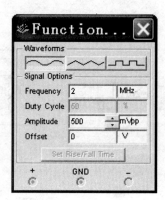

(a) 高频功率放大器电路图　　　　　　　　(b) 信号发生器面板

图 3－33　高频功率放大器仿真电路及输入信号选择

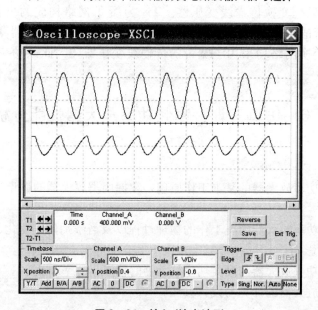

图 3－34　输入/输出波形

　　(2) 分别调整信号源输出信号频率为 1MHz、6MHz，可观测出谐振回路对不同频率信号的响应情况，如图 3－35 所示。

　　(3) 分别调整信号源输出信号幅度为 100mV、1000mV，可观测出高频功率放大器对不同幅值信号的响应情况，如图 3－36 所示。很显然，当信号源波形幅度为 100mV 时，高频放大器没有输出信号；而当信号源波形幅度为 1000mV 时，高频放大器的输出信号出现底部失真。

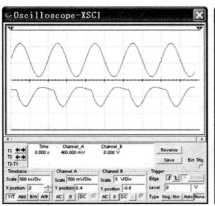

(a) f_s=1MHz时输入输出波形

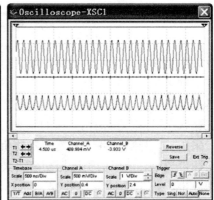

(b) f_s=1MHz时输入输出波形

图 3-35　不同频率输入时，输出信号的波形变化

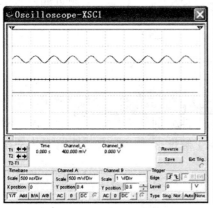

(a) 输入100mV时输出波形

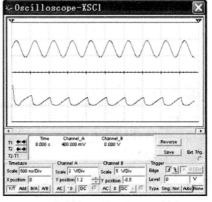

(b) 输入1000mV时输出波形

图 3-36　输入信号以不同幅度输入时，输出信号的波形变化

（4）分别调整负载电阻 R_2 为 2kΩ 和 100kΩ，可观测出输入输出信号波形的差异，如图 3-37 所示。

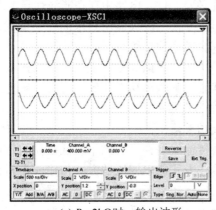

(a) R_2=2kΩ时，输出波形

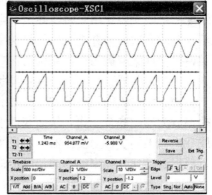

(b) R_2=100kΩ时，输出波形

图 3-37　负载电阻不同时，输入输出信号的波形变化

本 章 小 结

功率放大器的任务是向负载提供不失真的功率足够大的信号，其主要性能指标是输出功率和效率。

放大器按晶体管集电极电流流通的时间不同，可分为甲类、乙类、丙类等工作状态，其中丙类工作状态(导电角 θ 小于 $90°$ 的状态)效率最高，但这时晶体管的集电极电流波形失真严重。采用 LC 谐振网络作为放大器的负载，可克服工作在丙类状态所产生的失真，但谐振网络通带较窄，所以丙类谐振功率放大器适用于窄带高频信号的功率放大。

谐振功放中，根据晶体管工作是否进入饱和区，分为欠压、临界和过压 3 种工作状态。

欠压状态：输出电压幅值 U_{cm} 比较小，$u_{CEmin} > U_{CE(sat)}$，晶体管工作时将不会进入饱和区，i_C 电流波形为尖顶余弦脉冲。放大器输出功率小，管耗大，效率低。

过压状态：输出电压幅值 U_{cm} 过大，使 $u_{CEmin} < U_{CE(sat)}$，在 $\omega t = 0$ 附近晶体管工作在饱和区，i_C 电流波形为中间凹陷的余弦脉冲。放大器输出功率大，管耗小，效率高，但失真大。

临界状态：输出电压幅值 U_{cm} 比较大，在 $\omega t = 0$ 时使晶体管工作在刚好不进入饱和的临界状态，i_C 电流波形为尖顶余弦脉冲，但顶端变化平缓。放大器输出功率大，管耗小，效率高。

谐振功放中，R_e、V_{CC}、U_{im}、V_{BB} 改变，放大器的工作状态也跟随变化。4 个量中分别只改变其中一个量，其他 3 个量不变所得到的特性分别是负载特性、集电极调制特性、放大特性和基极调制特性，熟悉这些特性有助于了解谐振功率放大器性能变化的特点，并对谐振功放的调试有指导作用。

由负载特性可知，放大器工作在临界状态时，输出功率最大，效率比较高，通常将相应的 R_e 值称为谐振功率放大器的最佳负载阻抗，也称负载匹配。

必须指出，在通信等应用领域，谐振功率放大器的工作频率往往高达几百兆赫，在高频工作时晶体管的非线性电容特性、引线电感等分布参数影响，会使放大器最大输出功率下降，效率和增益降低。

谐振功放直流电路有串联和并联馈电两种形式。基极偏置常采用自给偏置电路。自给偏置电路只能产生反向偏压，自给偏压形成的必要条件是电路中存在非线性导电现象。

滤波匹配网络的主要作用是将实际负载阻抗变换为放大器所要求的最佳负载；其次是有效滤除不需要的高次谐波并把有用信号功率高效率地传给负载。

将丙类谐振功放集电极谐振回路调谐在二次或三次谐波频率上，就可以构成二倍或三倍频器。通常丙类倍频器工作在欠压或临界状态，其输出功率和效率均低于基波放大器。

宽带高频功放中，级间用传输线变压器作为宽带匹配网络，同时采用功率合成技术，实现多个功率放大器的联合工作，从而获得大功率输出。

传输线变压器不同于普通变压器，它是将传输线绕在高导磁率、低损耗的磁环上构成的，其能量根据激励信号频率的不同，以传输线方式或以变压器方式传输。在高频以传输线方式为主，在低频以传输和变压器方式进行，在频率很低时将以变压器方式传输，所以传输线变压器具有很宽的工作频带，它主要用于平衡和不平衡电路的转换、阻抗变换、功率合成与分配等。

习　题

1. 某高频谐振功率放大器工作于临界状态，输出功率 $P_o = 6W$，集电极电源 $V_{CC} = 24V$，集电极电流直流分量 $I_{c0} = 300mA$，电压利用系数 $\xi = 0.95$。试计算：直流电源提供的功率 P_{DC}，功放管的集电极损耗功率 P_C，效率 η 以及临界负载阻抗 R_L。

2. 由高频功率晶体管组成的谐振功率放大器，其工作频率 $f = 520MHz$，输出功率 $P_o = 60W$，$V_{CC} = 12.5V$。①当 $\eta = 60\%$ 时，试计算 P_C 和 I_{c0}；②当 $\eta = 80\%$ 时，试计算 P_C 和 I_{c0}。

3. 某工作于临界状态的高频功率放大器电源电压 $V_{CC} = 24V$，电压利用系数 $\xi = 0.9$，电流导电角 $\theta_c = 60°$，晶体管输出特性饱和线斜率 $g_{cr} = 0.8A/V$。$\alpha_0(60°) = 0.218$，$\alpha_1(60°) = 0.393$。试求集电极直流电源提供的直流功率 P_{DC}，集电极输出的交流功率 P_o，集电极耗散功率 P_C 以及效率 η。

4. 当谐振功率放大器的输入激励信号为余弦波时，为什么集电极电流为余弦脉冲波形？但放大器为什么又能输出不失真的余弦波电压？

5. 小信号谐振放大器与谐振功率放大器的主要区别是什么？

6. 谐振功率放大器工作频率 $f = 10MHz$，实际负载 $R_L = 10\Omega$，所要求的谐振阻抗 $R_p = 100\Omega$，试求 L 形匹配网络的电路参数 L 和 C 的大小。

7. 晶体管倍频器与高频功放有哪些相同之处和不同之处？为什么倍频器的输出功率、效率和增益比作放大器时小？

8. 试设计一高频功率放大器的实际线路，要求：①采用 NPN 型晶体管，发射极直接接地；②集电极用并联馈电，与振荡回路部分接入；③基极用串联馈电、自偏压、与前级互感耦合。

第4章

正弦波振荡器

知识目标

通过本章的学习，掌握正弦波的产生原理，起振条件和平衡条件；了解变压器反馈振荡器的电路原理；掌握三点式振荡器的组成法规及电感三点式、电容三点式和两种改进型电容三点式振荡器的电路形式，工作原理，振荡频率计算；掌握并联型和串联型晶体振荡器的工作原理和晶体在电路中的作用；了解频率稳定度概念和稳定频率的措施；了解 RC 桥式振荡器和 RC 移相振荡器的电路形式和工作原理及振荡频率计算。

能力目标

能 力 目 标	知 识 要 点	相 关 知 识	权重	自测分数
正弦波振荡器组成与分类	正弦波振荡器的定义、组成和分类	振荡器的概念、用途、分类与要求	10%	
正弦波振荡条件	正弦波振荡器的组成框图及发生振荡的条件	振荡器的建立过程和起振条件、平衡条件	30%	
各种振荡器典型电路、工作原理、特点及频率计算	各种振荡器的工作原理分析及计算	各种振荡器的原理图及实际应用	60%	

引言

正弦波振荡器广泛应用于各种电子设备中，例如信息传输系统中的各种发射机的载波信号源，超外差接收机中的本地振荡信号源，电子测量仪器中正弦波信号源，数字系统中的时钟信号源。在各种类型的振荡电路中，频率稳定性最好的是晶体振荡器，其外形如图 4-1(a) 所示，图 4-1(b) 是晶振在优盘中应用。

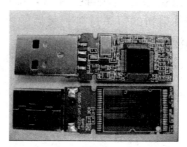

(a) 晶振外观一　　　　　　　　　　(b) 晶振在优盘中的应用

图 4-1　晶振及其应用

在电子产品中，几乎都少不了振荡电路。如超外差调幅收音机中的本地振荡电路，电视机中行、场振荡电路，压控振荡电路等，还有空调、风扇定时电路中的时钟振荡电路。很多电子设备在进行调试时，少不了信号源，信号源实际上是由振荡电路构成的。

振荡器是一种在没有外加激励信号的情况下，能够自动产生一定波形信号的电路。振荡器和放大器一样，都是能量转换装置，它们都是把直流电源的能量转换为交流能量输出。但放大器需要外加的激励信号，即必须有信号输入，而振荡器不需要外加激励。振荡器输出的信号频率、波形、幅度完全由电路自身的参数决定。

振荡器按照所产生的波形是否为正弦波，可以分为正弦波振荡器和非正弦波振荡器。正弦波振荡器可分为两大类：一类是利用正反馈原理构成的反馈型振荡器，它是目前应用最多的一类振荡器；另一类是负阻振荡器，它是将负阻器件直接接到谐振回路中，利用其负电阻效应抵消回路中的损耗，从而产生等幅的自由振荡，这类振荡器主要工作在微波波段。根据电路的组成不同，振荡器可分成 LC 振荡器、石英晶体振荡器和 RC 振荡器。

4.1　反馈型自激振荡器的工作原理

4.1.1　产生振荡的基本原理

1. 正弦波振荡电路组成

任何一种反馈式正弦波振荡器，至少应包括以下 3 个组成部分。

1) 放大电路

自激振荡器不但要对外输出功率，而且还要通过反馈网络，供给自身的输入激励信号功率。因此，必须有功率增益。当然，能量的来源与放大器一样，是由直流电源供给的。

2）反馈、选频网络

自激振荡器必须工作在某一固定的频率上。一般在放大器的输出端接有一个决定频率的网络，即只有在指定的频率上，通过输出网络及反馈网络，才有闭环 360°相移的正反馈，其他频率不满足正反馈的条件。

3）稳幅环节

自激振荡器必须能自行起振，即在接通电源后，振荡器能从最初的暂态过渡到最后的稳态，并保持一定幅度的波形。

正弦波振荡器的电路组成如图 4-2 所示。图中 $\dot{X}_o$ 为输出正弦波电压，$\dot{X}_f$ 为反馈网络形成的反馈电压，也就是放大电路的输入电压。

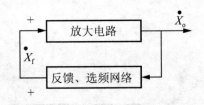

图 4-2　正弦波振荡电路组成框图

2. 正弦波振荡器指标

高频电子技术中主要通过以下 3 个指标来衡量正弦波振荡电路的优劣。

1）振荡频率

高频电子技术研究无线电波的产生、发射、变换和接收，所涉及的振荡频率都比较高。例如在获得广泛应用的甚高频至特高频段，无线电波的频率在 30～3000MHz 之间，某种振荡电路能否获得应用，决定于这个电路能否产生如此高频的正弦波电压输出，因此振荡电路的振荡频率自然就成为电路的重要特性指标。

2）振荡频率的稳定度

无线电收发系统对于振荡频率的稳定性有很高的要求。假如收发系统所使用的无线电波频率为 433.0MHz，将发射电路和接收电路的频率都调整到 433.0MHz，这样收发系统能正常地工作。现在，由于发射电路环境温度升高了 20℃（例如从海面进入沙漠），如果发射电路中振荡电路的频率稳定性很差，受温度变化的影响，发射电路振荡频率升高了 0.1%，即从 433.0MHz 变化到 433.4MHz，这时接收电路仍调谐于 433.0MHz，接收电路可能根本无法接收无线电信号，即使能接收到，由于频率偏移，接收灵敏度下降，信号质量将很差，收发系统的工作就不正常。如果振荡电路频率稳定性很好，温度变化±20℃时振荡频率变化不超过 70ppm（ppm 为百万分之一的缩写），温度升高 20℃ 的情况下频率变化量只有 30kHz，即从 433.0MHz 变到 433.03MHz，这样的变化还不至于影响接收电路的工作，收发系统仍能很好工作。可见，振荡频率的稳定性对于高频电路来说也是十分重要的。

一个振荡电路的频率稳定性可以用一定温度范围内频率的相对变化量来表示，也可以用振荡频率的温度系数来表示。

3）振荡频率的可调节性

无线电通信时，收发电路的频率必须相等才会有较好的通信效果。在生产时却很难做到这一点，完全相同的设计图样所生产出来的发射或接收电路的频率也可能有较大的差异。如果振荡电路的频率可以通过某个元件，例如可变电容来调节，实现发射电路和接收电路频率相等就容易做到。因此，一个振荡电路的频率是否可调，频率的调节是否方便也就成为高频振荡电路的重要指标之一。

4.1.2　反馈振荡器的平衡条件、振荡条件与稳定条件

1. 平衡和起振条件

首先，假定振荡已经建立，下面研究电路应满足什么条件，才能维持振荡，即振荡器平衡条件。

如图 4-2 所示，用 $\dot{A}$ 表示放大电路的放大倍数，$\dot{F}$ 表示反馈系数，$\dot{X}_\text{o}$ 表示输出电压，$\dot{X}_\text{f}$ 表示反馈电压，也是放大电路的输入电压，根据电路的放大倍数的定义，在达到稳定后(即振荡电路有稳定的输出 $\dot{X}_\text{o}$)，则

放大器

$$\dot{X}_\text{o}=\dot{A}\dot{X}_\text{f} \tag{4-1}$$

反馈网络

$$\dot{X}_\text{f}=\dot{F}\dot{X}_\text{o} \tag{4-2}$$

将式(4-2)代入式(4-1)，可得

$$\dot{A}\dot{F}=1 \tag{4-3}$$

式(4-3)称为正弦波振荡的平衡条件，表明正弦波振荡电路形成稳定输出后，放大电路的放大倍数和反馈网络的反馈系数的乘积等于1。式(4-3)是相量式，它包含两层意思，其一，等式(4-3)两边的模应该相等，即

$$|\dot{A}\dot{F}|=1 \tag{4-4}$$

表明平衡时反馈系数和放大倍数幅值的乘积应等于1，这一式子称为幅值平衡条件。

其二，式(4-3)两边的相位也应该相等，因此放大倍数的相位 φ_A(即放大电路输出电压与输入电压之间的相位差)和反馈系数相位 φ_F(即反馈电压与放大电路输出电压之间的相位差)之和应等于 2π 的整数倍，即

$$\varphi_\text{A}+\varphi_\text{F}=2n\pi(n\ 为正整数) \tag{4-5}$$

此式称为振荡电路的相位平衡条件。

下面分析振荡器起振条件。

幅值平衡条件式(4-4)表明，假如振荡电路已经有一个稳定的输出，只要平衡条件式(4-4)满足，振荡电路就能维持该输出不变。现在的问题是振荡电路接通电源以前以及接通电源的瞬间，其输出为零，过了一段时间之后输出电压才达到稳定值，输出电压从零变化到稳定值显然有一个逐渐升高的过程，这个过程称为振荡电路的起振。起振过程中，输出电压不断升高，这时反馈系数和放大倍数幅值的乘积就不能等于1，而应该大于1，即

$$|\dot{A}\dot{F}|>1 \tag{4-6}$$

否则振荡电路输出电压就不可能逐渐变大。起振时应满足的式(4-6)称为振荡电路的起振条件。由电阻、电容和电感组成的反馈网络没有放大功能，因此反馈系数 $\dot{F}$ 的幅值一定小于1，根据式(4-6)，放大倍数 $\dot{A}$ 的幅值就一定要大于1。例如一个振荡电路的 $\dot{F}$ 值等于1/3，该放大倍数 A 就应该大于3。不同的振荡电路，反馈系数大小不等，所要求的放大电路的放大倍数也不同，因此就有不同的起振条件。

振荡电路起振后输出电压不断增大，由于放大电路的非线性，这种增大的趋势不会一直持续下去，输出幅度增加到一定的程度，放大倍数开始下降，输出的增加就受到抑制，直到满足 $|\dot{A}\dot{F}|=1$ 关系式(4-4)后，输出维持稳定。

2. 稳定条件

1) 振幅稳定条件

在实际振荡电路中，不可避免地存在各种电的扰动，如电源电压、温度等外界因素的变化引起三极管和回路参数变化等。当振荡器达到平衡状态后，上述原因均可能破坏平衡条件，使电路频率发生变化或自激、停振等。

图 4-3 所示为电压增益 $A_u \sim U_{be}$ 曲线图。图中 A_u 为放大器电压增益，$1/F_u$ 为反馈系数的倒数。由于反馈系数与输入电压 U_{be} 的大小无关，因此在图中 $1/F_u$ 为一平行于横坐标的直线。

当 U_{be} 较小时，随着 U_{be} 的增大，A_u 逐渐增大，这时晶体管工作在甲类状态；达到最大值后，A_u 又将随 U_{be} 的增大而减小，此时晶体管工作在甲乙类状态。A_u 曲线与 $1/F_u$直线有两个交点，Q' 和 Q 点。在两个交点处，$A_u \cdot F_u = 1$，都是平衡点。在 Q' 点，若 U_{be} 增大，A_u 增大，$A_u \cdot F_u > 1$，振荡越来越强；反之，若 U_{be} 减小，A_u 减小，$A_u \cdot F_u < 1$，振

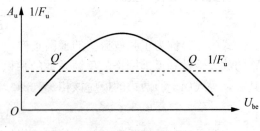

图 4-3　振幅稳定条件

荡减弱。因此，Q' 是不稳定平衡点。在 Q 点，若 U_{be} 增大，A_u 减小，$A_u \cdot F_u < 1$，于是振荡振幅减弱，又回到 Q 点；若 U_{be} 减小，A_u 增大，这时 $A_u \cdot F_u > 1$，于是振荡振幅自动增大，又回到 Q 点。因此，Q 点是稳定平衡点。所以振幅稳定条件是：在稳定平衡点附近，随着 U_{be} 的增加，A_u 减小。或者说，A_u 对 U_{be} 的斜率是一负值。从以上分析可见，起振时 U_{be} 应大于 Q' 点对应的横坐标，这样才能起振，并将平衡点建立在稳定的 Q 点。

2) 相位稳定条件

由于电路中的扰动，暂时破坏了相位平衡条件，即 $\sum \varphi \neq 2n\pi$，使振荡频率发生变化，当扰动离去后，振荡频率还能否回到原来的稳定频率点。

图 4-4 所示为两种相频特性曲线，先研究图 4-4(a)的曲线。设原来的振荡频率为 f_{01}，由于外界干扰引入 $+\Delta\varphi_h$ 时，频率提高到 f_{02}，频率的变化量为 Δf_0。此频率变量通过其负载的相频特性，引起的相位变量为 $+\Delta\varphi$。由此可见，相移变化的趋势将加剧，而不是减弱，这势必引起振荡的相位平衡被破坏，因此不是稳定平衡。而对于图 4-4(b)的曲线，频率的变化量 Δf_0 通过负载的相频特性，引起的相位变量为 $-\Delta\varphi$，它与 $+\Delta\varphi_h$ 符号相反，可以互相补偿。如果补偿的结果使 $+\Delta\varphi_h+(-\Delta\varphi)=0$ 时，达到了新的平衡点，即频率稳定在新的振荡频率 f_{02} 处。因此，当相频特性的形状如图 4-4(b)所示时，受到扰动后振荡将在原来的平衡点附近重新达到平衡。

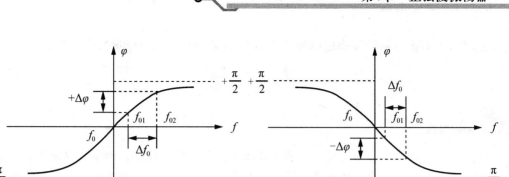

(a) 不稳定平衡　　　　　　　　　　(b) 稳定平衡

图 4 - 4　相位稳定条件

　**特别提示**

　　相位稳定平衡的条件是：随着频率的提高，相位减小。或者说，相频特性的斜率是负值。

4.2　LC正弦波振荡电路

　　选频网络采用LC谐振回路的反馈式正弦波振荡器，称为LC正弦波振荡器，按照反馈耦合网络的不同，LC振荡器可分为互感反馈式振荡器和三点式振荡器。

4.2.1　互感耦合LC振荡电路

　　图 4 - 5 所示为互感反馈式振荡器。图 4 - 5 中反馈电压通过电感 L_1 和 L_2 的互感耦合经电容到基极，反馈的极性决定于两个互感绕组的方向，图 4 - 5 中黑点表示两个电感线圈的同名端，按图中所示的绕组方向，所形成的为正反馈，可用瞬时极性判别法验证如下：假设初始时刻基极电压极性为正，则集电极电压极性为负，经 L_1 和 L_2 之间互感的耦合，在 L_2 中形成反馈电压，按照"同名端同极性"的原则，反馈电压极性下负上正，因此耦合到基极的电压极性为正，与原极性相同，因此形成正反馈。

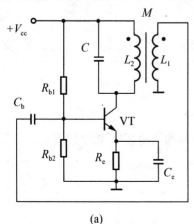

(a)

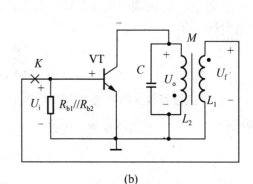

(b)

图 4 - 5　互感反馈式振荡器

互感反馈式振荡器的频率近似等于 C_1、L_1 并联谐振回路的谐振频率，即

$$f_0 \approx \frac{1}{2\pi \sqrt{L_1 C_1}} \tag{4-7}$$

**特别提示**

互感反馈式振荡器容易起振，输出电压幅度较大，结构简单，调节频率方便，且调节频率时输出电压变化不大。因此在一般广播收音机中常用作本地振荡器。但是工作在高频段时，分布电容影响较大，输出波形含有杂波，频率稳定性也差，因此，在高频段很少采用。

4.2.2 三点式LC振荡电路

三点式振荡器是指晶体管的3个电极分别与LC谐振回路的3个端点连接组成的一种振荡器。三点式振荡器电路用电感耦合或电容耦合代替互感耦合，可以克服互感耦合工作频率低的缺点，是一种应用广泛的振荡电路，其工作频率可从几兆赫到几百兆赫。

三点式振荡器的原理电路如图4-6所示。LC谐振回路中的3个电抗元件分别应具有什么性质，才能满足正反馈的相位条件而使振荡器工作呢？

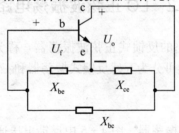

图4-6 三点式振荡器的组成

设 LC 回路由纯电抗元件组成，其电抗值分别为 X_{be}、X_{ce} 和 X_{bc}，忽略晶体管的输入与输出电抗效应。则当 LC 回路谐振时，回路呈纯电阻性质，有

$$X_{be} + X_{ce} + X_{bc} = 0$$

因此

$$-X_{ce} = X_{be} + X_{bc} \tag{4-8}$$

LC 回路中，X_{be} 两端的电压是反馈电压，用 $\dot{U}_f$ 表示。由于 $\dot{U}_f$ 是 $\dot{U}_0$ 在 X_{be}、X_{bc} 支路中 X_{be} 上的分压，有

$$\dot{U}_f = \frac{jX_{be} \cdot \dot{U}_0}{j(X_{be} + X_{bc})} = -\frac{X_{be}}{X_{ce}} \dot{U}_0 \tag{4-9}$$

根据三极管放大器极性的判断，输出电压 $\dot{U}_0$ 与输入电压 $\dot{U}_i$ 相位差为 π，要满足正反馈的相位条件，$\dot{U}_0$ 与 $\dot{U}_f$ 应反相，所以

$$\frac{X_{be}}{X_{ce}} > 0 \tag{4-10}$$

即 X_{be}、X_{ce} 必须是同性质的电抗，而 X_{bc} 必须与 X_{be}、X_{ce} 性质相反。若 X_{be} 为电

容，则 X_{bc} 为电感，构成电容三点式振荡器，如图 4-7(a) 所示；若 X_{be}、X_{ce} 为电感，则 X_{bc} 为电容，构成电感三点式振荡器，如图 4-7(b) 所示。

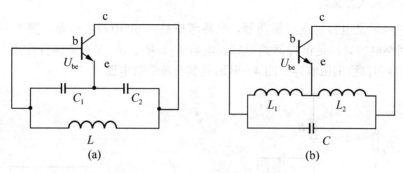

图 4-7　电容和电感三点式振荡器

1. 电感三点式振荡器（Hartley）

图 4-8 所示为电感三点式振荡器。图 4-8(a) 中，L_1、L_2 和 C 组成 LC 并联谐振回路，作为集电极交流负载；电阻 R_1、R_2、R_e 起直流偏置电阻；C_b 和 C_e 为隔直电容和旁路电容。图 4-8(b) 是其交流等效电路。

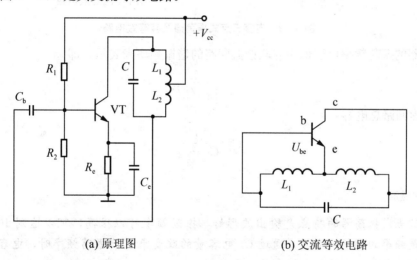

(a) 原理图　　　　　　　　　　　(b) 交流等效电路

图 4-8　电感三点式振荡器及其等效电路

振荡器的振荡频率可近似用并联谐振回路的谐振频率来表示，即

$$f_0 \approx \frac{1}{2\pi\sqrt{LC}} \tag{4-11}$$

式中：若电感 L_1 和 L_2 存在互感时，用 $L = L_1 + L_2 + 2M$ 来表示，M 为 L_1、L_2 间的互感；若 L_1 和 L_2 互相屏蔽不存在互感，则 $L = L_1 + L_2$。

 特别提示

电感三点式振荡器的优点是容易起振，输出电压幅度较大，而且用一只可变电容器就可以方便地调整振荡频率，调整时不影响反馈，因此可以在较宽的频段内调整频率。缺点是反馈电压取自电感支路，对高次谐波阻抗大，振荡波形含有的谐波成分多，输出波形较差，因此振荡频率不宜很高，一般最高只达几十兆赫。

2. 电容三点式振荡器

图4-9所示是电容三点式振荡器，又称考毕兹(Colpitts)振荡器，图4-9(a)中C_1、C_2是谐振回路电容，L是谐振回路电感，电阻R_1、R_2、R_e起直流偏置作用，C_c、C_b为高频旁路电容和自给偏压电容。图4-9(b)是其交流等效电路。

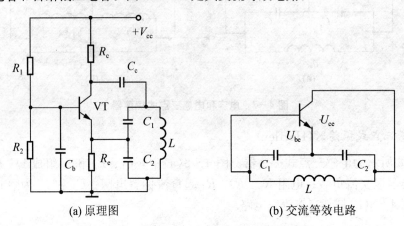

(a) 原理图　　　　　　　　(b) 交流等效电路

图4-9　电容三点式振荡器及其等效电路

振荡器的振荡频率可近似用并联谐振回路的谐振频率来表示，即

$$f_0 \approx \frac{1}{2\pi\sqrt{LC}} \tag{4-12}$$

式中：C为回路总电容

$$C = \frac{C_1 C_2}{C_1 + C_2}$$

 **特别提示**

电容三点式振荡器的特点是输出波形好，振荡频率可以很高，可以达到100MHz以上。缺点是频率的调节不方便，通过C_2电容量的改变来调节振荡频率时，电容C_1和C_2间的比例随之变化，电路的起振条件也会受到影响。

3. 改进型电容三点式振荡器

电容三点式振荡器是一种性能优良的振荡电路。但它有两个主要缺点：其一是频率调整范围窄；其二是振荡器的频率稳定度不高。为了克服这两个缺点，提出了改进型电容三点式振荡器。

1) 串联改进型电容三点式振荡器

图4-10(a)所示是串联改进型电容三点式振荡器，又称克拉泼(Clapp)振荡器，图4-10(b)是其交流等效电路。可以看出，此电路与普通电容三点式电路的区别仅仅是在(b~c)间的电感支路中串联了一个小电容C_3，这就是串联改进型电路的命名原因。电路中，满足$C_3 \ll C_1$，$C_3 \ll C_2$时，C_Σ主要决定于C_3。

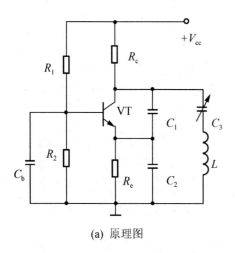

(a) 原理图

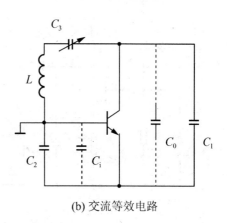

(b) 交流等效电路

图 4 - 10 克拉泼振荡器及其等效电路

克拉泼振荡回路的总电容 C_Σ 由式(4-13)决定，即

$$\frac{1}{C_\Sigma} = \frac{1}{C_3} + \frac{1}{C_1 + C_0} + \frac{1}{C_2 + C_i} \approx \frac{1}{C_3} \qquad (4-13)$$

这种电路的总电容 $C_\Sigma \approx C_3$，因此振荡频率 f_0 为

$$f_0 = \frac{1}{2\pi\sqrt{LC_\Sigma}} \approx \frac{1}{2\pi\sqrt{LC_3}} \qquad (4-14)$$

可见，C_0 和 C_i 对 f_0 几乎没有影响。这是因为对于串联电路，小电容起主要作用，C_0 和 C_i 即使发生变化，对回路影响也很小。因此，这种电路的晶体管与回路是弱耦合，频率稳定度较高。

特别提示

从通信系统的频率范围来看，克拉泼电路的缺陷是不适合用作波段振荡器。波段振荡器要求在一频段内频率可调，且振荡幅值保持不变。由于克拉泼电路在改变振荡频率时需调整 C_3，当 C_3 改变时，晶体管(c~e)两端的负载阻抗将发生变化，使环路增益发生变化，从而使振荡幅值也发生变化。所以克拉泼电路只适宜于用作固定频率振荡器或波段覆盖系数较小的可变频率振荡器。那么，什么叫波段覆盖系数呢? 所谓波段覆盖系数是指振荡器可以在一定波段范围内连续振荡的最高工作频率与最低工作频率之比。一般克拉泼电路的波段覆盖系数为 1.2～1.3。

2) 并联改进型电容三点式振荡器

为了克服克拉泼电路的上述缺陷，出现了另一种改进型电路，即并联改进型电容三点式振荡器，又称西勒(Seiler)振荡器。图 4-11(a)是其原理电路图，图 4-11(b)是其交流等效电路。由图可见，西勒振荡器是在克拉泼电路的基础上，在电感 L 两端并联了一个电容 C_4，因此称为并联改进型电路。电路中，元件取值满足 C_1、C_2 远大于 C_3，C_1、C_2 远大于 C_4，因此晶体管与回路之间耦合较弱，频率稳定度高。在一些短波通信机中，常选可变电容 C_4 在 20～360pF 之间，而 C_3 约在一、二百皮法的量级，微调振荡频率。

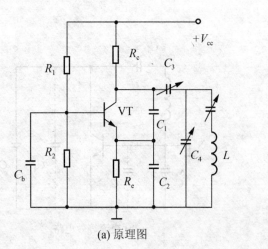 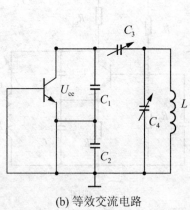

(a) 原理图　　　　　　　　　　　　　　(b) 等效交流电路

图 4-11　西勒振荡器及其等效电路

从图 4-11 可以看出，回路总电容 C_Σ 的计算公式为

$$C_\Sigma = C_4 + \cfrac{1}{\cfrac{1}{C_1+C_0} + \cfrac{1}{C_2+C_i} + \cfrac{1}{C_3}} \approx C_3 + C_4 \tag{4-15}$$

振荡频率的计算公式为

$$f_0 = \frac{1}{2\pi\sqrt{LC}} \approx \frac{1}{2\pi\sqrt{L(C_3+C_4)}} \tag{4-16}$$

 特别提示

由于西勒电路的振荡频率高，频率稳定度高，波形好，振幅平稳，频率覆盖较宽，其波段覆盖系数为 1.6～1.8 之间，因此应用广泛。

以上介绍的 5 种 LC 振荡器均采用 LC 元件作为选频网络。由于 LC 元件的标准性较差，而且谐振回路的 Q 值较低，空载 Q 值一般不超过 300，有载 Q 值就更低，所以 LC 振荡器的频率稳定度不高，一般只有 10^{-3} 数量级，即使用克拉泼电路或西勒电路也只能达到 $10^{-3} \sim 10^{-5}$ 数量级。如果需要频率稳定度更高的振荡器，可以采用晶体振荡器。

4.2.3　LC 振荡器的应用

1. 高频头本振电路

图 4-12 所示是松下 TC-183 型彩色电视机甚高频电调谐高频头中本机振荡器电路，是由分立元件组成的。

在高频头中，本振的作用是产生一个与输入电视图像载频相差一个中频(38MHz)的高频正弦波信号。其高频电视频道范围为 1～12 频道，其中 1～5 频道(L 频段)图像载频范围为 49.75～85.25MHz，6～12 频道(H 频段)图像载频为 168.25～216.25MHz。

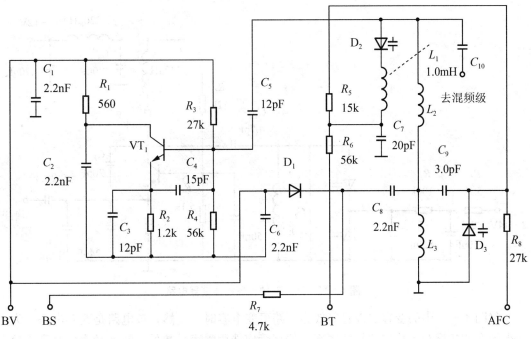

图 4 – 12 高频头本振电路

图中开关二极管 D_1 受频段选择的控制。L 频段时，BS＝30V，BV＝12V，D_1 反偏截止，交流等效电路如图 4 – 13(a)所示。H 频段时，BS＝0V，BV＝12V，D_1 导通，L_2 被短路(因 2.2nF 电容对高频信号短路)，交流等效电路如图 4 – 13(b)所示。D_2、D_3 是变容二极管，其电容量受电压 BT、AFC 控制。改变 BT、AFC 电压，就改变了 D_2、D_3 的电容量，也就改变了本振频率。

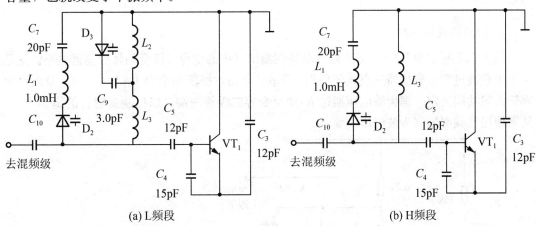

图 4 – 13 本振交流等效电路

由图 4 – 13 可见，这是压控西勒电路。由于整个甚高频波段覆盖系数为 4.2，数值较大，分成 L 和 H 两个频段后，波段覆盖系数均下降为 1.7，正好在西勒电路的调整范围之内。

2. 单边带频率合成电路

图 4 – 14 所示为某单边带电台频率合成器中所用的 55～65MHz 的压控振荡器实际电路，是由分立元件组成的。

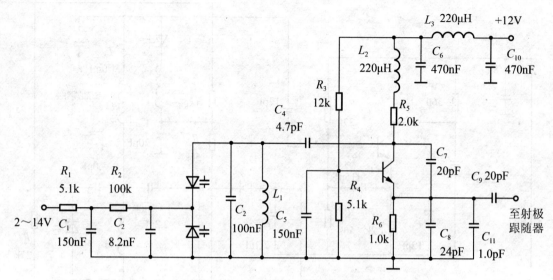

图 4 - 14 55~65MHz 压控振荡器电路

将图 4 - 14 中的变容二极管等效为回路可变电容时，显然，该电路是西勒电路。为了获得纯净的频谱和高稳定的振荡频率，振荡管应选用噪声系数低、特征频率较高和 β 较大的硅高频管。为了减小负载影响，采用了松耦合输出至射极跟随器。两个变容二极管背靠背地串联连接，是为了使变容二极管的总电容不受偏置电压上叠加的交流信号的影响，从而减小了寄生调制。当然，这样连接的电路其压控也相应有所降低。为提高回路 Q 值，回路电感线圈采用镍锌磁心，使其在工作频率下线圈的空载 Q 值高达 200 以上。C_6、L_3、C_{10} 组成 π 形电源去耦滤波电路，目的是防止其他电路的噪声干扰经电源串入而产生寄生调制。

3. 扫频振荡器电路

图 4 - 15 所示为 BT - 4 型低频频率特性测试仪中的变容二极管扫频振荡器电路。这是一个串联改进型电容反馈三点式振荡器（Clapp）电路，振荡频率由 L_1 与 C_4、C_5 及两个变容管内阻共同决定。锯齿波电压通过 R_6 加至变容二极管两端，以控制变容管的电容大小，从而使振荡频率随锯齿波电压改变。

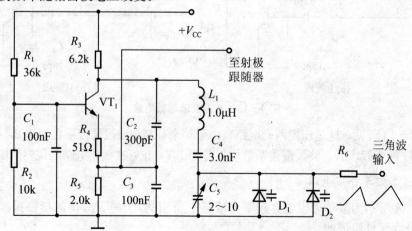

图 4 - 15 变容二极管扫频振荡器电路

4.3　振荡器的频率稳定度

4.3.1　频率稳定度的定义

1. 频率稳定度的含义

振荡器的频率稳定度是指由于外界条件的变化，引起振荡频率的变动，而且在新的平衡点又达到稳定平衡时，新的频率偏离原频率的程度。频率稳定度有以下两种表示方法。

1）绝对稳定度

绝对稳定度是指实际振荡频率 f 与标称振荡频率 f_0 的差值 Δf，即

$$\Delta f = f_0 - f$$

2）相对稳定度

相对稳定度是指频率偏差 Δf 与标称频率 f_0 的比值，即

$$\frac{\Delta f}{f_0} = \frac{f_0 - f}{f_0}$$

不管是绝对稳定度还是相对稳定度，都应该指明时间间隔，即在多长的时间间隔发生了上述的变化。常用的是相对稳定度。

频率稳定度按时间间隔的长短分为以下 3 种。

（1）短期稳定度：一小时以内的相对频率稳定度。

（2）中期稳定度：一天以内的相对频率稳定度，常用来评价通信设备或测量仪器中振荡器的稳定度。

（3）长期稳定度：数月或一年内的相对频率稳定度，主要用在天文台或国家计量单位。频率稳定度用 10^{-n} 表示，n 的绝对值越大，稳定度越高。

对于振荡器，频率稳定度是一个十分重要的指标。如果频率稳定度达不到要求，设备就不能正常工作。

2. 振荡器频率变化的原因

影响振荡器频率变化的原因有以下两点。

一是振荡回路参数，如 L 和 C 的变化。

二是晶体管参数，如晶体管输入、输出电阻和电容的变化。

3. 振荡器的幅度稳定

在一些高精密测量仪器设备中，不仅要求振荡器有较高的频率稳定度，而且还要有比较稳定的振幅。在一般的通信设备中，对振幅的稳定度不像对频率稳定度要求那么严格，但由于非线性器件的存在。振幅的变动必然引起电路中相移的变化，这也会影响频率稳定度，因此必须予以重视。

4.3.2　振荡器的稳频措施

在未采取任何措施时，LC 振荡器的频率稳定度为 10^{-3} 左右，这样的稳定度往往不能满足要求，必须采取适当的措施，以提高稳定度。主要措施有以下两种。

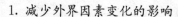

1. 减少外界因素变化的影响

减少外界因素变化影响的措施很多，例如可将振荡器置于恒温槽中，以减少温度变化的影响；采用高稳定度的直流稳压电源供电，减少电源电压波动的影响；采用屏蔽，减少外界电磁场变化的影响；采用密封工艺，减少大气压力和湿度变化的影响；在负载和振荡器之间加接射极跟随器作为缓冲，减少负载变化的影响等。

2. 提高振荡回路的标准性

提高频率稳定度，除减少外界因素变化的影响外，还要对振荡电路本身采取措施。提高振荡回路的标准性，就是指在外界因素变化时，保持振荡回路振荡频率不变的能力。振荡回路的标准性越高，频率稳定度就越高。提高振荡回路的标准性可采用如下措施。

1）采用参数稳定的电感和电容

例如，在高频陶瓷骨架上采用烧渗银法制成电感线圈，采用热膨胀系数小的材料制作可变电容的极板。此外，可采用性能稳定的固定电容，如云母电容、高频陶瓷电容等。

2）采用温度补偿法

选择合适的具有不同温度系数的电感和电容，同时接入振荡回路，从而使因温度变化引起的电感和电容值的变化相互抵消，使回路总电抗量变化减小。

3）改进安装工艺

缩短引线，合理布局元器件，减小分布电容和分布电感及其变化量。

4）采用固体谐振器

例如采用石英谐振器代替谐振电路。

5）减弱振荡管与振荡回路的耦合

采用晶体管部分接入振荡回路，减小振荡管与振荡回路的耦合，能有效地提高回路的标准性。克拉泼和西勒振荡电路就是按这一思想设计的，因此具有较高的频率稳定度。

4.4 晶体振荡器

4.4.1 石英晶体谐振器概述

LC振荡电路的优点是振荡频率较高，可以达到100MHz以上，缺点是频率稳定性不高，即使采取稳频措施后，频率稳定度也只能达到10^{-5}。在需要频率稳定度更高的场合，一般采用石英晶体作为谐振回路的元件，并称这种振荡器为石英晶体振荡器。由石英晶体组成的正弦波振荡电路，频率稳定度可以达到$10^{-6}\sim10^{-8}$，一些产品甚至高达$10^{-10}\sim10^{-11}$，因此它广泛应用于要求频率稳定度高的设备中，例如，标准频率发生器、脉冲计数器和电子计算机的时钟信号发生器等。

1. 石英晶体的结构

将二氧化硅晶体按一定的方向切割成很薄的晶片，再在晶片的两个表面涂覆银层作为两极引脚，加以封装，即成为石英晶体谐振器，简称石英晶体，石英晶体谐振器已经制成各种规格的产品。石英晶体的结构、电路符号和晶体产品外形如图4-16所示，其中

图4-16(a)所示的是石英晶体结构，图4-16(b)所示为电路符号，图4-16(c)所示是几种产品的外形。

图4-16　石英晶体谐振器结构、电路符号及产品外形

2. 压电效应及等效电路

石英晶片之所以能作成谐振器，是因为它具有压电效应和反压电效应。当机械力作用于晶片时，晶片两面将产生电荷；反之，当在晶片两面加不同极性的电压时，晶片的几何尺寸将压缩或伸长。因此，在石英谐振器两端加上高频交流电压时，晶片将随交流信号的变化而产生机械振动。晶片本身有一固有的机械振动频率，频率的高低取决于晶片的几何尺寸、形状和切割方位，若外加高频交流信号的频率与晶片的固有机械振动频率相等时，将产生谐振，此时机械振动最强，外电路高频电流也最大。

图4-17(a)是石英晶体的等效电路。在外加交变电压的作用下，晶片产生机械振动，其中除了基频的机械振动外，还有许多近似奇次(3次、5次、……)频率的机械振动，这些机械振动(谐波)称为泛音，它与电气谐波不同，电气谐波与基波是整数倍的关系，而泛音与它的基频不是整数倍，而是近似成整数倍关系。晶片不同频率的机械振动可以分别用一个LC串联谐振回路来等效，实际使用时，在电路上总是设法保证只在晶片的一个频率上产生振荡，所以，石英晶体在振荡频率附近的等效电路如图4-17(b)所示。图中L_q称为动态电感，C_q为动态电容，R_q是机械摩擦和空气阻尼引起的损耗。实际上，石英晶片两面敷了银层，并固定在安装架上，因此即使晶片不振动，仍然有一个静态电容C_0存在。C_0是以晶体作为电介质的静电容，其容值一般为几皮法至几十皮法。

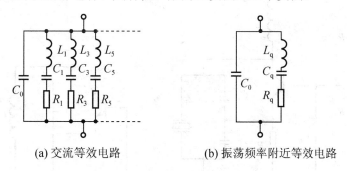

(a) 交流等效电路　　　　　　　　(b) 振荡频率附近等效电路

图4-17　石英晶体的等效电路

石英谐振器的等效电抗与频率的关系曲线如图4-18所示。当频率很低时，感抗接近于零，而容抗增大，等效电路为C_q与C_0并联，等效电路呈容性。当$f = f_s$时，L_q、C_q支路发生串联谐振，$X=0$；当$f = f_p$时，发生并联谐振，此时$X \to \infty$；当$f > f_p$以后，等效电路呈容性；从图可见，石英谐振器有两个谐振频率f_s和f_p，在f_s和f_p之间石英谐

振器等效为电感，而在 $f<f_s$ 或 $f>f_p$ 频率范围内等效为电容。

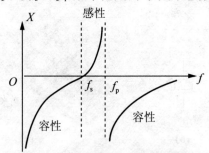

图 4 - 18　石英晶体的电抗频率特性曲线

由图 4 - 17(b)可求得石英晶体串联谐振频率 f_s 和并联谐振频率 f_p，即

$$f_s = \frac{1}{2\pi\sqrt{L_q C_q}} \tag{4-17}$$

$$f_p = \frac{1}{2\pi\sqrt{L_q\left(\dfrac{C_0 C_q}{C_0+C_q}\right)}} \tag{4-18}$$

4.4.2　晶体振荡器电路

常用的石英晶体振荡器有并联型晶体振荡器和串联型晶体振荡器。在并联型晶体振荡器中，用晶体置换电路的电感元件，晶振工作频率在 f_s 和 f_p 之间；在串联型晶体振荡器中，振荡器工作在串联谐振频率 f_s 上，晶体呈低阻抗，起选频短路线的作用。

1. 并联型晶体振荡器

图 4 - 19 所示为并联型晶体振荡电路。又称为皮尔斯(Pierce)振荡电路。图 4 - 19(a)中 L_c 为高频扼流圈，C_b 为旁路电容。石英晶体接在集电极与基极之间，和 C_1、C_2 构成类似电容三点式振荡电路。图 4 - 19(b)是其高频等效电路。

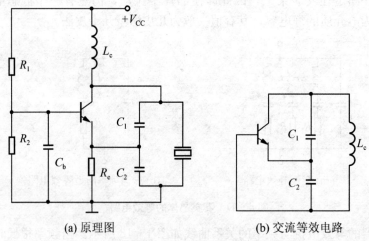

(a) 原理图　　　　　　　　　　　(b) 交流等效电路

图 4 - 19　石英晶体振荡电路

图 4 - 20 所示为并联型晶体振荡电路的另一种电路形式，也称为密勒振荡电路。图 4 - 20(a)中所示的石英晶体接在晶体管的 b、e 之间，它等效为一个电感元件 L_e。由于晶

体管的集电极电路中有并联回路 L_1C_1，该电路属于双谐振回路振荡器。由三点式振荡器的工作原理可知，L_1C_1 回路应呈电感性，因此 L_1C_1 的谐振频率应略高于振荡器的工作频率。从等效电路可以看出，此电路是电感三点式振荡电路。由于输出回路中接有 L_1C_1 谐振回路，故输出波形较好。此外可变电容 C_1 还可用来调节振荡幅度。图 4-20(b) 是其高频等效电路。

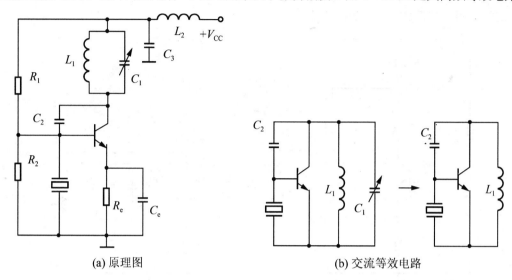

(a) 原理图　　　　　　　　　　　(b) 交流等效电路

图 4-20　密勒振荡电路

 特别提示

　　实际应用中，密勒振荡电路常采用输入阻抗高的场效应管作放大器，以提高其工作频率的稳定性。

2. 串联型晶体振荡器

　　图 4-21 所示为串联型非正弦波晶体振荡器。图中，VT_1 和 VT_2 组成两级共射放大器，石英谐振器 X_1 和电容 C_L 构成正反馈网络。当发生串联谐振时，串联阻抗最小，正反馈最强。由于等效串联回路的 Q 值很高，所以振荡频率很稳定。该电路选取不同的晶体，可产生工作频率在几十千赫到几百千赫的方波信号。

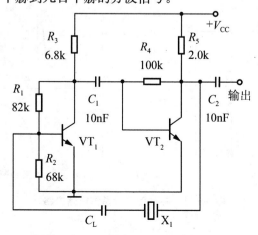

图 4-21　串联型非正弦波晶体振荡器

图 4-22(a)所示为串联型正弦波晶体振荡器电路，图 4-22(b)是它的等效电路。这是一种电容反馈三点电路，电容 C_3 与 C_1、C_2 并联电路的中间抽头是经过石英谐振器接在晶体管发射极上的，构成了正反馈通路。C_1 和 C_2 并联，再与 C_3 串联，并与 L 组成振荡回路。该振荡器振荡频率较高。图中的晶体为 1MHz，改变电路参数(L、C_3 和发射极电阻的数值)，可使振荡频率高达几十兆赫。

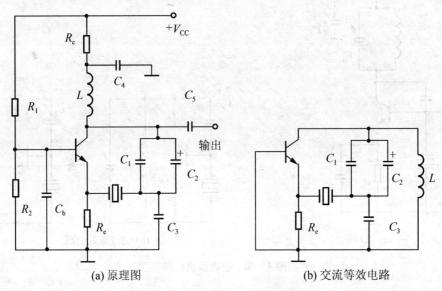

(a) 原理图   (b) 交流等效电路

图 4-22　串联型正弦波晶体振荡器

3. 泛音晶体振荡器

石英谐振器频率越高，石英晶片的厚度越薄。频率很高时，晶片的厚度太薄，加工困难，且机械强度差，容易振碎。因此一般晶体振荡频率最高不超过 25MHz，为了获得更高的振荡频率，可采用泛音晶体振荡器。

图 4-23(a)是一种并联型泛音晶体振荡电路。如果电路的振荡频率是基频的 5 次泛音，则 L_1C_1 回路应调谐在 3 次和 5 次泛音之间。这样，当频率低于 L_1C_1 并联谐振频率时，由图 4-23(b)可见，L_1C_1 回路呈感性，不满足三点式振荡电路 0 相位平衡条件，所以不能产生振荡。

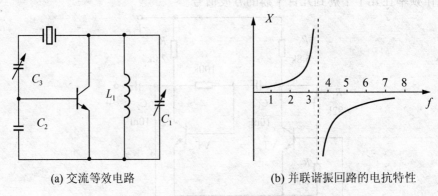

(a) 交流等效电路   (b) 并联谐振回路的电抗特性

图 4-23　并联型泛音晶体振荡电路

而对于比 5 次泛音高的 7 次及其以上泛音来说，L_1C_1 回路呈容性，但等效容抗非常小，反馈系数太小，不满足振荡电路的起振条件，也不能产生振荡。若将 L_1C_1 回路调谐在 5 次和 7 次泛音之间，则该电路可以在 7 次泛音上产生振荡。

4. 使用石英谐振器注意事项

晶体振荡器具有很高的频率稳定度，但必须正确使用石英谐振器，才能充分发挥它的稳频作用，若使用不当，不但达不到预期效果，还会损坏石英谐振器。正确使用石英谐振器必须注意下列事项。

1）石英晶体标称频率

这个频率一般介于串联谐振与并联谐振频率之间。当晶体工作于标称频率时，频率稳定度最高。标称频率是在石英谐振器两端并联负载电容条件下测得的，实际使用时负载电容必须符合规定的数值。为了保持晶振的稳定性和抵消电路中分布参数的影响，这个电容大都采用微调电容，以便调整。

2）串联谐振频率 f_s

晶体振荡器中，晶体起等效电感作用或从感性区接近串联谐振频率点 f_s，容性区是不能使用的，因为石英晶片失效后静态电容(C_0)还存在，电路仍可能满足振荡条件而振荡，但石英晶体已失去稳频作用。

3）石英谐振器激励电平

石英谐振器的激励电平应在规定范围内。激励电平过大、过小都不符合规定，激励电平过大，石英谐振器消耗的功率增加，晶体温度升高，石英晶片的老化效应和频率漂移增大，频率稳定度显著变坏，甚至会因振动过强，将晶片振碎；激励电平过小，将使振荡器输出很小，严重时，甚至不能维持正常振荡。

4）石英谐振器频率稳定度

由于石英谐振器在一定的温度范围内才具有很高的频率稳定度。因此，当频率稳定度要求高时，应采用恒温设备。晶体振荡器中一块晶体只能稳定一个频率，当要求在波段中得到可选择的许多频率时，就要求采取其他措施，如频率合成器。

4.5 压控振荡器

压控振荡器是以某一电压来控制振荡频率或相位大小的一种振荡器，常以符号 VCO（voltage controlled oscillator）代之。在电子设备中，压控振荡器的应用极为广泛，如彩色电视接收机高频头中的本机振荡电路、各种自动频率控制（AFC）系统中的振荡电路、锁相环电路（PLL）中所用的振荡电路等均为压控振荡器。振荡器输出的波形有正弦型的，也有方波形的。本节就它们的工作原理及电路作一个简单的介绍。

4.5.1 变容二极管压控振荡器的基本工作原理

这种振荡器的工作原理比较简单，只要在振荡器的振荡回路上并接或串接某一受电压控制的电抗元件后，即可对振荡频率实行控制，其原理电路如图 4 - 24 所示。

图 4 - 24 中，受控电抗元件常用变容二极管代替，变容二极管的电容量 C_j 取决于外加控制电压的大小，控制电压的变化会使变容管的 C_j 变化，C_j 的变化会导致振荡频率的改变。

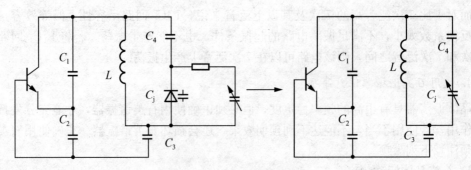

图 4 - 24　压控振荡器电路

变容管是利用半导体 PN 结的结电容受控于外加反向电压的特性而制成的一种晶体二极管，它属于电压控制的可变电抗器件，其压控特性的典型曲线如图 4 - 25 所示。图 4 - 25 中，反向偏压从 3V 增大到 30V 时，结电容 C_j 从 18pF 减小到 3pF，电容变化比约为 6 倍。对于图 4 - 24 中，若 C_1、C_2 值较大，C_4 又是隔直电容，容量很大，则振荡回路中的总电容为

$$C = C_j + [C_1 \text{ 串 } C_2 \text{ 串 } C_3]$$
$$= C_j + \frac{C_1 C_2 C_3}{C_1 C_2 + C_2 C_3 + C_1 C_3}$$
$$= C_j + C'$$

对于不同的 C_j，所对应的振荡频率为

$$f_{max} = \frac{1}{2\pi \sqrt{L(C_{jmin} + C')}} (V_R \text{ 为最大})$$

$$f_{min} = \frac{1}{2\pi \sqrt{L(C_{jmax} + C')}} (V_R \text{ 为最小})$$

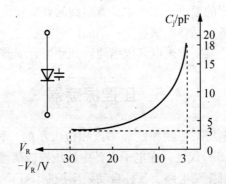

图 4 - 25　变容二极管特性

通常，将 f_{max} 和 f_{min} 的比值称为频率覆盖系数，以符号 K_f 表示，上述振荡回路的频率覆盖系数为

$$K_f = \frac{f_{max}}{f_{min}} = \sqrt{\frac{C_{jmax} + C'}{C_{jmin} + C'}} \tag{4 - 19}$$

4.5.2　VCO 的实际电路

某彩色电视接收机 VHF 调谐器中第 6～12 频段的本振电路如图 4 - 26 所示。在电路

中，控制电压 V_C 为 $0.5\sim30\text{V}$，改变这个电压就会使变容管的结电容发生变化，从而获得频率的变化。由图 4-26(b) 可见，这是一典型的西勒振荡电路，振荡管呈共集电极组态，振荡频率为 $170\sim220\text{MHz}$。这种通过改变直流电压来实现频率调节的方法，通常称为电调谐，与机械调谐相比它有很大的优越性。

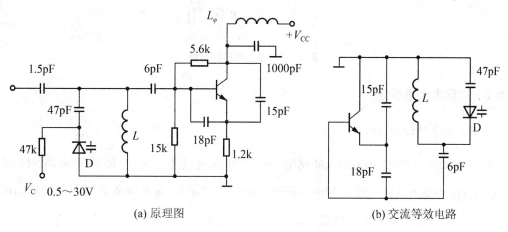

(a) 原理图 (b) 交流等效电路

图 4-26 电视接收机 VHF 本振电路

4.6 RC 振荡器

一般 LC 振荡器与石英晶体振荡器适用于较高频率。频率较低时常用以电阻、电容为选频网络的 RC 振荡器。RC 振荡器的工作原理同 LC 振荡器一样，都是依靠放大器的正反馈，使电路满足振荡的相位条件和振幅条件。常用的 RC 振荡器有相移式、桥式和双 T 式。

RC 振荡器也是反馈式振荡器，它是用电阻和电容组成的选频网络，而不用电感元件，因而既经济实用，又便于做成集成电路。但是由于 RC 选频网络的选频特性较差，因此 RC 振荡器的输出波形和频率稳定度较差。根据采用的 RC 选频网络的不同，RC 振荡器可分为 RC 移相网络振荡器、RC 串并联网络振荡器和双 T 选频网络振荡器。

4.6.1 RC 移相振荡器

RC 移相式振荡器由一级反相放大器和三级以上 RC 移相电路组成，如图 4-27 所示。

由 RC 电路原理可知，一级 RC 电路的移相范围为 $0\sim90°$，不可能满足振荡的相位平衡条件。两级 RC 电路的移相范围为 $0\sim180°$，但在接近 $180°$ 时，电压传输系数为 0，无法满足振幅平衡条件。三级 RC 电路的移相范围可达 $0\sim270°$，其中必定在某一频率上移相 $\varphi(\omega_0)=180°$，且电压传输系数不为零，此时可同时满足相位平衡条件和振幅平衡条件，产生振荡。图 4-27 所示的 RC 移相式振荡器是由三级 RC 相位超前移相网络(也可使用三级相位滞后移相网络)和一级反相比例运算放大器组成的，该振荡器的振荡频率 f_0 和振幅起振条件分别为

$$f_0=\frac{1}{2\pi\sqrt{6}RC} \tag{4-20}$$

$$\frac{R_f}{R}>29 \tag{4-21}$$

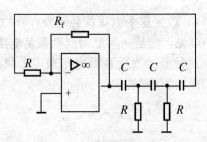

图 4 - 27 RC 移相振荡器

4.6.2 文氏电桥振荡器

1. RC 串并联选频网络

图 4 - 28 所示为 RC 串并联选频网络，Z_1 为 RC 串联电路，Z_2 为 RC 并联电路，$\dot{U}_1$ 为输入电压，$\dot{U}_2$ 为输出电压。当 $\dot{U}_1$ 频率较低时，$R \ll 1/(\omega C)$，选频网络采用图 4 - 28(b) 所示的 RC 高频电路来表示，频率越低，输出电压 $\dot{U}_2$ 越小，$\dot{U}_2$ 超前于 $\dot{U}_1$ 的相位角也越大。当 $\dot{U}_1$ 频率较高时，$R \gg 1/(\omega C)$，选频网络可以用图 4 - 28(c) 所示的 RC 低通电路来表示，频率越高，输出电压 $\dot{U}_2$ 越小，$\dot{U}_2$ 滞后于 $\dot{U}_1$ 的相位角也越大。因此，RC 串并联选频网络在某一频率上时，其输出电压 $\dot{U}_2$ 的幅度值最大，$\dot{U}_2$ 和 $\dot{U}_1$ 的相位差为零，也就是 $\dot{U}_2$ 和 $\dot{U}_1$ 同相。

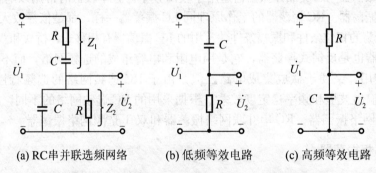

(a) RC串并联选频网络   (b) 低频等效电路   (c) 高频等效电路

图 4 - 28 RC 串并联选频网络及其低、高频等效电路

由 RC 串并联选频网络可得其电压传输系数（或反馈系数）为

$$\dot{F} = \dot{U}_2 / \dot{U}_1 = Z_2 / (Z_1 + Z_2) \tag{4 - 22}$$

由于

$$Z_1 = R + \frac{1}{j\omega C}, \quad Z_2 = \frac{R\dfrac{1}{j\omega C}}{R + \dfrac{1}{j\omega C}} \tag{4 - 23}$$

可以得到

$$\dot{F} = \frac{1}{3 + j\left(\omega RC - \dfrac{1}{\omega RC}\right)} \tag{4 - 24}$$

令 $\omega_0 = 1/RC$，式 $(4-24)$ 可简化为

$$\dot{F} = \frac{1}{3 + \mathrm{j}\left(\dfrac{\omega}{\omega_0} - \dfrac{\omega_0}{\omega}\right)} \qquad (4-25)$$

根据上面的推导，可得 RC 串并联选频网络的幅频特性和相频特性的表达式为

$$F = \frac{1}{\sqrt{3^2 + \left(\dfrac{\omega}{\omega_0} + \dfrac{\omega_0}{\omega}\right)^2}} \qquad (4-26)$$

$$\varphi_F = -\arctan \frac{\dfrac{\omega}{\omega_0} - \dfrac{\omega_0}{\omega}}{3} \qquad (4-27)$$

根据式 $(4-26)$ 和式 $(4-27)$ 作出其幅频特性和相频特性曲线，如图 $4-29$ 所示。可以看出，RC 串并联选频网络具有选频特性。当 $\omega = \omega_0$ 时，F 达到最大值，等于 $1/3$，相位角 $\varphi_F = 0°$，即输出电压 $\dot{U}_2$ 的振幅等于输入电压 $\dot{U}_1$ 振幅的 $1/3$，且相位相同。

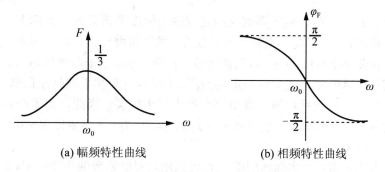

(a) 幅频特性曲线   (b) 相频特性曲线

图 4-29 RC 串并联选频网络的频率特性

2. 文氏电桥振荡器

图 $4-30(a)$ 所示的电路为 RC 桥式振荡电路，它由放大器、RC 串并联正反馈选频网络和负反馈电路等组成。若把 RC 串并联正反馈网络中的 Z_1、Z_2 和负反馈电路中的 R_{f1}、R_{f2} 改画成图 $4-30(b)$ 所示的电路，它们就构成了文氏电桥电路，放大器的输入端和输出端分别接到电桥的两对角线上，所以把这种 RC 振荡器称为文氏电桥振荡器。

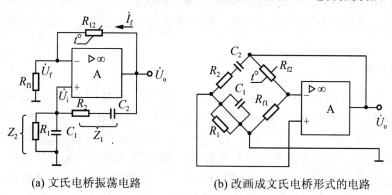

(a) 文氏电桥振荡电路   (b) 改画成文氏电桥形式的电路

图 4-30 RC 文氏电桥振荡器

由以上讨论可知，由于 RC 串并联选频网络在 $\omega=\omega_0$ 时，$F=1/3$，$\varphi_F=0°$，因此只要放大器 $A\geqslant3$，$\varphi_A=2n\pi(n=0、1、2\cdots)$，就能使电路满足自激振荡的条件，产生自激振荡。文氏电桥振荡器的振荡频率取决于 RC 串并联选频网络的参数，即

$$\omega_0=1/RC$$

也可以变化为

$$f_0=\frac{1}{2\pi RC} \tag{4-28}$$

由于运放构成同相放大，输出电压 $\dot{U}_2$ 与输入电压 $\dot{U}_1$ 同相，满足振荡的相位平衡条件。由运放基本理论可知，同相放大器的闭环增益为

$$A=1+\frac{R_{f2}}{R_{f1}} \tag{4-29}$$

根据 $AF>1$ 和 $AF=1$，可得该振荡器的起振条件和振幅平衡条件分别为

$$R_{f2}>2R_{f1} \tag{4-30}$$
$$R_{f2}=2R_{f1} \tag{4-31}$$

可见，只要 $R_{f2}=2R_{f1}$，振荡器就能满足振荡的幅度平衡条件。实际上，为了使振荡器容易起振，要求 $R_{f2}\gg R_{f1}$，也就是要求放大器的电压增益 $A\gg3$。这时电路会形成很强的正反馈，振荡幅度增长很快，以致使运放工作进入很深的非线性区域后，方能使电路满足振荡平衡条件 $AF=1$，建立起稳定的振荡。但由于 RC 串并联网络的选频特性较差，当放大器进入非线性区域后，振荡波形将会产生严重失真。因此，为了改善输出电压波形，应该限制振荡幅度的增长，这就要求放大器的电压增益 A 不要比 3 大得太多，应该稍大于 3。

为了解决上述矛盾，在实际运用中，R_{f2} 可采用负温度系数的热敏电阻(温度升高，电阻值减小)。起振时由于输出电压 U_0 比较小，流过热敏电阻 R_{f2} 的电流很小，热敏电阻 R_{f2} 的温度还很低，其阻值还很大，使 R_{f1} 产生的负反馈作用很弱，放大器的增益比较高，振荡幅度增长很快，从而有利于振荡器的起振。随着振荡的增强，U_0 增大，流经 R_{f2} 的电流 I_f 增大，热敏电阻 R_{f2} 的温度升高，其阻值减小，R_{f1} 的负反馈作用增强，放大器的增益下降，振荡幅度的增长受到限制。适当选取 R_{f1}、R_{f2} 的大小和 R_{f2} 的温度特性，就可以使振荡幅度限制在放大器的线性区，使输出振荡波形为正弦波。而且，采用热敏电阻 R_{f2} 构成负反馈电路，还有另外一个作用就是能提高振荡输出幅度的稳定性。因为，当 U_0 增大时，I_f 增大，R_{f2} 减小，负反馈加强，增益减小，进一步使输出电压的增大受到限制。反之，结果相反。

3. RC 桥式振荡器的应用举例

图 4-31 所示的电路为采用了集成运算放大器 F007 构成的 RC 桥式振荡器的实用电路。图中 R_1、R_p、R_2 接在输出端与反相输入端之间，构成负反馈，与 R_2 并联的二极管 V_1、V_2 构成非线性元件，即 R_2、V_1、V_2 组成一个热敏电阻。当振荡幅度较小时，流过二极管的电流较小，二极管的等效电阻比较大，负反馈较弱，放大器增益较高，有利于起振。当振荡幅度增大时，流过二极管的电流增加，其等效电阻逐渐减小，负反馈加强，放大器增益自动减小，从而达到自动稳幅的目的。电位器 R_p 用来调节放大器的闭环增益，调节 R_p，使 (R_2+R_p'') 远大于 $2(R_1+R_p')$，则起振后振荡幅度较小，但输出波

形比较好；调节 R_p 使 $(R_2+R''_p)$ 远大于 $2(R_1+R'_p)$ 时，振荡幅度增加，但输出波形失真也增大。

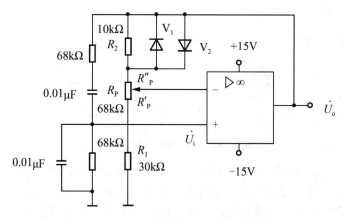

图 4-31　集成运放 RC 桥式振荡器实用电路

图 4-32 所示的电路是一个振荡频率范围较宽且连续可调的 RC 振荡器。从图中所示电路可看出，用双连开关 S 切换不同的电阻，可以实现粗调，直接旋动双连可变电容器 C 的旋钮，改变其容量可以实现细调。这种 RC 桥式振荡器的一个缺点是只能应用在频率比较低的范围中，振荡频率从几赫兹到几千赫兹。

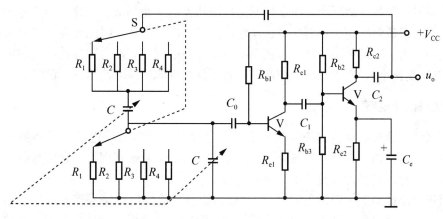

图 4-32　振荡频率可调的 RC 振荡器

4.7　负阻正弦波振荡器

负阻正弦波振荡器是利用负阻器件与 LC 谐振回路构成的另一类正弦波振荡器，主要工作在 100MHz 以上的超高频段，甚至可达几十吉赫(GHz)。

4.7.1　负阻器件的基本特性

负阻器件就是交流电阻(或微变电阻)为负值的器件，其伏安特性曲线中有一负斜率的线段。负阻器件分为两大类：电压控制型(如隧道二极管)和电流控制型(如单结晶体管)，它们的伏安特性如图 4-33 所示。

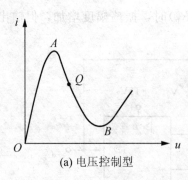 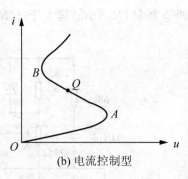

图 4 - 33　负阻器件的伏安特性

由图 4 - 33 可见，在负阻段 AB 上的一点 Q，由于 Δu 和 Δi 的变化方向相反，所以其交流电阻为一负值，为了讨论方便，我们用 r_n 表示其绝对值。正因为具有该特性，负阻器件才具有能量变化的作用。由分析可知，在有信号作用下负阻器件消耗的平均功率小于直流电源提供的平均功率，二者之差就是负阻器件输出的交流功率。所以，负阻器件通过负阻特性，在交流信号作用下能够将从直流电源中获得的直流功率的一部分转换成交流功率输出。当然，负阻器件本身是消耗功率的。

由图 4 - 33 可以看出，负阻器件的负阻段 AB 的伏安特性呈非线性。对于电压控制型负阻器件，负阻段越靠近两端 A、B 处，伏安特性越平缓，其斜率越小，则 r_n 越大。因此，随着信号电压幅度的增大，电压控制型负阻器件的 r_n 也增大。同理，对于电流控制型负阻器件，由于负阻段越靠近两端 A、B 处，伏安特性越陡直，因此 r_n 随信号电流幅度的增大而减小。为了保证负阻器件工作在负阻段，加在电压控制型负阻器件两端的电压应是电压源(电压变化小)，而通过电流控制型负阻器件的电流应是电流源(电流变化小)。

4.7.2　负阻振荡电路

前面已经讨论过，反馈式正弦波振荡器是依靠正反馈将直流电源能量转换为交流能量，再补充给回路的。负阻正弦波振荡器常用 LC 回路作为选频网络，它依靠器件负阻特性将直流电源能量转换为交流能量，再补充给 LC 回路。

负阻正弦波振荡器一般由负阻器件、LC 回路和直流供电电路等构成。除了建立适当的静态工作点以使负阻器件工作在伏安特性的负阻段外，负阻正弦波振荡器还必须考虑负阻器件与 LC 回路的连接形式，使交流信号能够作用于负阻器件，并且使振幅保持稳定的平衡。

1. 负阻正弦波振荡器的类型

按照负阻器件与 LC 回路的连接形式的不同，负阻正弦波振荡器有串联型和并联型两种，如图 4 - 34 所示。串联型负阻振荡器中负阻器件和 LC 回路串联，并联型负阻振荡器中负阻器件与 LC 回路并联，图 4 - 34(a)、4 - 34(b)中的 r 均为等效串联损耗电阻，两种电路中的 LC 回路均要求具有较高的 Q 值。

2. 振荡条件

1) 串联型负阻振荡器

对于图 4 - 34(a)所示的电路，可列出以下微分方程

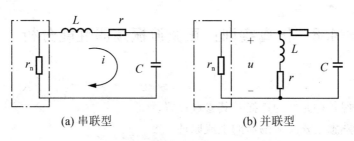

(a) 串联型　　　　　　　　　(b) 并联型

图 4-34　负阻正弦波振荡器的原理电路

$$\frac{\mathrm{d}^2 i}{\mathrm{d}t^2}+\frac{r-r_\mathrm{n}}{L}\frac{\mathrm{d}i}{\mathrm{d}t}+\frac{1}{LC}i=0 \tag{4-32}$$

由式(4-32)可以得到：若 $r_\mathrm{n}>r$，其解为增幅振荡；若 $r_\mathrm{n}=r$，其解为等幅振荡。因此，该电路的起振条件为 $r_\mathrm{n}>r$，而振幅平衡条件为 $r_\mathrm{n}=r$。也就是说，这种振荡器起振时 $r_\mathrm{n}>r$，回路补充的能量大于损耗的能量，则振荡幅度不断增大；随着振幅的增大，要求 r_n 逐渐减小，直到 $r_\mathrm{n}=r$ 时达到平衡状态，回路补充的能量等于损耗的能量，电路维持等幅振荡。不难理解，其振幅稳定条件为 $\mathrm{d}r_\mathrm{n}/\mathrm{d}I_\mathrm{m}<0$。

为了满足上述振荡条件，串联型负阻振荡器要求负阻器件的 r_n 具有随着振荡幅度 U_m 的增大而减小的非线性特性，因此它只能采用电流控制型的负阻器件。在平衡状态时，由于 $r_\mathrm{n}=r$，可求得振荡频率为

$$f_0=\frac{1}{2\pi RC}$$

该电路的相位稳定条件则依靠串联谐振回路具有负斜率变化的相频特性而得到满足。

2) 并联型负阻振荡器

对于图 4-34(b)所示的电路，可列出以下微分方程

$$\frac{\mathrm{d}^2 u}{\mathrm{d}t^2}+\left(\frac{r}{L}-\frac{1}{Cr_\mathrm{n}}\right)\frac{\mathrm{d}u}{\mathrm{d}t}+\frac{1}{LC}\left(1-\frac{r}{r_\mathrm{n}}\right)u=0 \tag{4-33}$$

由式(4-32)可以得到：若 $\left(\frac{r}{L}-\frac{1}{Cr_\mathrm{n}}\right)<0$，其解为增幅振荡；若 $\left(\frac{r}{L}-\frac{1}{Cr_\mathrm{n}}\right)=0$，其解为等幅振荡。因此，该电路的起振条件为 $r_\mathrm{n}<L/Cr$，而振幅平衡条件为 $r_\mathrm{n}=L/Cr$。由于 LC 并联回路的谐振电阻(并联等效电阻，有负载时还要考虑负载电阻)$R=L/Cr$，因此并联型负阻振荡器的起振条件又可写为 $r_\mathrm{n}<R$，振幅平衡条件又可写为 $r_\mathrm{n}=R$。不难理解，其振幅稳定条件为 $\mathrm{d}r_\mathrm{n}/\mathrm{d}U_\mathrm{m}>0$。

为了满足上述振荡条件，并联型负阻振荡器要求负阻器件的 r_n 具有随着振荡幅度 U_m 的增大而增大的非线性特性，因此它只能采用电压控制型的负阻器件。在平衡状态时，由于 $r_\mathrm{n}=L/Cr$，可求得振荡频率为

$$f_0=\frac{1}{2\pi}\sqrt{\frac{1}{LC}\left(1-\frac{r}{r_\mathrm{n}}\right)}=\frac{1}{2\pi}\sqrt{\frac{1}{LC}-\left(\frac{r}{L}\right)^2} \tag{4-34}$$

如果回路的损耗很小，即 r 很小，则

$$f_0=\frac{1}{2\pi RC}$$

该电路的相位稳定条件依靠并联谐振回路具有负斜率变化的相频特性而得到满足。

4.8 仿真实训：正弦波振荡器性能分析

1. 仿真目的

(1) 熟练掌握各种元件的连接及其参数设置。

(2) 进一步熟悉正弦波振荡器的组成原理。

(3) 观察输出波形，分析有关元件参数的变化对振荡器性能的影响。

2. 仿真电路

1) 电容三点式振荡器

打开 Mulltisim 9，建立如图 4-35 所示的电容三点式振荡器电路。根据图中电路元器件的参数设置，很容易满足振幅起振、振幅平衡条件和相位平衡条件，其中 C_1、C_2 构成反馈网络，L_1、C_1、C_2 构成选频网络，并决定振荡器的工作频率为

$$f_0 = \frac{1}{2\pi \sqrt{L_1 \dfrac{C_1 C_2}{C_1 + C_2}}}$$

$$= \frac{1}{2\pi \sqrt{15 \times 10-6 \dfrac{100 \times 10^{-12} \times 600 \times 10^{-12}}{100 \times 10^{-12} + 600 \times 10^{-12}}}} \approx 4.4 \, (\text{kHz}) \, (\text{理论值})$$

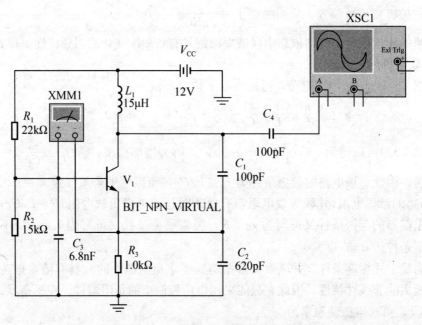

图 4-35 电容三点式正弦波振荡器

图中 XMM1 为万用表，XSC1 为双踪示波器。C_3 为旁路电容，C_4 为耦合电容。

(1) 输出波形测量。设置各个元件的参数，启动仿真按钮，同时观察示波器，大约经过 1 分 50 秒的时间，该振荡器产生输出波形如图 4-36 所示，很显然为正弦波，但可以看出该波形不是很标准的正弦波。

测量输出波形的一个周期的时间为 472.362ns，换算成频率为 4.2kHz。可见，非常接近振荡频率的理论值 4.4kHz。

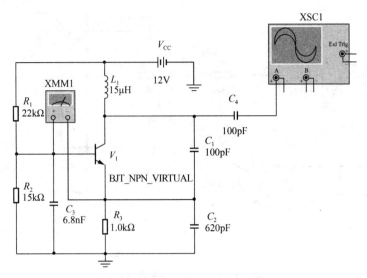

图 4-36　电容三点式振荡器输出波形

（2）振荡工作点偏移。该振荡器在起振过程中，一边观察万用表数值的变化，由开始的 807.983mV 逐渐减小，完成振荡时，万用表数值变为 -938.614mV，这说明基极偏置由原来的正偏置变为负偏置，从而验证了三极管构成的振荡器，由起振到稳定振荡输出，晶体管工作点出现偏移，即由起振过程的甲类状态过渡到振荡稳定输出的丙类状态，如图 4-37 所示。

（a）起振开始　　　　　（b）振荡稳定

图 4-37　发射结电压测量

2）文氏电桥振荡器

如图 4-38 所示，利用 Multisim 9 软件，画出文氏电桥振荡器，并设置好图 4-38 所示各个元器件的参数。

选取决定振荡频率的元器件参数为：$R=R_1=R_2=20\text{k}\Omega$，$C=C_1=C_2=10\text{nF}$，即 C_1、C_2 为 $0.01\mu\text{F}$。理论计算，振荡频率为

$$f_0=\frac{1}{2\pi RC}=\frac{1}{2\pi\times20\times10^3\times0.01\times10^{-6}}\approx796(\text{Hz})$$

实际振荡输出波形如图 4-39 所示，图中已显示出 T2～T1 之间的时间（即振荡周期）为 1.307ms，换算成频率为 $f_0=765\text{Hz}$。理论值和实际值相差 31Hz。

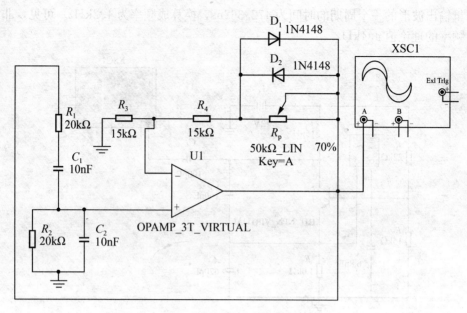

图 4-38 文氏电桥振荡电路

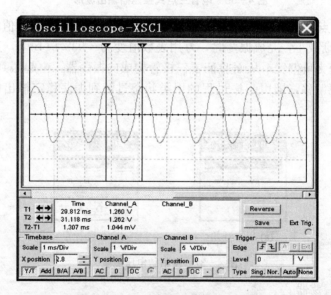

图 4-39 文氏电桥振荡器输出波形

（1）验证文氏电桥振荡器的起振条件。从前面文氏电桥振荡器的原理分析，可知其起振条件为：$(R_P + R_3) > 2R_4$。在仿真图中，开始设置 R_P 中间滑动抽头的位置在 0％处，启动仿真按钮，观察示波器的输出波形；同时把鼠标的光标移动到 R_P 处，使 R_P 出现滑动臂图标，一边按计算机键盘上的字母 A 键，此时 R_P 的滑动臂就由 0％增加到 1％，每按一次，增加 1％，说明就有 1％ R_P 的值加到电路当中。这样，一边按 A 键，一边观察示波器，直到 R_P 增加到 50％，振荡电路也不会振荡，一旦再增加 1％，电路马上振荡，产生振荡输出波形。分析，此时 R_P 接入 $50\text{k}\Omega \times 51\% = 25.5\text{k}\Omega$，即 $(R_P + R_3) = 25.5\text{k}\Omega + 15\text{k}\Omega = 40.5\text{k}\Omega > 2R_4 = 2 \times 15\text{k}\Omega = 30\text{k}\Omega$，满足起振条件，产生振荡。起振波形如图 4-40 所示。

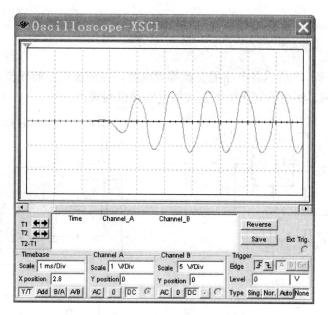

图 4-40　文氏电桥振荡器起振波形

（2）验证振荡器稳定输出。前面分析文氏电桥振荡器原理时，已知当 $f=f_0$ 时，振荡器的环路增益为 $A_u F_u = \frac{1}{3}(1+\frac{R_f}{R_1})$。在图 4-38 中，选取 R_P 的滑动臂为 51% 处，使电路产生振荡，一边按 A 键，一边观察波形的幅度，在 R_P 的滑动臂到达 90% 后，输出波形的幅度不再增大，基本稳定。说明，R_P 值的增加，就增大 $A_u F_u = \frac{1}{3}(1+\frac{R_f}{R_1})$ 中的 R_f 值（$R_f = R_3+R_P$，而此式中的 R_1 就是图 4-38 中的 R_4），从而引起输出波形幅度的增加。

本 章 小 结

反馈式正弦波振荡器主要由放大器、反馈网络、选频网络和稳幅环节等组成。根据选频网络的不同，反馈式振荡器可分为 LC 振荡器、RC 振荡器和石英晶体振荡器。LC 振荡器可分为变压器反馈式振荡器、电容三点式振荡器和电感三点式振荡器，LC 振荡器的振荡频率主要取决于 LC 谐振回路的谐振频率。由于改进型电容三点式振荡器减弱了晶体管与谐振回路的耦合，因此其频率稳定度比一般的 LC 振荡器要高，常见的有克拉泼振荡器和西勒振荡器。

要得到一个较稳定的正弦波振荡信号，振荡器在直流偏置合理的前提下，还必须满足振荡的平衡条件和起振条件，以及平衡稳定条件。

石英晶体振荡器具有频率稳定度高的原因在于晶体的 Q 值极高、接入系数小以及它相当于一个特殊的电感。石英晶体振荡器有串联型和并联型两种。

RC 振荡器的振荡频率较低，常用的 RC 振荡器是文氏电桥振荡器。负阻正弦波振荡器是利用负阻器件与 LC 谐振回路构成的另一类振荡器，有串联型和并联型两种。

习　题

1. 试画出图 4-41 所示各电路的交流等效电路，并用振荡器的相位条件，判断哪些可能产生正弦波振荡，哪些不能产生正弦波振荡？并说明理由。

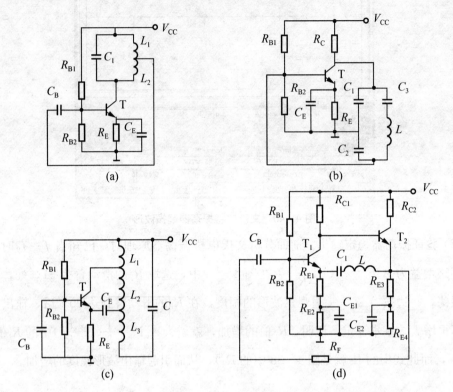

图 4-41　习题 1 图

2. 图 4-42 所示是 3 个谐振回路振荡器的交流等效电路。如果电路参数之间的关系式为①$L_1C_1 > L_2C_2 > L_3C_3$；②$L_1C_1 = L_2C_2 < L_3C_3$。试问电路能否起振？若能起振，则属于哪种类型的振荡电路？其振荡频率与各回路的固有谐振频率之间有什么关系？

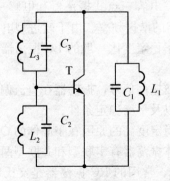

图 4-42　3 个谐振回路振荡器的交流等效电路

3. 图 4-43(a)、(b)分别为 10MHz 和 25MHz 的晶体振荡器。试画出交流等效电路，证明晶体的作用，并计算反馈系数 K_{fU}。

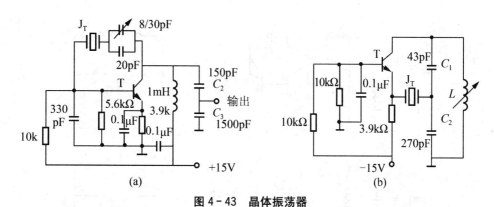

图 4 - 43　晶体振荡器

4. 试用相位平衡条件判断图 4 - 44 所示电路是否可能产生正弦波振荡，并简述理由。

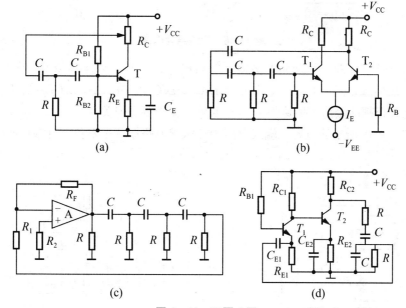

图 4 - 44　习题 4 图

5. 对于图 4 - 45 所示的互感耦合振荡电路，用瞬时极性法分析判断电路是否有可能振荡？

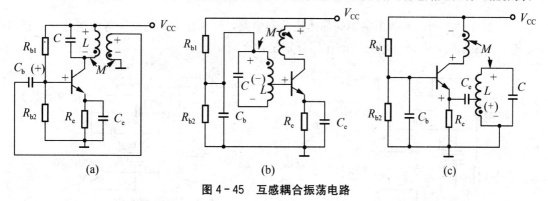

图 4 - 45　互感耦合振荡电路

6. 试从相位条件出发，判断图 4 - 46 所示的交流等效电路中，哪些可能振荡，哪些不可能振荡。能振荡的属于哪种类型振荡器？

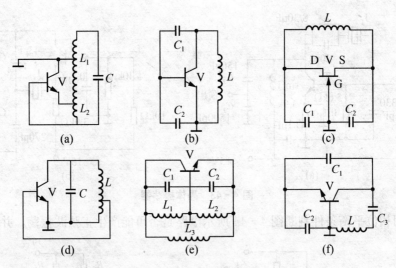

图 4 - 46　交流等效电路

7. 图 4 - 47 所示是一三回路振荡器的等效电路，设有下列 4 种情况：①$L_1C_1 > L_2C_2 > L_3C_3$；②$L_1C_1 < L_2C_2 < L_3C_3$；③$L_1C_1 = L_2C_2 > L_3C_3$；④$L_1C_1 < L_2C_2 = L_3C_3$。试分析上述 4 种情况是否都能振荡，振荡频率 f_1 与回路谐振频率有何关系？

8. 在图 4 - 48 所示的电容三端式电路中，试求电路振荡频率和维持振荡所必需的最小电压增益。

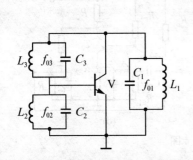

图 4 - 47　三回路振荡器的等效电路

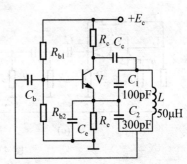

图 4 - 48　电容三端式电路

9. 图 4 - 49 所示是两个实用的晶体振荡器电路，试画出它们的交流等效电路，并指出是哪一种振荡器，晶体在电路中的作用分别是什么？

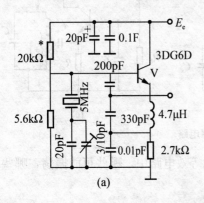

(a)

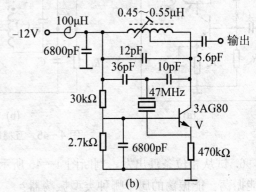

(b)

图 4 - 49　晶体振荡器电路

10. 图 4-50 所示是实用晶体振荡电路，试画出它的高频等效电路，并指出它是哪一种振荡器。图中的 $4.7\mu H$ 电感在电路中起什么作用？

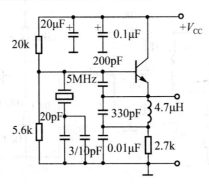

图 4-50　晶体振荡电路

11. 分析图 4-51 所示的电路，标明次级数圈的同名端，使之满足相位平衡条件，并求出振荡频率。

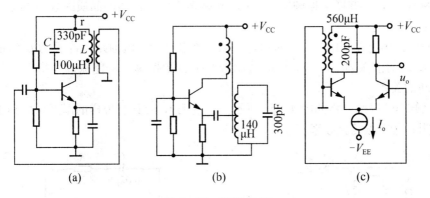

(a)　　　　　　　(b)　　　　　　　(c)

图 4-51　习题 11 图

12. 根据振荡的相位平衡条件，判断图 4-52 所示的电路能否产生振荡？在能产生振荡的电路中，求出振荡频率的大小。

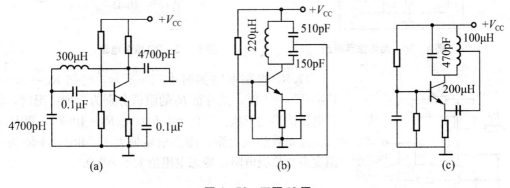

(a)　　　　　　　(b)　　　　　　　(c)

图 4-52　习题 12 图

13. 分析图 4-53 所示的各振荡电路，画出交流通路，说明电路的特点，并计算振荡频率。

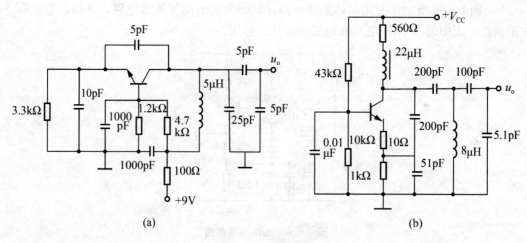

图 4-53 振荡电路

14. 若石英晶片的参数为 $L_q=4\text{H}$，$C_q=6.3\times10^{-3}\text{pF}$，$C_0=2\text{pF}$，$r=100\Omega$，试求①串联谐振频率 f_s；②并联谐振频率 f_p 与 f_s 相差多少？③晶体的品质因数 Q 和等效并联谐振电阻为多大？

15. 晶体振荡电路如图 4-54 所示，试画出该电路的交流通路；若 f_1 为 L_1C_1 的谐振频率，f_2 为 L_2C_2 的谐振频率，试分析电路能否产生自激振荡。若能振荡，指出振荡频率与 f_1、f_2 之间的关系。

16. 已知 RC 振荡电路如图 4-55 所示。①说明 R_1 应具有怎样的温度系数和如何选择其冷态电阻；②求振荡频频率 f_0。

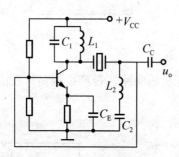

图 4-54 晶体振荡电路

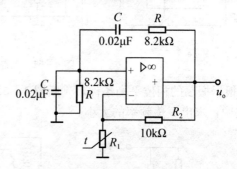

图 4-55 RC 振荡电路

17. RC 振荡电路如图 4-56 所示，已知 $R_1=10\text{k}\Omega$，$V_{CC}=V_{EE}=12\text{V}$，试分析 R_2 的阻值分别为下列情况时，输出电压波形的形状。①$R_2=10\text{k}\Omega$；②$R_2=100\text{k}\Omega$；③R_2 为负温度系数热敏电阻，冷态电阻值大于 $20\text{k}\Omega$；④R_2 为正温度系数热敏电阻，冷态电阻值大于 $20\text{k}\Omega$。

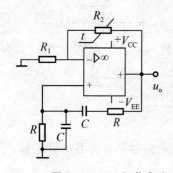

图 4-56 RC 振荡电路

第 5 章

振幅调制、解调及混频

知识目标

通过本章的学习，掌握振幅调制（即调幅）、检波和混频的频谱搬移原理，3 种振幅调制（AM、DSB、SSB）的表达式和波形及频谱特点以及产生 AM、DSB 和 SSB 的方法及应用场合；了解残留边带调幅原理；掌握二极管环路相乘器和双差分对集成模拟相乘器的工作原理及在振幅调制、振幅解调和混频电路中的应用；了解高电平调幅电路的原理，掌握二极管包络检波器的工作原理和性能分析；了解三极管混频器的工作原理及混频干扰。

能力目标

能力目标	知识要点	相关知识	权重	自测分数
掌握调幅、检波及混频的工作原理及特点	频谱搬移原理	调幅、检波及混频频谱特点	20%	
掌握 AM、DSB、SSB 振幅调制	3 种振幅调制表达式和波形及频谱特点	产生 AM、DSB 和 SSB 的方法及应用场合	20%	
掌握振幅调制电路的工作原理	低电平调幅电路和高电平调幅电路	低电平调幅电路和高电平调幅电路的应用	20%	
掌握调幅信号的解调工作原理	二极管大信号包络检波和同步检波	二极管大信号包络检波的和同步检波的性能分析及应用	20%	
掌握混频原理及混频干扰	混频工作原理及电路、混频性能指标	混频电路应用及混频干扰	20%	

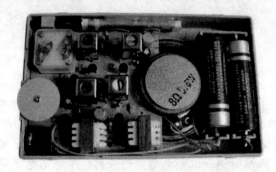

引言

　　调制与解调是通信系统中的重要组成部分。调制是在发送端将调制信号从低频段变换到高频段，便于天线发射，实现不同信号源、不同系统的频分复用，并改善系统性能。解调是在接收端将已调波从高频段换到低频段，恢复原调制信号。应用最广泛的模拟调制方式是以正弦波作为载波的幅度调制与角度调制。在幅度调制中，调制后的信号频谱和调制信号频谱之间保持线性平移关系，这种电路称为频谱线性搬移电路，属于这类电路的有振幅调制电路、解调电路和混频电路等。

　　振幅调制（即调幅）、检波和混频电路在无线通信中有着广泛的应用，其中最有代表性的是超外差调幅收音机，如图 5-1 所示。超外差调幅收音机包含了三极管检波电路和三极管混频电路。此收音机共 7 个三极管，其中有两个三极管分别参与混频和检波。对于集成块，常用的 MC1496、MC1596、BG314 等都是集成乘法器，可以构建成混频和检波电路。

图 5-1　超外差调幅收音机

5.1　概　　述

　　无线电通信的基本任务是通过无线电波远距离传送各种信息，而在传送过程中这些信息必须用到调制与解调。调制是将要传送的信息加载到某一高频振荡信号（载频）上的过程，解调是调制的逆过程，即从高频振荡信号中恢复原来的传送信息。

　　从频域分析的角度看，调制与解调都是频谱搬移的过程。频谱搬移是指将输入信号进行频谱变换，以获得具有所需频谱的输出信号。振幅调制与解调、频率调制与解调、相位调制与解调、混频等电路，都属于频谱搬移电路。如果频率变换前后，信号的频谱结构不变，只是将信号频谱无失真地在频率轴上搬移，则称为线性频率变换，具有这种特性的电路称为线性频谱搬移电路，本章讨论的振幅调制与解调、混频等电路就属于这一类。如果频谱搬移过程中，输入信号的频谱不仅在频域上搬移，而且频谱结构也发生变化，则这类电路称为非线性频谱搬移电路，频率调制与解调、相位调制与解调就属于这一类。

　　信号通过线性电路时，不产生非线性失真就不会产生新的频率分量，而在频谱搬移过程中，输出的频率分量大多数情况下是输入信号中没有的，因此频谱的搬移必须用非线性电路来完成，其核心是非线性器件。振幅调制与解调、混频都是通过非线性器件相乘的作用产生与输入信号的频谱不同的信号，再按照所要求的信号频谱通过滤波取出所需要的频率成分。3 种基本单元电路的原理框图及频谱图如图 5-2 所示。

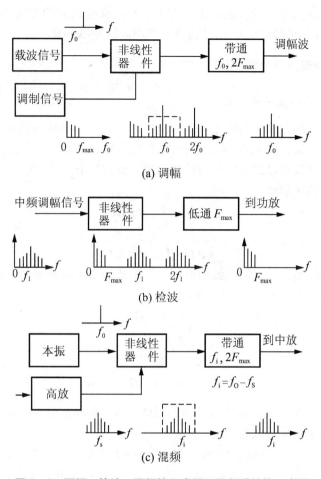

(a) 调幅

(b) 检波

(c) 混频

图5-2 调幅、检波、混频的组成原理及频谱结构示意图

 **特别提示**

虽然调幅、检波与混频的电路实现的功能完全不同,但三者间存在很多相似之处。

(1)电路组成结构上几乎一样,都是利用输入信号通过非线性器件后产生新的频率成分,再滤除无用频率分量,从而得到需要的频率分量。

(2)从频谱结构上看也具有相同点,上述频率变换电路都只是对输入信号频谱实行横向搬移而不改变原来的谱结构,因而都属于线性频率变换。

(3)实现原理上,时域上相当于输入信号与一个参考正弦信号相乘,频域上频谱平移的距离由此参考信号的频率决定。

5.2 振幅调制原理及特性

幅度调制常用于长波、中波、短波和超短波的无线电广播、通信、电视、雷达等系统。这种调制方式就是将要传送的信号(调制信号)装载在高频载波信号的幅度上,使载波信号的幅度随调制信号大小线性变化,而保持载波的频率不变。幅度调制信号按其输出已调波信号频谱结构不同可分为标准调幅信号(AM)，抑制载波的双边带调幅信号(DSB)，抑制载波的单边带调幅信号(SSB)以及残留边带调幅信号(VSB)。

5.2.1 标准振幅调制信号分析(AM)

1. 标准调幅信号的数学表达式

标准振幅调制常称为普通调幅方式，用 AM 表示。通常要传送的调制信号是比较复杂的，含有许多频率分量，但无论多么复杂的信号都可以用傅里叶分解为若干正弦信号之和。为分析方便，可以假设调制信号为单频信号，也称简谐信号。

设调制信号为单频信号

$$u_\Omega(t) = U_\Omega \cos \Omega t$$

设载波信号为

$$u_c(t) = U_{cm} \cos \omega_c t$$

幅度调制是用调制信号控制载波的振幅，使载波的振幅随调制信号的规律变化，因此调制后形成的已调波振幅 $U_{AM}(t)$ 可以表示为

$$U_{AM}(t) = U_{cm} + K_d U_\Omega \cos \Omega t \qquad (K_d 为比例系数)$$

$$= U_{cm}(1 + \frac{K_d U_\Omega m}{U_{cm}} \cos \Omega t)$$

$$= U_{cm}(1 + m_a \cos \Omega t) \qquad (m_a = \frac{K_d U_\Omega m}{U_{cm}})$$

m_a 表示载波电压振幅受调制信号控制的程度，称为调幅系数，一般 $0 < m_a \leqslant 1$。

因此，标准调幅信号可以表示为

$$u_{AM}(t) = U_{cm}(1 + m_a \cos \Omega t) \cos \omega_c t \qquad (5-1)$$

由式(5-1)可以看出，普通调幅信号的电路模型可以由一个乘法器和一个加法器组成。

2. 标准调幅信号的波形与频谱

1) 标准调幅信号的波形

按照上述调制信号、载波信号及调幅波的数学表达式，当载波角频率 ω_c 远大于调制信号角频率 Ω，且有 $0 < m_a \leqslant 1$ 时，各信号的波形图如图 5-3(a)所示。从图中可以看出，调幅波是一个载波幅度按照调制信号的大小线性变化的高频振荡波，其振荡频率等于载波频率，振荡幅度为按 $U_{cm} + K_d u_\Omega(t)$ 变化。

普通调幅波在一个信号周期内的最大振幅为 $U_{max} = U_{cm}(1 + m_a)$，最小振幅为 $U_{min} = U_{cm}(1 - m_a)$，按最大振幅和最小振幅表达式可推导出

$$m_a = \frac{U_{max} - U_{min}}{U_{max} + U_{min}} \qquad (5-2)$$

式(5-2)表明，$m_a \leqslant 1$，且 m_a 越大，调幅波的外包络线凹陷越深，即调制越深。如果 $m_a > 1$，则调幅波的外包络线形状与调制信号不同，产生过调失真。$m_a > 1$ 时，波形如图 5-4所示。在实际应用中，要求 $m_a \leqslant 1$。

2) 标准调幅信号的频谱及带宽

将 AM 调幅波信号的数学表达式按三角函数公式展开得

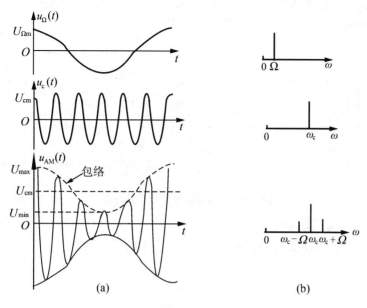

图 5 - 3 AM 调幅信号的波形与频谱

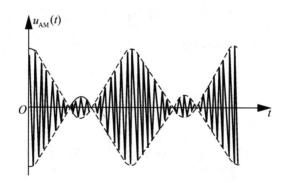

图 5 - 4 $m_a > 1$ 时 AM 调幅信号波形图

$$u_{AM}(t) = U_{cm}(1 + m_a \cos \Omega t) \cos \omega_c t$$

$$= U_{cm} \cos \omega_c t + \frac{1}{2} m_a U_{cm} \cos (\omega_c + \Omega) t + \frac{1}{2} m_a U_{cm} \cos (\omega_c - \Omega) t$$

$$(5-3)$$

$u_{AM}(t)$ 的展开式说明标准调幅信号由 ω_c、$\omega_c + \Omega$、$\omega_c - \Omega$ 3 个不同频率的高频振荡信号组成，$\omega_c + \Omega$ 称为上边频，$\omega_c - \Omega$ 称为下边频，其频谱如图 5 - 3(b) 所示。从图中可以看出调幅过程是一种频谱搬移过程，即将原调制信号频谱搬移到了载波频率附近，对称排列在载波频率两侧，上下边频幅度为 $\frac{1}{2} m_a U_{cm}$，频带宽度为调制信号频率的 2 倍，即 $BW_{AM} = 2\Omega$。

实际的调制信号往往是由多种频率成分组成的复杂波形，但无论多么复杂的信号都可以用傅里叶分解为若干正弦信号之和。假设分解后的正弦信号频率范围是 $\Omega_{min} \sim \Omega_{max}$，若载频仍为 ω_c，这时可以看成是分解后的所有频率分量分别与载波调制，各频率分量的调制波形叠加后得到合成的调幅信号波形，各频率分量的上下边频叠加组成的调幅信号上下边带，合成调幅信号的包络线仍然反映调制信号的变化。上下边带宽度分别与调制信号频谱宽度相同，总带宽 $BW_{AM}=2\Omega_{max}$。相应的频谱如图 5-5 所示。

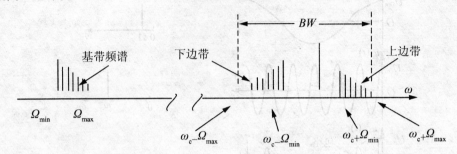

图 5-5　复杂调制信号的频谱分布图

3）标准调幅信号的功率关系

由式(5-3)可求得载波和上下边频在单位电阻上的平均功率。

载波功率

$$P_c=\frac{1}{2}\frac{U_{cm}^2}{R_L}$$

边频功率

$$P_{SB\pm}=P_{SB\mp}=\frac{1}{2}\left(\frac{m_a}{2}U_{cm}\right)^2=\frac{1}{4}m_a^2P_c$$

调制信号在一个周期内的平均功率

$$P_\Sigma=P_c+P_{SB\pm}+P_{SB\mp}=\left(1+\frac{1}{2}m_a^2\right)P_c \tag{5-4}$$

 特别提示

由式(5-4)可以看出，当 $m_a=1$ 时，包含有用信息的上下边频功率只占总功率的 $1/3$，而不含有用信息的载波功率占总功率的 $2/3$。在实际应用中调幅系数小于 1，有用信息所占功率比例更小，因此，普通幅度调制能量利用效率很低。考虑到普通调幅的实现技术简单，而调幅接收机的解调容易实现且成本低，在无线电广播系统中至今仍广泛采用普通调幅。

5.2.2　双边带调幅信号(DSB)

普通调幅波的功率分配中，不包含有用信息的载波功率占了 $2/3$，这部分功率白白浪费了。如果在向外发射无线电波时将载波成分抑制掉，仅保留包含有用信息的上下边带，就可以大大提高发射机功率有效性。这种仅传送上下边频的调制方式称为抑制载波的双边带调幅，简称 DSB 调制。

双边带调幅信号数学表达式为

$$\begin{aligned}u_{DSB}(t)&=Ku_c(t)u_\Omega(t)\\&=KU_{cm}\cos\omega_ctU_{\Omega m}\cos\Omega t\end{aligned} \tag{5-5}$$

展开为

$$u_{DSB}(t)=\frac{1}{2}Km_aU_{cm}\cos(\omega_c+\Omega)t+\frac{1}{2}Km_aU_{cm}\cos(\omega_c-\Omega)t \tag{5-6}$$

式中：K 为常数。由式(5-5)可以看出，双边带调制实质为一乘法器。

根据式(5-5)和式(5-6)，可以画出双边带调幅信号的波形图和频谱图，如图5-6所示。

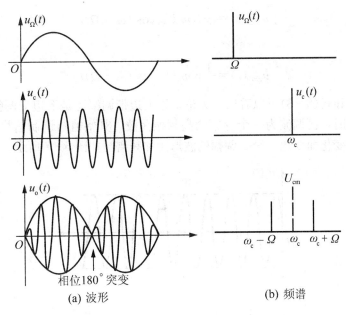

(a) 波形   (b) 频谱

图5-6　DSB调幅信号的波形图和频谱图

从图5-6中可以看出，双边带调制信号的频谱宽度为

$$BW_{\text{DSB}} = 2\Omega$$

特别提示

由上述分析可见，DSB双边带调幅同AM普通调幅比较有以下特点。

(1) 从波形图上看，DSB调幅信号振幅仍随调制信号变化，但因为抑制了载波，其变化是在零值上下变化。

(2) 在调制信号 $u_\Omega(t)=0$ 的瞬间，高频载波的相位出现 $180°$ 突变，呈现M型。调制信号为正半周时，相位同载波相位，调制信号为负半周时，相位同载波反相。而AM调幅信号与载波同频同相。

(3) 从频谱图上看，DSB调幅信号不含载波分量(虚线)，发射机有效功率利用率高，而AM调幅信号含有载波分量，发射机有效功率利用率低。

(4) 从频域上看，DSB调幅信号和AM调幅信号带宽相同，均为 $BW=2\Omega$，所以，信道的利用率仍然是不经济的。

5.2.3　单边带调幅信号(SSB)

DSB调制虽然抑制了载波分量，发射效率比AM调制有所改善，但其传输带宽仍然是调制信号的两倍。从频谱结构上看，DSB上下边带的频谱分量是对称的，包含有相同的信息。因此，为节省带宽，也可以只传输其中一个边带就可以保证信息的完整传输。这种抑制掉其中一个边带，只发射另一个边带(上边带或下边带)的调制方式称为单边带调幅，简称SSB调幅。

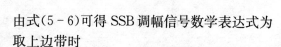

由式(5-6)可得 SSB 调幅信号数学表达式为

取上边带时

$$u_{SSB}(t) = \frac{1}{2}Km_aU_{cm}\cos(\omega_c + \Omega)t \qquad (5-7)$$

取下边带时

$$u_{SSB}(t) = \frac{1}{2}Km_aU_{cm}\cos(\omega_c - \Omega)t \qquad (5-8)$$

从式(5-7)和式(5-8)可以看出,无论采用上边带调幅还是下边带调幅,当单音信号进行单边带调幅时,已调波为一个等幅的高频振荡波,其幅值与调制信号的幅值成正比,频率随调制信号变化而变化。SSB 调幅的波形图和频谱图如图5-7所示。

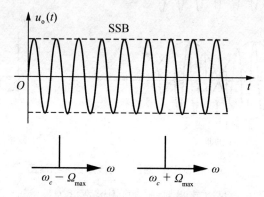

图 5-7　SSB 调幅信号的波形图和频谱图

从图5-7可以看出

$$BW_{SSB} = \Omega$$

可见,SSB 调幅信号的带宽为 AM、DSB 调幅信号的一半。

5.2.4　AM 残留边带调幅(VSB)

单边带调幅方式有其优点,但也存在接收机解调电路复杂、调谐困难等缺点。在某些应用中,既希望压缩频带,又希望接收设备相对简单,常采用残留边带调幅(VSB)。所谓残留边带调幅是指发送端发送一个完整的边带、载波信号和另一个部分被抑制的边信号(即残留一小部分),其频谱结构就好像是将双边带信号频谱在载波分量附近斜切一刀而得。上边带被切除的部分,恰好由下边带剩余部分所补偿。

在广播电视发射系统中,为了节约频带,同时又便于接收机进行检波,其图像信号的调制就采用了残留边带调幅。现以电视图像信号为例,说明残留边带调幅方式的调制原理。

电视的视频信号频带宽度为 0~6MHz,在发射端首先产生普通调幅信号,然后利用残留边带滤波器取出一个完整的上边带、载波分量及一部分下边带(0~0.75MHz)组成残留边带信号发射出去。发送端滤波特征如图 5-8(a)所示,这样发送端相当于 0~0.75MHz 的低频分量采用双边带传输。电视接收机在检波过程中,低频分量幅值要比高频分量幅值相对大一些,从而产生失真。为校正这种失真,要求接收机的图像通道的中频特性具有图 5-8(b)所示的特性,即在载波附近 0.75MHz 范围内,应满足互补对称条件。

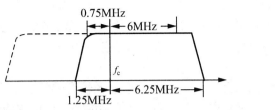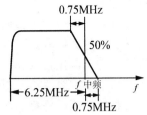

(a) 广播电视发射系统滤波器特征   (b) 电视接收系统滤波器特征

图 5-8　广播电视系统残留边带调幅滤波器特征示意图

以上分别介绍了标准调幅 AM、双边带调幅 DSB、单边带调幅 SSB 三者常用调幅方式，三者的特征与异同点见表 5-1。

表 5-1　3 种振幅调制信号

	普通调幅 AM	双边带调幅 DSB	单边带调幅 SSB
数学表达式	$U_{cm}(1+m_a\cos\Omega t)$	$KU_{cm}\cos\omega_c t U_{\Omega m}\cos\Omega t$	$\frac{1}{2}Km_a U_{cm}\cos(\omega_c+\Omega)t$ 或 $\frac{1}{2}Km_a U_{cm}\cos(\omega_c-\Omega)t$
波形图	U_{max} U_{cm} U_{min} 包络 $u_{AM}(t)$	$u_o(t)$ 相位180°突变	$u_o(t)$ SSB
频谱结构	$\omega_c-\Omega$ $\omega_c+\Omega$	$\omega_c-\Omega$ $\omega_c+\Omega$	$\omega_c-\Omega$ $\omega_c+\Omega$
带宽	$BW_{AM}=2\Omega$	$BW_{DSB}=2\Omega$	$BW_{SSB}=\Omega$

5.3　振幅调制电路

从前面分析的几种调幅波的性质可以看出，它们的共同之处都是在调幅后产生了新的频率分量，也就是说都需要用非线性器件来完成频率变换。从各种调幅波的数学表达式可以画出实现 3 种调幅的原理框图，分别如图 5-9(a)、(b)、(c) 所示。

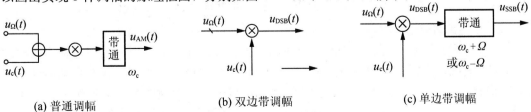

(a) 普通调幅   (b) 双边带调幅   (c) 单边带调幅

图 5-9　实现调幅的原理框图

按幅度调制电路输出功率，一般分为低电平调幅电路和高电平调幅电路。低电平调幅电路一般置于发射机的前级进行调幅，再由线性功率放大器放大已调幅信号，得到所要求功率的调幅波。这种调幅方式可以实现普通调幅、双边带调幅和单边带调幅，其优点是调制线性度和载波抑制度比较好。

高电平调幅电路一般置于发射机的最后一级，是在功率电平较高的情况下进行调制。这种方式一般是使调制信号叠加在直流偏置电压上，并一起控制丙类工作的末级谐振功放实现高电平调幅，因此只能产生普通调幅信号，其优点是整机效率高。

5.3.1 低电平调幅电路

低电平调幅电路产生的调幅波功率较小，必须对其放大才能得到所需的发射功率，DSB 和 SSB 一般采用低电平调幅来实现，这两种方式都要求对载波进行抑制。对载波的抑制程度以输出载波功率低于边带功率的分贝数来表示，分贝数越大，载波抑制性能越好，一般都在 40dB 以上。低电平调幅常采用的形式有简单二极管调幅、环形调制器和模拟乘法器等。

1. 简单的二极管调幅电路

1) 平方律调幅

二极管的伏安特性的幂级数表达式为

$$i = a_0 + a_1 u_D + a_2 u_D^2 + a_3 u_D^3 + \cdots \tag{5-9}$$

二极管调幅电路如图 5-10 所示，如果忽略输出电压对二极管的反作用，有

$$u_D \approx u_C + u_\Omega = U_C \cos \omega_C t + U_\Omega \cos \Omega t \tag{5-10}$$

将式(5-10)代入式(5-9)中，电流 i 表达式的平方项 $a_2 u_D^2$ 展开后将包括 $\omega_C \pm \Omega$ 的频率分量，符合调幅波的频谱结构，完成了调幅功能，因此这种方式也叫平方律调幅。L、R、C 组成的谐振回路调谐于载频 ω_C，并保证谐振回路一定的带宽和选择性，便能取出 ω_C、$\omega_C \pm \Omega$ 的频率分量，实现了普通调幅波信号的产生。

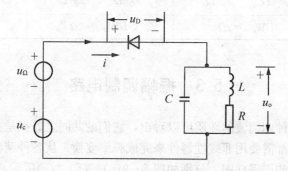

图 5-10 二极管调幅电路

2) 开关式调幅

二极管在大信号作用下，依靠其导通和截止也可实现频率变换。采用这种方式时载波电压较大(数百毫伏)，调制电压较小(数十毫伏)，二极管处于开关状态且其通断由载波电压决定，因此称为二极管的开关式调幅。图 5-11 所示为两个二极管组成的平衡开关调幅电路，图 5-12 所示为平衡调制器输出的电压波形，常用在抑制载波的双边带调幅中。

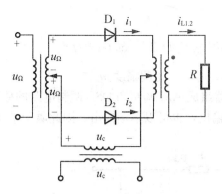

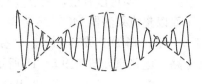

图5－11　平衡开关调幅电路　　　　图5－12　平衡调制器输出的 DSB 电压波形

　　普通调幅波的高频振荡是连续的，而双边带调幅波在调制信号极性变化时，它的高频振荡的相位要发生 180°的突变，这是因为双边带调幅波是由 u_c 和 u_Ω 相乘而产生的。

　　2. 环形调制器调幅电路

　　在平衡开关调幅电路的基础上增加两个二极管，并使 4 个二极管首尾相连成为环形连接，这就构成了环形调制器，如图 5－13 所示。环形调制器在载波的正负半周可分别分解为两个平衡开关调幅电路，因此，其输出振幅比两个二极管组成的平衡开关电路提高了一倍。

　　3. 模拟乘法器调幅电路

　　模拟乘法器简称乘法器，是一种实现两个模拟信号相乘的电路，其电路符号如图 5－14 所示。输出 $u_o = K_M \times u_x \times u_y$，$K_M$ 为乘法器的增益系数。

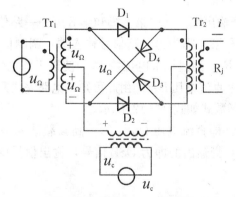

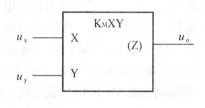

图5－13　环形调制器电路　　　　图5－14　模拟乘法器电路符号

　　如果将载波信号 $u_c(t) = U_{cm}\cos \omega_c t$ 和调制信号 $u_\Omega(t) = U_\Omega\cos \Omega t$ 送入乘法器相乘，则乘法器的输出电压为

$$u_o(t) = K_M U_{cm}\cos \omega_c t\, U_{\Omega m}\cos \Omega t$$
$$= \frac{1}{2}K_M m_a U_{cm}\cos (\omega_c + \Omega)t + \frac{1}{2}K_M m_a U_{cm}\cos (\omega_c - \Omega)t \qquad (5-11)$$

　　式(5－11)表明乘法器的输出 $u_o(t)$ 为抑制了载波的双边带调幅信号。如果需要单边带调幅信号，则可以在乘法器后接相应的滤波器，滤除不需要的边带即可。

　　在上述乘法器电路中，如果在调制信号上叠加一个直流分量则可以得到普通调幅信号，即调制信号变为 $u_\Omega(t) = U_{DC} + u_{\Omega m}\cos \Omega t$，则乘法器的输出电压信号为

$$u_o(t) = K_M U_{cm}(U_{DC} + U_{\Omega m}\cos\Omega t)\cos\omega_c t$$

$$= K_M U_{cm} U_{DC}\cos\omega_c t + \frac{1}{2}K_M U_{cm} U_{DC}\cos(\omega_c + \Omega)t + \frac{1}{2}K_M U_{cm} U_{DC}\cos(\omega_c - \Omega)t \quad (5-12)$$

从式(5-12)可以看出，调节直流电压的大小，可以改变调幅度 m_a。

下面以集成乘法器 MC1596 为例，说明乘法器组成 AM 调制和 DSB 调制电路的原理。MC1596 为 14 脚 DIP 或 SO 封装，它既可以双端输出，也可以单端输出，因此属于平衡式调制电路，电路原理图如图 5-15 所示。

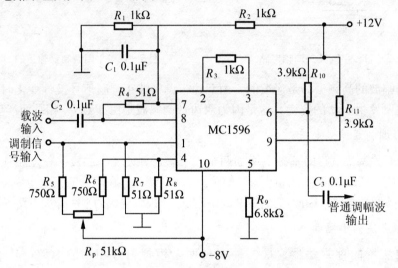

图 5-15 MC1596 实现普通调幅电路原理图

由图 5-15 可知，它有两个输入端及一个输出端。其中第 7 脚和第 8 脚为一路信号输入端，高频载波信号 u_c 加在此端口；第 1 脚和第 4 脚为另一路信号输入端，调制信号 u_Ω 加在此端口。在 1、4 脚之间接有调零电位器 R_P，通过调节电位器 R_P，使得 1 脚电位比 4 脚电位高 U_{DC}，相当于在 1、4 脚之间加了一个直流电压 U_{DC}。由此可知，电路完成乘法运算后，从 6 脚输出普通 AM 信号，输出信号函数式如式(5-12)所示。

如果调节电位器 R_P，使 1、4 脚电位相同(即直流电压 $U_{DC}=0$)，高频载波 u_c 和调制信号 u_Ω 仍分别加在 MC1596 的输入端，此时 6 脚输出的即为 DSB 信号，输出信号函数式如式(5-11)所示。

4. 产生单边带信号的方法

在得到抑制载波的双边带信号后，用滤波器滤除一个频带或者采用相移法，即可得到单边带信号。

1) 滤波法

DSB 信号经过带通滤波器后，滤除一个边带，就得到了 SSB 信号，实现原理如图 5-16 所示。

由于 $\omega_c \gg \Omega_{max}$，上、下边带之间距离很近，要通过一个滤波器去除另一个边带，对滤波器要求很高。在实际的单边带发射机中，往往先用较低的载波频率实现调幅，此时 ω_c、Ω_{max} 相差不是太大，因而滤波器比较容易实现一个边带的滤除。在低载频上形成单边带信号后，再向高频处进行多次频率搬移(混频)，一直搬移到所要求的发射载频上。

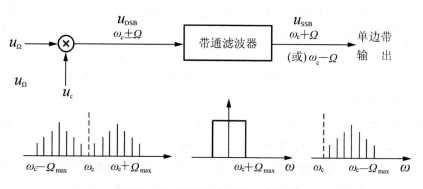

图 5-16   滤波法产生单边带信号

2）相移法

利用移相的方法消去不需要的边带，从而产生单边带信号的方法称为相移法。实现的原理框图如图 5-17 所示。图中两个平衡调幅器的调制信号和载波电压都互相移相 90°，调制输出如果只取有用边带的乘积项（忽略谐波），则

$$u_1 = U \sin \Omega t \sin \omega_c t = \frac{1}{2}U \cos (\omega_c+\Omega)t - \frac{1}{2}U \cos (\omega_c-\Omega)t$$

$$u_2 = U \cos \Omega t \cos \omega_c t = \frac{1}{2}U \cos (\omega_c+\Omega)t + \frac{1}{2}U \cos (\omega_c-\Omega)t$$

则合并网络的输出电压为

$$u_3 = u_1 + u_2 = U \cos (\omega_c-\Omega)t$$

合并网络输出的电压 u_3 就是所需要的单边带信号，由于不是采用滤波的方法，因此理论上可以将频率相距很近的两个边频带分开，这是相移法的突出优点。但移相网络的相移量往往与频率相关，难以在整个频率范围内都准确地移相 90°，因此实用中的单边带产生往往采用移相和滤波相结合的方法，即所谓修正的移相滤波法。

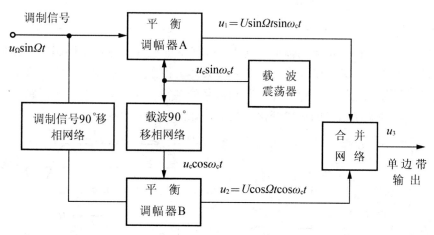

图 5-17   相移法产生单边带信号

5.3.2   高电平调幅电路

用较高电平的调制信号去控制高频功率放大器的输出功率实现调幅，可以兼顾到调制

电路的功率、效率和调制线性的要求。最常用的方法是使功放处于乙类或丙类状态，对高频功放的供电电压进行调制，功放输出电路调谐于载波频率。对晶体管调制电路，根据调制信号控制方式的不同，可以分为集电极调幅和基极调幅，其原理都是利用调制信号改变晶体管某极的直流电压，从而控制集电极高频电流振幅，实现调幅。

1. 集电极调幅电路

当丙类谐振功放工作在过压状态时，集电极电流的基波分量的振幅 I_{cm1} 与集电极偏置电压成线性关系。集电极调幅是利用晶体管的非线性特性，将调制信号 $u_\Omega(t)$ 经低频变压器加在丙类谐振功放的集电极，与直流电压 V_{cc} 叠加后构成晶体管的集电极电源 $V_{cc}(t)$，即集电极等效电源随着调制信号的规律变化，经 LC 选频回路的作用，输出电压的振幅也随调制信号的规律变化，从而实现调幅。其电路形式与调制特性曲线如图 5-18 所示。

$$V_{cc}(t) = V_{cc} + u_\Omega(t)$$

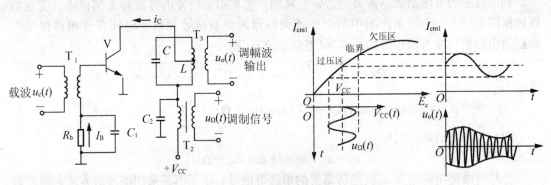

图 5-18　集电极调幅电路及其波形曲线

图 5-18 中集电极调幅电路与谐振功率放大器的区别是集电极调幅电路的等效集电极电源电压 $V_{cc}(t)$ 随调制信号变化。

2. 基极调幅电路

与集电极调幅一样，基极调幅也是利用晶体管的非线性特性，用调制信号改变丙类谐振功放的基极偏压来实现调幅。当谐振功率放大器工作在欠压状态时，集电极电流的基波分量振幅随基极偏压成线性变化，即按调制信号的规律变化，经 LC 选频回路的作用，输出电压的振幅也随调制信号的规律变化，其电路如图 5-19 所示。

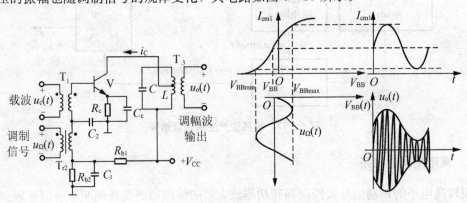

图 5-19　基极调幅电路及其波形曲线

5.4　调幅信号的解调

5.4.1　调幅波解调的方法

　　振幅解调是从已调制的高频振荡信号中恢复出原来的调制信号，是振幅调制的逆过程，这个过程也称为检波。从频谱上看，检波就是将幅度调制波中的边带信号不失真地从载波频率附近搬移到零频率附近，因此检波器也属于频谱搬移电路，必须由非线性器件来完成。检波器的工作原理及组成如图 5-2(b) 所示。在解调抑制载波的双边带调幅波和单边带调幅波信号时需要另加载波信号，采用图 5-20 所示的乘法器来实现。

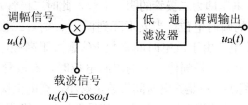

图 5-20　载波被抑制的调幅波解调原理

　　检波器的种类很多，根据所用器件、输入信号大小或工作特点，其分类如图 5-21 所示。

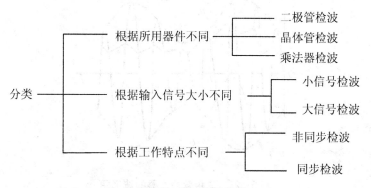

图 5-21　检波器的分类

5.4.2　二极管大信号包络检波器

　　二极管包络检波器一般要求输入信号大于 0.5V，所以称为大信号检波器。其有两种电路形式，按调幅波信号与检波二极管、负载三者间的连接方式，分为为串联型和并联型，下面主要讨论串联型二极管包络检波器。

　　1. 工作原理

　　图 5-22 所示为串联型二极管包络检波电路，RC 作为检波器的负载，在其两端输出解调后的调制信号。RC 同时还具有低通滤波器的作用，因此其参数必须满足

$$\frac{1}{\omega_o C} \ll R_L \ll \frac{1}{\Omega_{max} C}$$

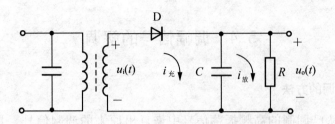

图 5-22   串联型二极管包络检波电路

由于负载电容 C 的高频很小，因此高频电压大部分加在二极管 D 上，图 5-23 所示为二极管检波器的波形图。检波过程如下：在高频信号的正半周（$t_1 \sim t_2$），二极管导通并对电容器 C 充电，由于二极管导通内阻很小，因此充电电流 i_D 很大，电容两端电压 u_C 很快就接近高频电压的最大值。由于 u_C 电压即为二极管的阴极电位，此时二极管是否继续导通还决定于二极管阳极的高频信号源 u_i 的瞬时电位。当 u_i 下降到低于 u_C 时，二极管截止，即 $t_2 \sim t_3$ 期间，电容器通过负载电阻 R 放电，由于放电时间常数 RC 远大于高频电压的周期，因此放电很慢。当电容器上的电压因放电下降到低于 u_i 的瞬时电位时，二极管又进入导通状态。因此，只要适当选择 RC 和二极管 D，一是充电时间常数足够小，充电很快；放电时间常数足够大，放电很慢，就可以使得电容器两端电压 u_C 与高频信号电压的包络非常接近，即从负载 R 上输出调制信号波形，实现了幅度解调（检波）。电压 u_C 虽然有些锯齿形的起伏不平，经过低通滤波后可以滤除高频成分，使滤波后的 u_C 波形与高频调制波原调制信号波形一致。

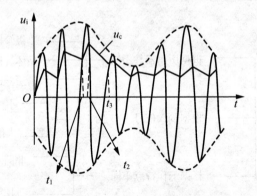

图 5-23   二极管检波器的波形图

由此可见，大信号包络检波主要是利用二极管的单向导电性和检波负载 RC 的充放电过程来实现。

2. 包络检波器的质量指标

1）检波效率 η_d

检波效率又叫传输系数，当输入信号的高频调幅波振幅为 $m_a U_{cm}$，检波输出的低频电压振幅为 $U_{\Omega m}$ 时，有

$$\eta_d = \frac{U_{\Omega m}}{m_a U_{cm}}$$

实际电路中 η_d 在 80% 左右。当 R 足够大时，$\eta_d \approx 1$，即输出电压与调幅波的包络基本一致。

2）输入电阻 R_i

检波器的输入电阻是指从检波器的输入端看进去的等效电阻，用来衡量检波器对前级电路的影响。对于高频输入信号源来说，检波电路相当于一个负载，此负载就是检波电路的输入电阻 R_i，它定义为输入高频电压振幅对二极管电流中基波分量振幅之比，即

$$R_i = \frac{U_{im}}{I_{im}}$$

3）失真

理想的检波器输出电压波形应该与调幅波的包络完全相同，但实际上由于电路形式及参数的原因，二者总会有差别，即产生了失真。

（1）惰性失真。惰性失真是检波器的 RC 取值过大，使二极管在截止期间 C 的放电速度太慢，以致跟不上调幅波包络的下降速度，出现图 5-24 所示的失真现象。图中可以看出，如果调制信号角频率 Ω 越高，调幅系数 m_a 越大，包络下降速度就越快，惰性失真就越严重。要克服这种失真，

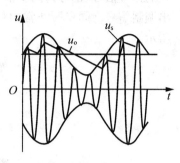

图 5-24　惰性失真波形

必须适当减小 RC 的数值，使电容器的放电速度加快。一般 RC 的选取应满足

$$RC \leqslant \frac{\sqrt{1-m_a^2}}{m_a \Omega}$$

（2）负峰切割失真。在实际电路中，检波电路输出的低频信号一般需要经过一个较大容量的隔直电容 C 耦合到后级电路中，如图 5-25（a）所示。图中，R_L 为后级电路的输入电阻，检波电路对于低频的交流负载为 $R_L' \approx R_L /\!/ R$（因容量取值比较大，略去了 C 的影响），而直流负载仍为 R，且 $R_L' < R$，即检波电路中直流负载不等于交流负载，并且交流负载电阻小于直流负载电阻。

当检波电路输入单频调制的调幅信号时，如图 5-25（b）所示，在调幅系数 m_a 比较大时，有可能使输入调幅波的包络在负半周的某段时间内电容 C_c 上直流电压的而截止，即输出电压不能随输入包络的变化而产生失真。由于这种失真发生在输出低频电压的负半周，其底部（负峰值）附近被削平，因此将这种失真称为负峰切割失真。

根据分析，为避免产生负峰切割失真，R_L' 与 R 满足下面关系。

$$\frac{R_L'}{R} \geqslant m_a$$

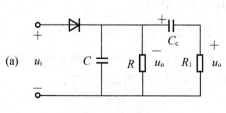

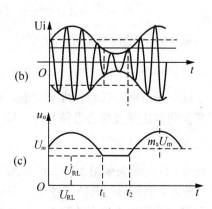

图 5-25　负峰切割失真

5.4.3 同步检波

包络检波器只能解调标准调幅或残留边带调幅信号，而对抑制了载波的双边带信号或单边带信号，因其包络不直接反映调制信号的变化规律，不能用包络检波器解调，而是采用同步检波。同步检波电路必须在检波器输入端加入与载波信号同频、同相并保持同步变化的参考信号(也称为同步信号)，两信号共同作用于非线性器件电路，经过频率变换恢复出调制信号。同步检波常由模拟乘法器和低通滤波器组成，其电路原理模型如图 5-26 所示。

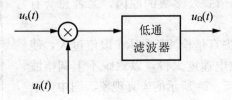

图 5-26 同步检波的两种电路原理模型

1. 同步检波原理

设调幅信号为普通调幅波，即

$$u_i(t) = U_{im}(1 + m_a \cos \Omega t)\cos\omega_c t$$

参考信号为

$$u_r(t) = U_{rm}\cos \omega_c t$$

调幅波信号 $u_i(t)$ 与参考信号 $u_r(t)$ 在模拟乘法器中相乘，则乘法器的输出电压为

$$u_o(t) = K_M u_i(t)u_r(t)$$

$$= K_M U_{im}U_{rm}(1 + m_a\cos \Omega t)\cos^2\omega_c t$$

$$= \frac{1}{2}K_M U_{im}U_{rm} + \frac{1}{2}K_M U_{im}U_{rm}m_a\cos \Omega t + \frac{1}{2}K_M U_{im}U_{rm}\cos 2\omega_c t$$

$$+ \frac{1}{4}K_M U_{im}U_{rm}\cos (2\omega_c + \Omega)t + \frac{1}{4}K_M U_{im}U_{rm}\cos (2\omega_c - \Omega)t \qquad (5-13)$$

因此输出 $u_o(t)$ 中除包含直流分量外，还有含有 Ω、$2\omega_c$、$2\omega_c \pm \Omega$ 的频率分量。经隔直和低通滤波器滤除 $2\omega_c$、$2\omega_c \pm \Omega$，只保留了式 5-13 中的第二项，即

$$u_o'(t) = \frac{1}{2}K_M U_{im}U_{rm}m_a\cos \Omega t = U_\Omega \cos \Omega t$$

可见，$u_o'(t)$ 已恢复了原调制信号。检波器的检波效率为

$$\eta_d = \frac{U_{\Omega m}}{m_a U_{cm}} = \frac{1}{2}K_M U_{im}$$

上述分析虽然是针对标准调幅波，用同样的方法可以证明，当输入的调幅波信号为抑制了载波的双边带或单边带信号时，同步检波器依然可以解调出调制信号。

2. 同步检波电路

图 5-27 所示为采用 MC1596 组成的同步检波电路，调幅波信号从 1 脚输入，同步信号从 8 脚输入，解调后的低频信号从 9 脚输出。该电路输入的调幅波信号有效值在几毫伏到 100mV 范围内都能不失真地解调，而要求的同步信号大小在 50～500mV 范围内能使内部双

差分对管工作在开关状态即可。9 脚的检波输出信号经过两个 $0.005\mu F$ 电容和一个 $1k\Omega$ 电阻组成的 Π 形滤波器，滤除高频分量，最后经过 $1\mu F$ 的隔直电容输出解调后的低频信号。

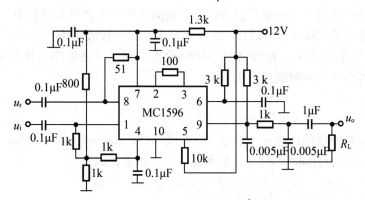

图 5-27　同步检波电路

5.5　混频器原理及电路

混频是将两个不同频率的信号加到非线性器件上进行频率变换，然后用选频回路取出其和频或差频分量。混频器原理示意图如图 5-28 所示。在混频器输入的信号中，一个为包含有用信息且需要进行频谱搬移的高频信号 u_s，另外一个为不带任何信息的等幅正弦波 u_L（称为本振信号），而通过选频网络取出的和频或差频称为中频信号。

电路中，如果本地振荡器与进行混频的非线性器件为同一单元电路，则称为变频器。

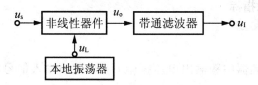

图 5-28　混频器原理示意图

以单频调幅波为例，混频器输入信号和输出中频的波形及频谱结构图如图 5-29 所

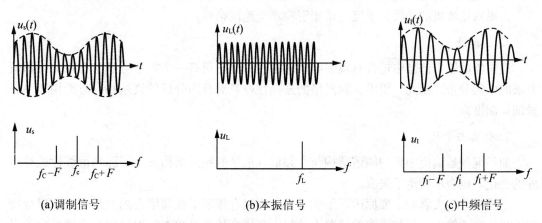

(a)调制信号　　　　　　　　(b)本振信号　　　　　　　　(c)中频信号

图 5-29　混频器信号波形及频谱结构图

示。从图 5-29 中可以看出，混频器输出的中频调幅波与输入的高频调幅波频的包络形状完全一致，其内部频谱结构也没有发生变化，而唯一不同是载频频率由高频变为中频了。混频器的这种特性被广泛用于无线电广播接收机、通信及电子仪器仪表设备中。如中波调幅广播的发射频率范围为 $535\sim1605\text{kHz}$，在收音机中，无论接收哪个电台的广播，都通过混频后产生固定中频 465kHz，使收音机的中频放大电路、检波电路与接收频率无关，有利于提高接收机性能指标和降低接收机成本。

5.5.1 混频器原理

为分析方便，设混频器的高频输入信号为等幅波 $u_s(t)=U_S\cos \omega_s t$，本振信号为 $u_L(t)=U_L\cos \omega_L t$，两信号叠加后同时作用于非线性器件上，则叠加信号为

$$u(t)=u_s(t)+u_L(t)=U_S\cos \omega_S t+U_L\cos \omega_L t \tag{5-14}$$

非线性器件的伏安特性可以用幂级数表达式为

$$i=a_0+a_1u+a_2u^2+a_3u^3+\cdots \tag{5-15}$$

将式(5-14)代入非线性器件的幂级数表达式(5-15)中，按三角函数展开，输出电流中包含无限多个频率分量的组合，其中有两个频率分量($f_L\pm f_c$)正是我们所需要的，(f_L+f_c)称为高中频，(f_L-f_c)称为低中频。这两个频率分量的形成是由两个信号的乘积项产生的，因此，凡能实现两个电压相乘的非线性器件或电路，都可以作为混频使用。

以上虽然是按高频等幅波来分析的，如果输入的高频信号为调幅波，则混频输出信号的频谱结构为以中频为中心的一系列谱线，即内部频谱结构与原调幅波信号没有发生变化，只是各频率分量均搬移到了中频附近。

5.5.2 混频器主要性能指标

1. 混频增益

混频增益定义为混频器中频输出电压振幅 U_{Im} 与高频输入信号电压振幅 U_{sm} 之比，常用分贝表示

$$A_{uc}=20\lg \frac{U_{Im}}{U_{sm}}(\text{dB})$$

为提高接收机的接收灵敏度，希望混频增益越高越好。

2. 选择性

混频器的输出信号中包含有很多频率分量，但其中只有一个频率分量是有用的，即所要求的中频分量。因此，要求选频网络的选择性好，对有用分量的衰减小，对无用频率分量的抑制度高。

3. 失真与干扰

如果混频器输出中频的频谱结构与高频输入信号的频谱结构发生了除频谱线性搬移以外的变化，则表示产生了失真。

干扰是频谱失真的主要原因，干扰主要分为组合频率干扰和组合副波道干扰。组合频率干扰是在无输入干扰和噪声的情况下，仅由有用高频信号和本振通过频率变换形成的组合频率进入了中频通道中。副波道干扰是指外来的干扰信号与本振信号在混频非线性作用

下形成的假中频。此外，还有交叉调制干扰、互相调制干扰、邻道调制干扰等。

5.5.3　混频电路应用

常用的混频器有二极管混频器、晶体管混频器、模拟相乘器等，根据所加信号的处理方式可分为叠加型混频器和乘积型混频器两大类，其电路原理模型如图 5-30 所示。

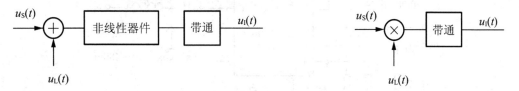

图 5-30　混频器电路原理模型

典型的乘积型混频器是模拟乘法器，叠加型混频器有二极管混频器、晶体管混频器等。

1. 模拟乘法器混频器

模拟乘法器混频器的电路原理框图如图 5-31 所示，图中 $u_s(t)$ 为输入的已调波，$u_L(t)$ 为本地振荡信号（正弦波），如果带通滤波器的中心频率设置在 $\omega_I=(\omega_L-\omega_c)$ 或 $\omega_I=(\omega_L+\omega_c)$，且带宽为 $BW=2\Omega_{max}$，则混频器输出信号 $u_I(t)$ 为中频信号。

$$
\begin{array}{c}
u_S(t) \longrightarrow X \quad K_MXY \\
\qquad\qquad\qquad u_Z(t) \rightarrow \boxed{带通} \rightarrow u_I(t) \\
u_L(t) \longrightarrow Y
\end{array}
$$

图 5-31　混频器电路原理模型

设输入已调波为 $u_s(t)=U_{cm}\cos\Omega t\cos\omega_c t$，本地振荡信号为 $u_L(t)=U_{Lm}\cos\omega_L t$，则乘法器输出信号为

$$u_z(t)=K_M u_s(t)u_L(t)$$

$$=\frac{1}{2}K_M U_{cm}U_{Lm}\cos\Omega t\left[\cos(\omega_L+\omega_c)t+\cos(\omega_L-\omega_c)t\right]$$

经过带通滤波器后，如果只保留下边带，则滤波器输出电压为

$$u_I(t)=U_{Im}\cos\Omega t\,\cos\omega_I t \tag{5-16}$$

式中：$U_{Im}=\frac{1}{2}K_M U_{cm}U_{Lm}$；$\omega_I=\omega_L-\omega_c$。

从式（5-16）可以看出，混频输出的中频信号包络与输入的已调波信号包络变化规律相同，只是频谱的中心频率从 ω_c 搬移到（$\omega_L-\omega_c$），并且有一定的电压增益。混频电压增益为

$$A_{UC}=\frac{U_{Im}}{U_{cm}}=\frac{1}{2}K_M U_{Lm}$$

乘积型混频器通常采用专用集成电路，图 5-32 所示为 MC1596 组成的模拟乘法器混频电路。本振信号从 8 脚输入，高频信号从 1 脚输入，混频信号从 6 脚输出。本振信号的幅度在 100～200mV 之间，高频输入信号的幅度一般小于 15mV。6 脚外接元件组成 LC

带通滤波器，取出所需要的中频信号。图中参数为输入高频信号 200MHz，本振频率 209MHz，输出中频信号为 9MHz。

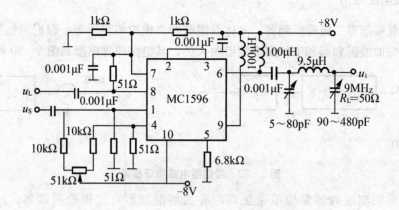

图 5 - 32　MC1596 组成的乘积型混频器电路

2. 二极管平衡混频器

二极管平衡混频器电路简单、组合频率分量少，常用在高质量通信以及工作频率较高的设备中，其原理电路如图 5 - 33 所示。

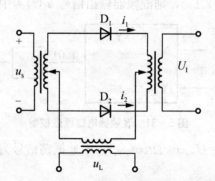

图 5 - 33　二极管平衡混频器

从电路形式上看，二极管平衡混频器与图 5 - 11 所示的开关式调幅器相同，其工作原理也类似，只不过是输入信号不同，输出回路的谐振频率不同。在作为调幅器使用时，加在二极管两端的电压为 $u_D = u_\Omega + u_C$，而混频时 $u_D = u_s + u_L$。在调幅时，输出回路调谐在载波频率 f_C 上，而混频时输出回路调谐在 f_I 中频上。

3. 晶体管混频器

晶体管混频器因为其电路简单、混频增益高、要求的本振信号幅度和高频输入信号幅度小，广泛应用于中、短波接收机以及一些测量仪器中。按晶体管电路组态、本振注入点以及高频信号的输入点的不同，有图 5 - 34 所示的 4 种基本形式。

图 5 - 34(a)、(b)均为共发射极混频电路，高频信号都是从基极输入，不同的是本振信号的注入点分别为基极和发射极。图 5 - 34(a)中，由于共发射极电路输出阻抗较大，因此混频所要求的本振注入功率较小，但 u_s 和 u_L 为直接耦合，相互影响较大。图 5 - 34(b)中 u_s 和 u_L 分别从基极和发射极输入，减小了相互直接的影响，但因为 u_L 从发射极输入，

对本振电压来说属于共基电路，输入阻抗小，需要较大的注入功率。

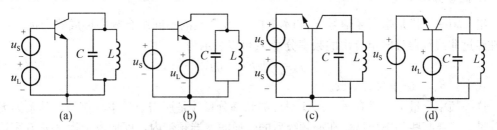

图 5-34 晶体管混频器的基本形式

图 5-34(c)、(d)均为共基极混频电路，由于共基极电路的截止频率比共发射极电路高，因此，在工作频率较高时，常采用这种电路形式。

以上 4 种混频电路的形式虽然不同，但是混频原理是一样的。虽然 u_s 和 u_L 的输入点不同，但在电路中都是两种信号叠加在晶体管的发射结，利用晶体管 i_C 和 u_{BE} 的非线性作用实现频率变换和频谱搬移。

图 5-35 所示为某型号电视接收机高频调谐器的混频电路。混频管 T_2 为超高频低噪声晶体管 3DG30C，本振信号和高频输入信号均从基极输入，C_{18} 为本振电压的耦合电容，C_{14} 为自高放来的高频电视信号的耦合电容，输出调谐回路调谐在 38MHz 的中频频率上，由于电视图像信号的带宽为 6MHz，因此谐振回路中增加了电阻 R_{10}，以降低 Q 值，扩展带宽。C_{21}、C_{22} 为次级回路的分压电路，改变 C_{21}、C_{22} 的数值，可改变分压比，以便通过 75Ω 的同轴电缆和中放输入阻抗相匹配。

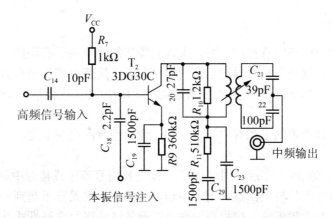

图 5-35 电视接收机高频调谐器中的晶体管混频电路

5.5.4 混频器的干扰

由于混频器是依靠非线性元件来实现频率变换的，因此凡是进入混频器的信号直接都可以产生各种组合频率。除高频信号与本振信号，还包括干扰信号与本振之间、高频信号与干扰信号之间、干扰信号与干扰信号之间都可能组合成新的频率分量，这些组合频率分量如果等于或接近中频频率，将会和有用的中频分量一起进入中频放大器，经解调后在输出端形成干扰，从而影响到正常信号的接收。

1. 组合频率干扰

组合频率干扰是指高频信号 f_s 和本振信号 f_L 产生的不同组合频率形成的干扰。f_s 和 f_L 在经过非线性器件时组合出的频率分量 f_k 可以表示为

$$f_k = |\pm p f_s \pm q f_L| \qquad (5-17)$$

式中：p、q 是任意正整数。

这些频率分量中，只有 $p=q=1$ 对应的频率分量才是所需要的中频信号，其余为无用的分量。只要某些频率分量落在混频级后的带通滤波器频带内，即形成干扰。按 f_k 表达式可以推导出，高频信号频率 f_s 与要求的中频 f_I 间满足式(5-18)时，就有可能产生干扰。

$$f_s = \frac{p \pm 1}{q - p} f_I \qquad (5-18)$$

例 5.1 某调幅广播的中频频率 $f_I = 465\text{kHz}$，某电台的发射频率 $f_s = 931\text{kHz}$，则接收该电台时的本振频率 $f_L = f_I + f_s = 1396\text{kHz}$，如 $p=2$，$q=1$，则 $f_k = |2f_s - f_L| = 466\text{kHz} = f_I + 1\text{kHz}$，即中频检波后会产生 1kHz 的差拍信号，形成刺激人耳的啸叫声。

特别提示

组合频率干扰严重时，干扰信号可以完全覆盖有用信号。减少这种干扰的措施是输入信号和本振信号幅度都不宜过大，并且合理选择混频器的静态工作点，降低低次谐波差频分量输出幅度。另外，还应选择合适的中频频率，将中频频率选择接收机频段以外。如中波段调幅广播的频率范围为 535～1605kHz，而收音机的中频为 465kHz。

2. 副波道干扰

如果混频器之前电路的选择性不好，进入混频器的信号除了有用的主波道频率外，还包括其他干扰信号，这些干扰信号与本振同样也会形成接近中频的组合频率干扰，这种干扰称为副波道干扰。当干扰信号频率 f_N 满足式(5-19)时即产生副波道干扰。

$$|\pm p f_L \pm q f_N| \approx f_I \qquad (5-19)$$

副波道干扰中最严重的干扰有中频频率和镜像频率所形成的干扰。

1) 中频干扰

当式(5-19)中的 $p=0$，$q=1$ 时 $f_N \approx f_I$，即干扰信号等于或接近中频，这种干扰称为中频干扰。由于混频器的输出回路调谐于中频，对中频干扰无异于起到一个干扰信号放大器的作用。为了抑制中频干扰，应提高混频级以前各级回路的选择性或在混频输入回路前增加一个中频滤波器。

2) 镜像频率干扰

当式(5-19)中的 $p=1$，$q=1$ 时 $f_N \approx f_I + f_L = f_s + 2f_I$。对于 f_L 而言，f_N 和 f_s 正好是镜像关系，故称为镜像干扰。对于镜像干扰，混频器具有与有用信号相同的电路功能，一旦进入就无法抑制。因此，为了抑制镜像干扰，往往在提高前级电路选择性的同时，还常采用二次混频，以有效地抑制。

3. 其他干扰类型

组合频率干扰和副波道干扰是混频器所特有的，除此以外混频器还存在着其他的干扰类型，这些干扰由外界干扰信号的注入以及电路的非线性而产生。

1) 交叉调制干扰（交调干扰）

交叉调制干扰的现象是：当接收机对有用信号调谐时，在听到有用信号的声音时，还可以听到干扰电台的声音。当对有用信号失调时，干扰台也随即消失，就像干扰信号调制在有用信号的载波上一样，所以称为交叉调制干扰。

交叉调制干扰是由非线性特性的三次或更高次项产生，克服交叉调制干扰的措施除提高混频前级电路的选择性外，还应选择合适的混频器件和合适的工作状态，使混频器的非线性特性的高次方项尽可能小，可采用抗干扰能力强的平衡混频器和模拟乘法器等电路。

2) 互相调制干扰（互调干扰）

当多个干扰信号同时加入到混频器时，由于混频器的非线性作用，多个干扰频率与本振频率的组合频率等于或接近于中频时，即产生互调干扰。当两个干扰信号 f_{N1}、f_{N2} 同时加入混频器与本振频率进行频率组合时，组合频率 f_k 可以表示为

$$f_k = |\pm pf_L \pm qf_{N1} \pm rf_{N2}| \tag{5-20}$$

从式（5-20）可以看出，多个频率组合时更容易产生接近中频的频率分量而形成干扰。抑制互调干扰的措施与抑制交叉干扰的措施相同。

3) 阻塞干扰

当一个强干扰信号进入到接收机前端后，如果不能有效抑制，会使各级处于严重的非线性区域，破坏晶体管的工作状态，信噪比大大下降，形成所谓的阻塞干扰。阻塞干扰严重时可以使晶体管进入假击穿状态（干扰信号消除后，晶体管还能恢复正常功能）。抑制阻塞干扰的措施包括降低晶体管工作点，输入端增加双向限幅电路，以及在各级电路中设立自动增益控制等。

例5.2 有一中波（535～1605kHz）超外差调幅收音机，试分析以下干扰性质。

(1) 当接收频率 $f_s = 550$kHz 的电台时，听到频率为 1480kHz 的电台干扰。

(2) 当接收频率 $f_s = 1400$kHz 的电台时，听到频率为 700kHz 的电台干扰。

(3) 当收听频率 $f_s = 1396$kHz 的电台时，听到啸叫声。

解： (1) 由于 $550 + 2 \times 465 = 1485$（kHz），所以 1485kHz 是 550kHz 的镜像频率，此时的干扰为镜像干扰。

(2) 当 $p = 1$，$q = 2$ 时，由式（5-19）得

$$f_N = \frac{1}{2} \times [(1400 + 465) - 465] = 700 \text{(kHz)}$$

因此，这是当 $p = 1$，$q = 2$ 时的副波道干扰。

(3) 由于 $465 \times 3 = 1395$kHz，即 $f_s \approx 3f_I$。由式（5-18）可知，当 $p = 2$，$q = 3$ 时，$f_s \approx 3f_I$，因此是组合干扰，且产生 1396kHz − 1395kHz = 1kHz 的啸叫声。

5.6 仿真实训：振幅调制、解调及混频

1. 仿真目的

(1) 熟悉电子元器件和高频电子线路实验系统。

(2) 掌握用包络检波器实现 AM 波解调的方法。了解滤波电容数值对 AM 波解调的影响。

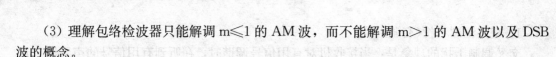

（3）理解包络检波器只能解调 m≤1 的 AM 波，而不能解调 m>1 的 AM 波以及 DSB 波的概念。

（4）了解输出端的低通滤波器对 AM 波解调、DSB 波解调的影响。

（5）理解同步检波器能解调各种 AM 波以及 DSB 波的概念。

2. 仿真电路

1）调幅波形测量仿真

调幅波形的测量电路如图 5-36 所示。信号源 V_1 是幅度为 5V、载波频率为 1kHz、调制信号频率为 100Hz 的调幅波。其中调幅度 $m_a=0.3$ 时的波形如图 5-37 所示，调幅度 $m_a=1$ 时的波形如图 5-38 所示（临界调幅），调幅度 $m_a=5$ 时的波形如图 5-39 所示（很明显出现过调幅）。

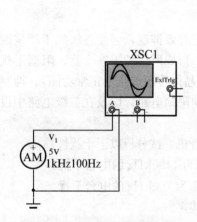

图 5-36　调幅波形测量电路

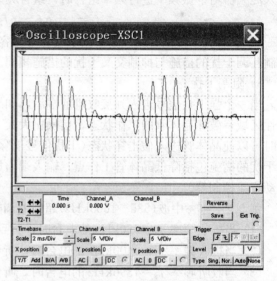

图 5-37　$m_a=0.3$ 时的调幅波形

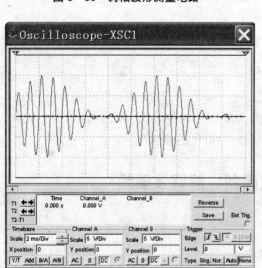

图 5-38　$m_a=1$ 时的调幅波形

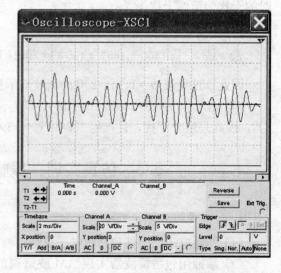

图 5-39　$m_a=5$ 时的调幅波形

2）包络检波器的负峰切割失真

峰值包络检波器在实际应用中，总要和下一级相连，如图 5-40 所示，其中 C_2 为耦合电容，R_2 为等效于下一级的输入电阻。信号源 V_1 为调幅波，其中载波幅度为 2V，载波频率为 200kHz，调制信号频率为 1kHz，调幅系数为 0.5。由于 C_2 电容容量较大，R_1、R_2 参数选择不合适，往往会造成负峰切割失真。

为避免负峰切割失真，必须要求 $\dfrac{R_L'}{R_2}\geqslant m_a$。根据图 5-40 所给出的元器件参数，要求 $R_L'\geqslant 4.7\mathrm{k}\Omega$，选用 R_2 为 1kΩ，测量输入下一级的波形，即 B 点波形，如图 5-41 所示，显然出现了负峰切割失真。

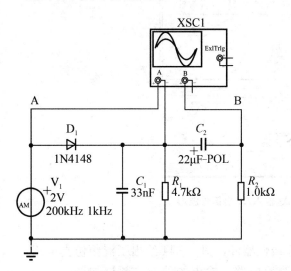

图 5-40　负峰切割失真实验电路

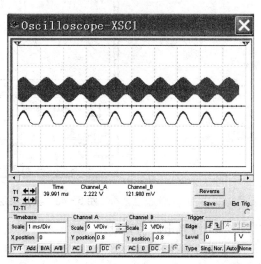

图 5-41　负峰切割失真输入输出波形

3）同步检波器

同步检波器仿真电路如图 5-42 所示，模拟乘法器 A_1 用来完成双边带调幅，A_2 用来完成同步检波，R_1、L_1、C_1、R_2 构成同步检波器的低通滤波器。信号源 V_1 为 1V 峰值、

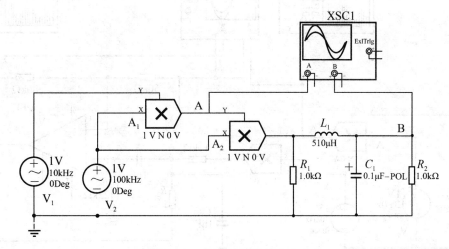

图 5-42　同步检波器仿真电路

10kHz 的正弦波，作 A$_1$ 的调制信号。信号源 V$_2$ 为 1V 峰值、100kHz 的正弦波，既作为 A$_1$ 的载波，又作为 A$_2$ 的同步参考信号。模拟乘法器 A$_1$ 输出信号的波形与同步检波器输出信号的波形如图 5-43 所示。从同步检波器的输入、输出波形可以看出，该同步检波器可以很理想地完成检波，还原出原调制信号。

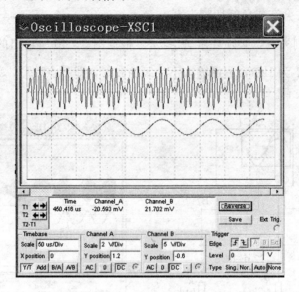

图 5-43　模拟乘法器 A$_2$ 输入/输出信号波形

4）混频电路仿真设计

模拟乘法器是完成频率变换非常理想的非线性器件，图 5-44 给出了混频仿真电路。其中以模拟乘法器 A$_1$ 为中心，构成双边带调幅电路，输出的波形、频谱如图 5-45、图 5-46 所示。以模拟乘法器 A$_2$ 为中心构成混频电路，其中输入本振信号频率为 30kHz 的正弦波，输入的高频调幅波信号为 A$_1$ 的输出信号，即中心频率为 20kHz，下边频为

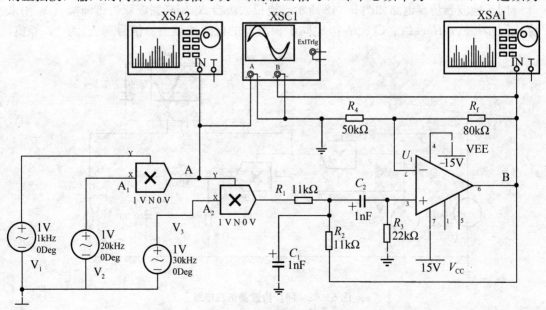

图 5-44　混频仿真电路

19kHz，上边频为 21kHz 的双边带调幅波信号。R_1、C_1 构成低通滤波器，C_2、R_3 构成高通滤波器，一起与 R_2、$U_1(741)$、R_f、R_4 构成有源带通滤波器。

根据低通、高通、带通滤波器的基础理论知识，选取低通滤波器截止频率为 14kHz，根据 $f_。=\dfrac{1}{2\pi R_1 C_1}=14\times10^3$ Hz，选取 $R_1=11\text{k}\Omega$、$C_1=1\text{nF}$。再根据高通、有源带通滤波器的基础理论知识，选取 $C_2=1\text{nF}$、$R_2=11\text{k}\Omega$、$R_3=22\text{k}\Omega$，根据 $B=\left(2-\dfrac{R_f}{R_4}\right)f_。$，因电路设计要求中心频率 $f_。=10\text{kHz}$，通频带宽度至少要求大于 2kHz，选取 $B=4\text{kHz}$，故选取 $R_f=80\text{k}\Omega$、$R_4=50\text{k}\Omega$。

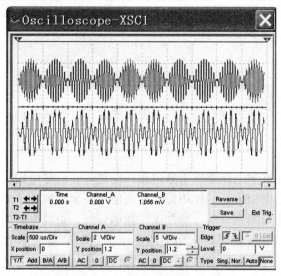

图 5-45　混频仿真电路测试波形

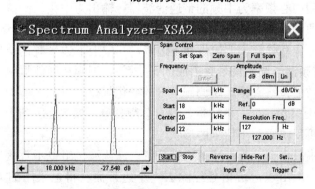

图 5-46　混频电路输入高频信号的频谱

从图 5-45 可以看出，混频电路输入的高频调幅波信号波形含有载波频率高、密集；输出信号经有源带通滤波器后，中频信号波形频率低、稀疏，二者之间能够很直观地反映出频率变换，完成混频功能。图 5-46、图 5-47 从频谱角度，更加精确地分析了混频电路完成差频的功能。图 5-46 中心频率为 20kHz、下边频为 19kHz、上边频为 21kHz。而图 5-47 中，中心频率变为 10kHz、下边频为 9kHz、上边频为 11kHz，说明从高频信号变成中频信号，频率变换而携带的信号成分没有变，非常理想地完成了差频的功能。

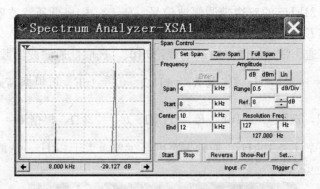

图 5-47　混频电路输出中频信号的频谱

本 章 小 结

振幅调制是用调制信号去改变高频载波振幅的过程，而从已调信号中还原出原调制信号的过程称为振幅解调，也称振幅检波；把已调波的载频变为另一载频已调波的过程称为混频。

振幅调制、解调和混频电路都属于频谱搬移电路，它们都可以用相乘器和滤波器组成的电路模型来实现。其中相乘器的作用是将输入信号频率不失真地搬移到参考信号频率两边，滤波器用来取出有用频率分量，抑制无用频率分量。调幅电路的输入信号是低频调制信号，参考信号为等幅载波信号，采用中心频率为载频的带通滤波器，输出为已调高频波；检波电路的输入信号是高频已调波，而参考信号是与已调信号的载波同频同相的等幅同步信号，采用低通滤波器，输出为低频信号；混频电路输入信号是已调波，参考信号为等幅本振信号，采用中心频率为中频的带通滤波器，输出为中频已调信号。

振幅调制有普通调幅信号（AM）、双边带调幅信号（DSB）和单边带调幅信号（SSB）。

AM 信号频谱中含有载频、上边带和下边带，其中上下边带频谱结构均反映调制信号频谱的结构（下边带频谱与调制信号频谱成倒置关系），振幅在载波振幅上下按调制信号的规律变化，即已调波的包络直接反映调制信号的变化规律。

DSB 信号频谱中只含有上、下边带，没有载频分量，振幅在零值上下按调制信号的规律变化。其包络不再反映原调制信号的形状。

SSB 信号频谱中只含有上边带或下边带分量，已调波包络也不直接反映调制信号的变化规律。SSB 信号一般由双边带信号经除去一个边带而获得，采用的方法有滤波法和移相法。

常用的振幅检波电路有二极管峰值包络检波电路和同步检波电路。由于 AM 信号的包络能直接反映调制信号的变化规律，所以 AM 信号可采用电路很简单的二极管包络检波电路。由于 SSB 和 DSB 信号的包络不能直接反映调制信号的变化规律，所以必须采用同步检波电路。为获得良好的检波效果，要求同步信号与载波信号严格同频、同相。

相乘器是频谱搬移电路的重要组成部分，目前在通信设备和其他电子设备中广泛采用二极管环形相乘器和双差分对集成模拟相乘器，它们利用电路的对称性进一步减少了无用的组合频率分量而获得理想的相乘结果。

常用的调幅电路有低电平调幅电路和高电平调幅电路。在低电平级实现的调幅称为低电平调幅，它主要用来实现双边带和单边带调幅，广泛采用二极管环形相乘器和双差分对集成模拟相乘器。在高电平级实现的调幅称为高电平调幅，常采用丙类谐振功率放大器产生大功率的普通调幅波。

混频电路是超外差接收机的重要组成部分。目前高质量通信设备中广泛采用二极管环形混频器和双差分对模拟相乘器，而在简易接收机中，常采用简单的晶体管混频电路。

混频干扰是混频电路中要注意的重要问题，常见的有啸声干扰、寄生通道干扰（主要是中频干扰、镜频干扰）、交调干扰和互调干扰等。必须采取措施，选择合适的电路和工作状态，尽量减小混频干扰。

习　题

1. 试分析标准调幅波、单边带调幅波、双边带调幅波在波形和示波器屏幕上的异同。

2. 画出下列已调波的波形和频谱图（设 $\omega_c = 5\Omega$），确定各波形的信号带宽，并说明它们是哪种调幅波。

(1) $u(t) = (1 + \sin\Omega t)\sin\omega_c t \, (\text{V})$；

(2) $u(t) = (1 + 0.25\cos\Omega t)\cos\omega_c t \, (\text{V})$；

(3) $u(t) = 3\cos\Omega t\cos\omega_c t \, (\text{V})$。

3. 为什么调幅系数 m_a 不能大于1？

4. 已知某调幅波的最大振幅为10V，最小振幅为4V，求其调幅系数。

5. 有一调幅波的频谱图如图5-48所示，试写出它的电压表达式，并计算它在 1Ω 负载上的平均功率。

6. 某调制信号和载波信号的波形如图5-49所示，画出标准调幅波的波形示意图。

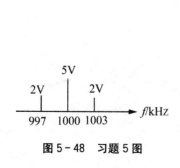

图5-48　习题5图

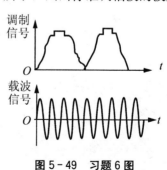

图5-49　习题6图

7. 简述集电极调幅和基极调幅的工作原理。

8. 某非线性器件的伏安特性为 $i = b_1 u + b_3 u^3$，试问它能否实现调幅？为什么？如不能，非线性器件的伏安特性应具有什么形式才能实现调幅？

9. 简述二极管检波时产生惰性失真和负峰切割失真的原因，以及如何避免失真的发生。

10. 二极管大信号包络检波器的 $R_L = 100\text{k}\Omega$，$C_L = 100\text{pF}$，设 $F_{\max} = 6\text{kHz}$，为避免出现惰性失真，最大调幅系数应为多少？

11. 用乘法器进行同步检波时，为什么要求本机同步信号与输入载波信号同频同相？

12. 电视接收机某频带的图像载频为57.75MHz，伴音载频为64.25MHz，伴音和图像信号同时加入到混频器中。如果要得到 38MHz 的图像中频，试问这时电视机的本振频率为多少？伴音中频为多少？

13. 简要叙述减小混频干扰的措施。

14. 为什么调幅、检波和混频都必须利用电子器件的非线性特性才能实现？三者间有什么不同？

15. 有一中波段(535～1605kHz)调幅超外差收音机，中频 $f_I = f_L - f_c = 465kHz$，试分析下列现象属于何种干扰，又是如何形成的？

(1) 当收听到 $f_c = 570kHz$ 的电台时，听到频率为 1500kHz 的强电台播音。

(2) 当收听 $f_c = 929kHz$ 的电台时，伴有频率为 1kHz 的啸叫声。

(3) 当收听 $f_c = 1500kHz$ 的电台播音时，听到频率为 750kHz 的强电台播音。

第6章

角度调制与解调

知识目标

通过本章的学习,应熟练掌握调角信号的表示式、波形、频谱、带宽、功率以及调频信号和调相信号的关系。掌握调频信号的产生方法;了解直接调频,间接调频的原理;掌握变容二极管直接调频电路的工作原理和性能分析,晶体振荡器直接调频的工作原理和扩展频偏的方法;了解变容二极管间接调频电路的原理;掌握波形变换法、乘积型相位鉴频器和叠加型相位鉴频器等解调方法和电路组成。

能力目标

能 力 目 标	知 识 要 点	相 关 知 识	权重	自测分数
角度调制的概念及信号的表达方式、调角波的频谱结构、分类	调频信号与调相信号的原理及相互比较	调频与调相波形区别	30%	
变容二极管调频电路的组成及电路分析、调频波的解调方法及组成	变容二极管调频电路的工作原理及解调	调频原理及其电路应用	40%	
斜率鉴频器和相位鉴频器的电路组成及工作原理	鉴频电路的工作原理	调相原理及其电路应用	30%	

引言

角度调制是用调制信号去控制载波信号角度(频率或相位)变化的一种信号变换方式。如果受控的是载波信号的频率,则称频率调制(Frequency Modulation),简称调频,以 FM 表示;若受控的是载波信号的相位,则称为相位调制(Phase Modulation),简称调相,以 PM 表示。无论是 FM 还是 PM,载频信号的幅度都不受调制信号的影响。

调频信号的解调(即鉴频)主要见于调频收音机和电视机的伴音信号,如图 6-1 所示,其中图 6-1(a)所示为调频收音机电路板模块,图 6-1(b)所示为电视机,其电视伴音采用调频信号解调。

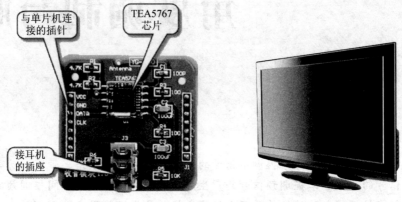

(a) 调频收音机   (b) 电视机伴音

图 6-1 调频信号解调设备

调相及其解调一般用在卫星通信上,图 6-2 所示为全自动卫星通信天线系统组成。全自动卫星通信天线主要由 1.2m 双反馈天线分系统、BUC 分系统、LNB 分系统、卫星信道设备分系统、GPS 定位分系统、伺服驱

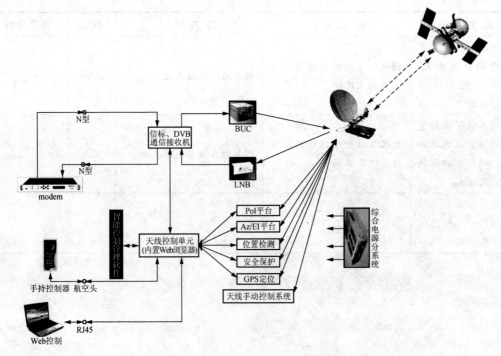

图 6-2 全自动卫星通信天线系统组成

动分系统、自动保护分系统、信标接收机分系统、天线控制单元(ACU)、位置检测分系统、极化自动调整分系统、天线智能控制终端、智能控制管理软件分系统、综合电源分系统以及天线手动控制分系统组成。

6.1　概　　述

角度调制是频率调制和相位调制的合称，是用调制信号控制载波信号的频率或相位来实现调制的。如果载波信号的瞬时频率随调制信号线性变化则称频率调制(简称调频 FM)。如果载波信号的瞬时相位随调制信号线性变化则称相位调制(简称调相 PM)。由于调频或调相的结果都可以看作是载波总相位的变化，故又把调频 FM 和调相 PM 统称为角度调制。

与幅度调制不同，角度调制在频谱变换过程中，信号的频谱不再保持调制信号的频谱结构，所以常把角度调制称为非线性调制，而把幅度调制称为线性调制。

角度调制信号与幅度调制信号相比，要占据更多的频带宽度，但角度调制信号具有较好的抗干扰能力。在不增加信号发射功率的前提下，用增加带宽的方法可以换取高质量通信信号。因此，角度调制在通信系统中得到了广泛的应用。图 6-3 给出了调幅、调频和调相 3 种信号的波形。

与幅度调制信号相比，角度调制信号具有以下优点。

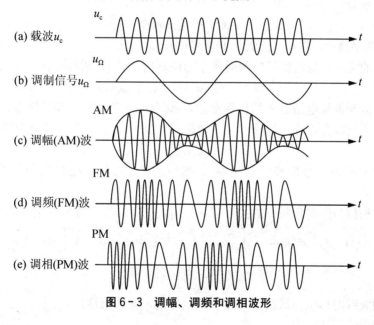

图 6-3　调幅、调频和调相波形

1. 抗干扰能力强

幅度调制信号的边频功率最大只能等于载波功率的一半(当调幅系数 $ma=1$ 时)，而角度调制信号的边频功率远比调幅信号强。边频功率运载有用信号，因此角度调制具有更强的抗干扰能力。另外，对于信号传输过程中常见的寄生调幅，角度调制可以通过限幅的方法加以克服，而调幅信号则不行。

2. 设备的功率利用率高

因为角度调制信号为等幅信号，最大功率等于平均功率，所以不论调制度为多少，发射机末级功放管均可工作在最大功率状态，功率管得到了充分利用。而幅度调制则不然，其平均功率远低于最大功率，因而功率管的利用率不高。

3. 角度调制信号传输保真度高

因为角度调制信号的频带宽且抗干扰能力强，因而具有较高的保真度。

6.2　调频信号与调相信号

6.2.1　调频信号

如前叙述，调频就是利用调制信号控制载波的角频率，使之随调制信号作线性变化。下面首先分析调频信号数学表达式。

设载波信号表达式为

$$u_c(t) = U_{cm}\cos(\omega_c t + \varphi_0) \tag{6-1}$$

式中：U_{cm} 为载波的振幅；$\omega_c t + \varphi_0$ 为载波的瞬时相位；ω_c 为其角频率，为一常数；φ_0 为载波的初相位。为简化分析，令 $\varphi_0 = 0$。

设调制信号为

$$u_\Omega(t) = U_{\Omega m}\cos\Omega t \tag{6-2}$$

式中：$U_{\Omega m}$ 为调制信号的振幅；Ω 为调制信号的角频率。

根据调频的定义，载波信号的瞬时频率随调制信号 $u_\Omega(t)$ 线性变化，可写出

$$\omega(t) = \omega_c + k_f u_\Omega(t) = \omega_c + \Delta\varphi(t) \tag{6-3}$$

式中：k_f 为与调频电路有关的比例常数，rad/s.v，又称为调频灵敏度；$\Delta\varphi(t)$ 表示瞬时频率的线性变化部分，称为瞬时频偏，简称角频偏。用 $\Delta\omega_m$ 表示其最大值，则

$$\Delta\omega_m = 2\pi\Delta f_m = k_f U_{\Omega m} \tag{6-4}$$

$\Delta\omega_m$ 表示瞬时角频率偏离中心频率 ω_c 的最大值。习惯上把最大角频偏 $\Delta\omega_m$ 称为角频偏。

根据瞬时相位与瞬时角频率的关系可知，对式(6-3)积分可得调频波的瞬时相位

$$\varphi_f(t) = \int_0^t \omega(t)\mathrm{d}t = \int_0^t [\omega_c + k_f u_\Omega(t)]\mathrm{d}t = \omega_c t + k_f\int_0^t u_\Omega(t)\mathrm{d}t \tag{6-5}$$

式中

$$\Delta\varphi_f(t) = k_f\int_0^t u_\Omega(t)\mathrm{d}t \tag{6-6}$$

表示调频波瞬时相位与载波信号相位的偏移量，简称相移。

调频波的数学表达式为

$$u_{FM} = U_{cm}\cos[\omega_c t + \varphi_f(t)] = U_{cm}\cos\left[\omega_c t + k_f\int_0^t u_\Omega(t)\mathrm{d}t\right] \tag{6-7}$$

以上分析表明，在调频时，瞬时角频率的变化与调制信号成线性关系，瞬时相位的变化与调制信号积分成线性关系。

设调制信号为

$$u_\Omega(t) = U_{\Omega m}\cos\Omega t \tag{6-8}$$

将式(6-8)分别代入式(6-3)、式(6-5)、式(6-7)得

瞬时角频率

$$\omega(t) = \omega_c + k_f U_{\Omega m} \cos \Omega t = \omega_c + \Delta\omega_m \cos \Omega t \qquad (6-9)$$

瞬时相位

$$\varphi(t) = \omega_c t + \frac{k_f U_\Omega}{\Omega} \sin \Omega t = \omega_c t + m_f \sin \Omega t \qquad (6-10)$$

调频信号数学表达式

$$u_{FM} = U_{cm} \cos(\omega_c t + m_f \sin \Omega t) \qquad (6-11)$$

式中：$m_f = \dfrac{k_f U_{\Omega m}}{\Omega} = \dfrac{\Delta\omega_m}{\Omega}$ 为调频波的最大相移，又称调频指数，m_f 值可大于 1。

如图 6-4 所示，给出了调制信号 $u_\Omega(t)$、瞬时频偏 $\Delta\omega(t)$、瞬时相偏 $\Delta\varphi_f(t)$、$u_{FM}(t)$ 对应的波形图。

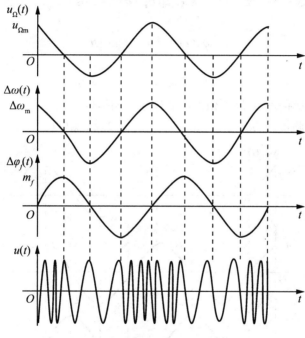

图 6-4　调频信号的波形图

6.2.2　调相信号

设载波信号和调制信号分别为

$$u_c(t) = U_{cm} \cos \omega_c t$$

$$u_\Omega(t) = U_{\Omega m} \cos \Omega t$$

根据调相波定义，载波信号的瞬时相位 $\varphi_p(t)$ 随调制信号 $u_\Omega(t)$ 线性变化，即

$$\varphi_p(t) = \omega_c t + k_p U_{\Omega m} \cos \Omega t \qquad (6-12)$$

式中：k_p 为与调相电路有关的比例常数，称为调相灵敏度，rad/v；令 $\Delta\varphi_p(t) = k_p U_{\Omega m} \cos \Omega t$，则 $\Delta\varphi_p(t)$ 表示瞬时相位中与调制信号 $u_\Omega(t)$ 成线性变化的部分，称为瞬时相位的相位偏移量，简称相移。用 m_p 表示最大相移，则

$$m_p = k_p U_{\Omega m} \qquad (6-13)$$

称 m_p 为调相波的调相指数。

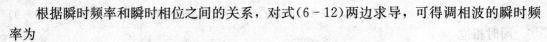

根据瞬时频率和瞬时相位之间的关系，对式（6-12）两边求导，可得调相波的瞬时频率为

$$\omega(t) = \frac{\mathrm{d}\varphi_p(t)}{\mathrm{d}t} = \omega_c + k_p \frac{\mathrm{d}u_\Omega(t)}{\mathrm{d}t} \tag{6-14}$$

令 $\Delta\omega_p(t) = k_p \dfrac{\mathrm{d}u_\Omega(t)}{\mathrm{d}t}$，称 $\Delta\omega_p(t)$ 为调相波的频偏或频移。

调相波数学表达式为

$$u_{\mathrm{PM}} = U_{cm}\cos\left[\omega_c t + \Delta\varphi_p(t)\right] = U_{cm}\cos\left[\omega_c t + k_p u_\Omega(t)\right] \tag{6-15}$$

将调制信号 $u_\Omega(t) = U_{\Omega m}\cos\Omega t$ 分别代入式（6-12）、式（6-14）、式（6-15）得调相波相移

$$\Delta\varphi_p(t) = k_p U_{\Omega m}\cos\Omega t = m_p\cos\Omega t \tag{6-16}$$

角频偏

$$\Delta\varphi_p(t) = -m_p\Omega\sin\Omega t \tag{6-17}$$

数学表达式

$$u_{\mathrm{PM}} = U_{cm}\cos(\omega_c t + m_p\cos\Omega t) \tag{6-18}$$

式中：$m_p = k_p U_{\Omega m}$ 为调相波的最大相移，又称为调相指数。

图 6-5 所示为调相波的 $u_\Omega(t)$、$\Delta\varphi_p(t)$、$\Delta\omega_p(t)$ 及 $u_{\mathrm{PM}}(t)$。

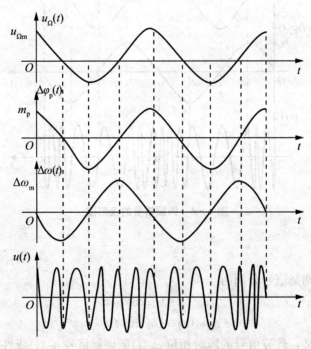

图 6-5　调相波的波形图

特别提示

从上述分析可知，调频和调相是密不可分的。调频必然引起高频载波相位的变化，调相也必然引起高频载波频率的变化，两者本质上是相同的。

调频波与调相波的比较见表 6-1。

表 6-1　调频波与调相波比较

调制信号 $u_\Omega(t)=U_{\Omega m}\cos\Omega t$		载波信号 $u_c(t)=U_{cm}\cos\omega_c t$	
	调频信号		调相信号
基本特征	$\omega(t)=\omega_c+\Delta\omega(t)$ $=\omega_c+k_f u_\Omega(t)$		$\varphi(t)=\omega_c t+\Delta\varphi(t)$ $=\omega_c t+k_p u_\Omega(t)$
瞬时角频率	$\omega(t)=\omega_c+k_f u_\Omega(t)$ $=\omega_c+\Delta\omega_m\cos\Omega t$		$\omega(t)=\omega_c+k_p\,du_\Omega(t)/dt$ $=\omega_c-\Delta\omega_m\sin\Omega t$
瞬时相位	$\varphi(t)=\omega_c t+k_f\displaystyle\int_0^t u_\Omega(t)dt$ $=\omega_c t+m_f\sin\Omega t$		$\varphi(t)=\omega_c t+k_p u_\Omega(t)$ $=\omega_c t+m_p\cos\Omega t$
最大角频偏	$\Delta\omega_m=k_f U_{\Omega m}=m_f\Omega$		$\Delta\omega_m=k_p U_{\Omega m}\Omega=m_p\Omega$
调制指数(最大相移 $\Delta\varphi_m$)	$m_f=\Delta\omega_m/\Omega$ $=k_f U_\Omega/\Omega$		$m_p=k_p U_{\Omega m}$
数学表达式	$u_{FM}(t)=U_{cm}\cos[\omega_c t+k_f\displaystyle\int_0^t u_\Omega(t)dt]$ $=U_{cm}\cos(\omega_c t+m_f\sin\Omega t)$		$u_{PM}=U_{cm}\cos[\omega_c t+k_p u_\Omega(t)]$ $=U_{cm}\cos(\omega_c t+m_p\cos\Omega t)$

例 6.1　设载波频率为 12MHz，载波振幅为 5V，调制信号为 $u_\Omega(t)=1.5\sin6280t\,V$，调制灵敏度为 25kHz/V。试求：(1)调频波表达式；(2)调制信号频率、调频波中心频率；(3)最大频偏；(4)调频系数；(5)最大相位偏移；(6)调制信号频率减半时的最大频偏和相偏；(7)调制信号振幅加倍时的最大频偏和相偏。

解：(1)从题目知道调制信号为正弦波，因此调频波的表达式为

$$u_{FM}(t)=U_{cm}\cos\left(\omega_c t-\frac{k_f U_{\Omega m}}{\Omega}\cos\Omega t\right)$$

将各已知条件带入上式可得

$$u_{FM}(t)=5\times\cos\left(2\pi\times12\times10^6 t-\frac{2\pi\times25\times10^3\times1.5}{\Omega}\cos6280t\right)V$$

$$=5\cos(24\pi\times10^6 t-37.5\cos6280t)V$$

(2)调制信号角频率为

$$\Omega=6280\text{rad/s}=2\pi\times10^3\text{rad/s}$$

调频波中心频率为

$$\omega_c=2\pi\times12\times10^6\text{rad/s}$$

(3)最大频偏为

$$\Delta\omega_m=k_f U_{\Omega m}=2\pi\times25\times10^3\times1.5\text{rad/s}=2\pi\times37.5\times10^3\text{rad/s}$$

(4)调频系数为

$$m_f=\Delta\omega_m/\Omega=2\pi\times37.5\times10^3/(2\pi\times10^3)=37.5$$

(5)最大相位偏移即最大频偏，为

$$\Delta\varphi_m=m_f=37.5$$

(6)调制信号频率减半时的最大频偏和相偏为

$\Delta\omega_m=k_f U_{\Omega m}=2\pi\times25\times10^3\times1.5\text{rad/s}=2\pi\times37.5\times10^3\text{rad/s}$，保持不变；

$\Delta\varphi_m = 2\Delta\omega_m/\Omega = 2\times2\pi\times37.5\times10^3/(2\pi\times10^3) = 75$，加倍。

（7）调制信号振幅加倍时的最大频偏和相偏为

$\Delta\omega_m = k_f U_{\Omega m} = 2\pi\times25\times10^3\times2\times1.5\,\text{rad/s} = 4\pi\times37.5\times10^3\,\text{rad/s}$，加倍；

$\Delta\varphi_m = 2\Delta\omega_m/\Omega = 2\times2\pi\times37.5\times10^3/(2\pi\times10^3) = 75$，也加倍。

6.2.3　调频与调相信号的比较

从前面的讨论可以看出，当调制信号为单一频率的余弦信号时，从数学表达式及波形上均不易区分是调频信号还是调相信号，但它们在性质上存在以下区别。

（1）无论是调频波还是调相波，它们的瞬时频率和瞬时相位都随时间发生变化，但变化的规律不同。

调频时，瞬时频偏的变化与调制信号成线性关系，瞬时相偏的变化与调制信号的积分成线性关系，即

$$\Delta\omega(t) = k_f u_\Omega(t) \tag{6-19}$$

$$\Delta\varphi(t) = k_f\int u_\Omega(t)\mathrm{d}t \tag{6-20}$$

调相时，瞬时相偏的变化与调制信号成线性关系，瞬时频偏的变化与调制信号的微分成线性关系，即

$$\Delta\omega(t) = k_p\frac{\mathrm{d}u_\Omega(t)}{\mathrm{d}t} \tag{6-21}$$

$$\Delta\varphi(t) = k_p u_\Omega(t) \tag{6-22}$$

（2）调频波和调相波的最大角频偏和调制系数均与调制幅度 $U_{\Omega m}$ 成正比，但它们与调制角频率 Ω 的关系则不同。

调频波的最大角频偏与调制角频率 Ω 无关，调制系数与调制角频率 Ω 成反比；调相波的最大角频偏与调制角频率 Ω 成正比，调制系数与调制角频率 Ω 无关，即

调频时
$$\Delta\omega = k_f U_{\Omega m} \tag{6-23}$$

$$m_f = \frac{k_f U_{\Omega m}}{\Omega} \tag{6-24}$$

调相时
$$\Delta\omega = k_p U_{\Omega m}\Omega \tag{6-25}$$

$$m_p = k_p U_{\Omega m} \tag{6-26}$$

比较调频波和调相波的数学表达式及其基本性质，可以画出实现调频及调相的框图，如图 6-6 所示。

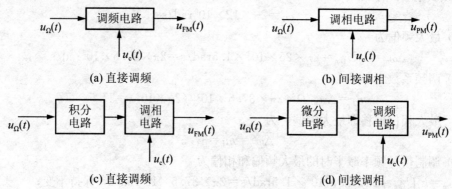

(a) 直接调频　　　　　　　　　　　(b) 间接调相

(c) 直接调频　　　　　　　　　　　(d) 间接调相

图 6-6　调频及调相框图

6.2.4　调频波的频谱与频带宽度

1. 调角信号的频谱

调频波和调相波的数学表达式基本上是一样的，由调制信号引起的附加相移是正弦变化还是余弦变化并没有根本差别，两者只是在相位上相差 $\dfrac{\pi}{2}$。因此，只要用调制指数 m 代替相应的 m_f 或 m_p，它们就可以写成统一的调角表达式，即

$$u_o(t) = U_{cm}\cos(\omega_c t + m\sin\Omega t) \qquad (6-27)$$

根据三角函数公式

$$
\begin{aligned}
u_o(t) &= U_{cm}\cos(\omega_c t + m\sin\Omega t) \\
&= U_{cm}\cos(m\sin\Omega t)\cos\omega_c t - U_{cm}\sin(m\sin\Omega t)\sin\omega_c t
\end{aligned}
\qquad (6-28)
$$

在贝塞尔函数理论中，存在下列关系式

$$\cos(m\sin\Omega t) = J_0(m) + 2\sum_{n=1}^{\infty} J_{2n}(m)\cos 2n\Omega t \qquad (6-29)$$

$$\sin(m\sin\Omega t) = 2\sum_{n=0}^{\infty} J_{2n+1}(m)\sin(2n+1)\Omega t \qquad (6-30)$$

式中：$J_n(m)$ 是 n 阶第一类贝塞尔函数。

将式(6-29)、式(6-30)带入式(6-28)中，得

$$
\begin{aligned}
u_o(t) = U_{cm}\,\big[& J_0(m)\cos\omega_c t - 2J_1(m)\sin\Omega t\sin\omega_c t \\
& + 2J_2(m)\cos 2\Omega t\cos\omega_c t - 2J_3(m)\sin 3\Omega t\sin\omega_c t \\
& + 2J_4(m)\cos 4\Omega t\cos\omega_c t - 2J_5(m)\sin 5\Omega t\sin\omega_c t + \cdots \big] \\
= \; & U_{cm}J_0(m)\cos\omega_c t \\
& + U_{cm}J_1(m)\big[\cos(\omega_c+\Omega)t - \cos(\omega_c-\Omega)t\big] \\
& + U_{cm}J_2(m)\big[\cos(\omega_c+2\Omega)t + \cos(\omega_c-2\Omega)t\big] \\
& + U_{cm}J_3(m)\big[\cos(\omega_c+3\Omega)t - \cos(\omega_c-3\Omega)t\big] \\
& + U_{cm}J_4(m)\big[\cos(\omega_c+4\Omega)t + \cos(\omega_c-4\Omega)t\big] \\
& + U_{cm}J_5(m)\big[\cos(\omega_c+5\Omega)t - \cos(\omega_c-5\Omega)t\big] + \cdots
\end{aligned}
$$

根据上式绘出的贝塞尔函数曲线如图 6-7 所示，可以得出以下调角波频谱的特点。

(1) 单频率调制的调角波，有无穷多对边频分量，对称的分布在载频两边，各频率分量的间隔为 F。所以 FM、PM 实现的是调制信号频谱的非线性搬移。

(2) 各边频分量振幅为 $U_{cm}J_n(m)$，由对应的贝塞尔函数确定。奇数次分量上下边频振幅相等，相位相反；偶数次分量上下边频振幅相等，相位相同。

(3) 由贝塞尔函数特性知：对应于某些 m 值，载频和某些边频分量为零，利用这一点，可以将载频功率转移到边频分量上去，使传输效率增加。

调角波的频谱结构与调制指数 m 密切相关。调幅波在调制信号为单音频余弦波时，仅有两个边频分量，边频分量的数目不会因调幅指数 m_a 的改变而变化。调角波则不同，它的频谱结构与调制指数 m 有密切关系，m 越大，具有较大振幅的边频分量数越多，这是调角波频谱的主要特点。对于一定的 m，$J_n(m)$ 的值大小虽有起伏，但总趋势是减小的，这表明离开载频较远的边频振幅都很小。

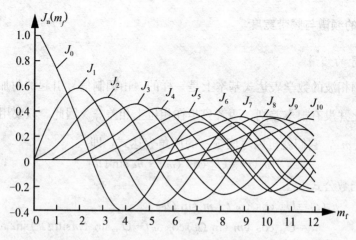

图 6-7 贝塞尔函数曲线

（4）当 U_{cm} 一定时，调角信号的平均功率与调制指数 m 无关，其值等于未调制的载波功率，改变 m 仅使载波分量和各边频分量之间的功率重新分配，而总功率不变。

图 6-8 所示为在调制信号频率相同、载波相同的情况下，其调制指数 m 分别为 1、2.4 和 5 时调角波的频谱图。从图 6-8 中可以看出，m 越大，具有较大振幅的边频分量就越多，并且某些边频分量的振幅超过了载波分量的幅度。

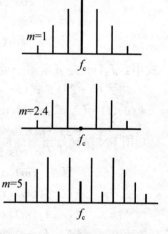

图 6-8 调角信号频谱图

2. 调角信号的带宽

理论上，调角信号的带宽为无限宽，但通常规定振幅小于载频振幅 10% 的边频分量都略去，即 $J_n(m)U_{cm} < 0.1U_{cm}$。可以证明，当 $n > (m+1)$ 时，$J_n(m)$ 的数值都小于 0.1。

所以调角波频谱的宽度为 $BW = 2(m+1)F = 2(\Delta f_m + F)$。

当 m 远小于 1 时：$BW = 2F$（窄带调角信号）；

当 m 远大于 1 时：$BW \approx 2mF = 2\Delta f_m$（宽带调角信号）。

例 6.2 已知载波信号电压表达式为 $u_c(t) = 0.5\cos 7\pi \times 10^7 t \text{V}$，调制信号电压表达式为 $u_\Omega(t) = 5\cos 2\pi \times 10^3 t \text{V}$，最大频偏 $\Delta f = 20\text{kHz}$，试求：（1）调频指数；（2）调频波数学表达式；（3）调频波带宽；（4）若调制信号变为 $u_\Omega(t) = 5\cos 4\pi \times 10^3 t \text{V}$，求此时调频波的带宽。

解：（1）根据已知条件，可求调频指数为

$$m_f = \frac{\Delta\omega_m}{\Omega} = \frac{\Delta f_m}{F} = \frac{20}{1} = 20$$

（2）$u_{FM}(t) = U_{cm}\cos(\omega_c t + m_f \sin\Omega t) = 0.5\cos(7\pi \times 10^7 t + 20\sin 2\pi \times 10^3 t)(\text{V})$

（3）因为此时 $m_f = 20 > 1$，所以

$$B = 2(m_f + 1)F = 2(20+1) \times 1 = 42(\text{kHz})$$

（4）调制信号变为 $u_\Omega(t) = 5\cos 4\pi \times 10^3 t \text{V}$，调制信号的振幅没有变化，仍为 5V。因此，最大频偏 Δf 不变，仍为 20kHz，而调制信号的频率变为 $F' = 2\text{kHz}$，则

$$m_f' = \frac{\Delta f}{F'} = \frac{20}{2} = 10 > 1$$

所以此时的调频波带宽为
$$B' = 2(m_f' + 1)F' = 2(10+1) \times 2 = 44(\text{kHz})$$

6.3　调频原理及其电路

6.3.1　调频实现方法

由调频波和调相波的表达式可以看出，无论是调频或调相，都是使载波瞬时相位发生变化。说明二者之间可以相互转化。图6-9给出了调频信号产生的两种方法。图6-9(a)所示为直接调频法，图6-9(b)所示为间接调频法。

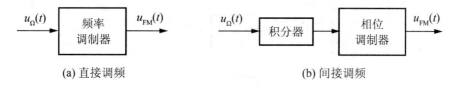

(a) 直接调频　　　　　　　　　　　　　(b) 间接调频

图6-9　调频信号产生原理框图

1. **直接调频法**

直接调频是用调制信号直接控制载波振荡器振荡元件的参数，如控制振荡回路的电容 C（或电感 L），使振荡频率随调制信号变化而变化，从而产生调频波的方法。

目前广泛采用的是变容二极管直接调频电路，这种电路简单，性能良好。变容二极管是利用 PN 结的结电容随反向电压变化这一特性制成的一种压控电抗元件。电路符号和特性曲线如图6-10所示。当变容二极管工作于反向偏压状态时，由特性曲线可知，变容二极管的结电容 C_j 随外加反向偏置电压变化而变化。若将变容二极管接入 LC 正弦波振荡器的谐振电路中，则可实现直接调频。

图6-11所示为变容二极管直接调频原理图。图中虚线部分为电容三点式振荡电路，将变容二极管作为压控电容接入 LC 振荡电路中，由正弦波振荡器知识可知，振荡器频率取决于电感 L 和电容 C_1、C_2 与变容二极管的结电容 C_j 的值。将基带电压加到变容二极管两端，就能实现调制信号对总电容量 C 的控制，从而也就控制了 LC 回路的谐振频率，从而实现了直接调频。

特别提示

直接调频电路的特点是电路简单、频偏较大，但频率稳定性较差。

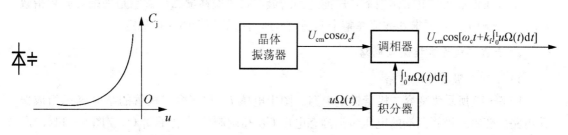

图6-10　变容二极管符号和特性曲线　　　　**图6-11　变容二极管直接调频原理图**

2. 间接调频法

由于调频信号与调相信号之间存在一定的联系，若先将调制信号 $u_\Omega(t)$ 积分，再加到调相器对载频信号调相，则从调相器输出的便是对调制信号而言的调频信号。图 6 - 12 所示为间接调频原理框图，这种利用调相器实现调频的方法称为间接调频法。可见，实现间接调频的关键电路是调相器。

**特别提示**

间接调频法将振荡和调制分两级完成。载波信号可以由晶振产生，频率稳定性较好，但是频偏比较小，若要增加频偏，需要外加扩频电路。

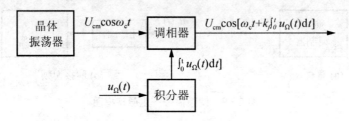

图 6 - 12　间接调频法原理框图

6.3.2　调频电路

1. 调频电路的质量指标

1）调制特性

是指调频波频率偏移与调制电压之间的关系曲线，要求它们之间呈线性关系。曲线的线性范围越宽，实现线性调频的范围也越宽，最大频偏也越大。

2）调制灵敏度

单位调制电压所产生的频率偏移大小称为调制灵敏度。提高灵敏度，可提高调制信号的控制作用。

3）中心频率稳定度

调频波的中心频率就是载波频率。虽然调频信号的瞬时频率随调制信号变化。但要求调频电路中心频率要有足够的稳定度。例如，调频广播发射机要求中心频率频移不超出 $\pm 2\text{kHz}$。

4）频偏

是指在正常调制电压作用下，所能达到的最大频率偏移量 Δf_m。它是根据对调频指数 m_f 的要求确定的，要求其数值在整个调制信号所占有的频带内保持稳定。

2. 变容二极管直接调频电路

1）变容二极管馈电电路

图 6 - 13 所示为变容二极管馈电电路。图中电感 L_2 和变容二极管的结电容 C_j 组成振荡电路。变容二极管两端的电压包括静态电压 U_Q 和调制信号电压 $u_\Omega(t)$。图 6 - 14（a）所示为直流馈电等效电路。调制信号馈入的交流等效电路如图 6 - 14（b）所示。

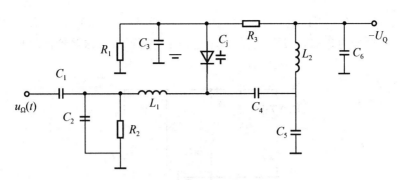

图6-13 变容二极管馈电电路

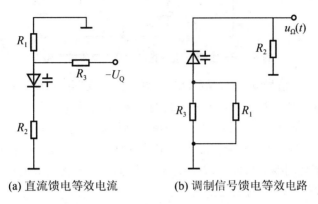

(a) 直流馈电等效电流　　　　(b) 调制信号馈电等效电路

图6-14 变容二极管馈电等效电路

为了防止 U_Q 和 $u_\Omega(t)$ 对振荡电路的影响，在电路中接入了 L_1 和 C_4。其中 L_1 为高频扼流圈，它对调制信号 $u_\Omega(t)$ 和静态电压 U_Q 阻抗近似为零，视为短路。而对高频电压阻抗很大，视为开路。C_2 为高频滤波电容。电容 C_1、C_4 有隔直作用，电容 C_4 防止电感 L_2 将信号 $u_\Omega(t)$ 和 U_Q 短路。变容二极管两端的电压 $u_D = U_Q + u_\Omega(t)$，在此电压作用下，变容二极管的结电容 C_j 将随着 $u_\Omega(t)$ 的变化而变化。

2) 变容二极管直接调频电路

图6-15 所示是某通信机的变容二极管直接调频电路。图6-15中电阻 $R_1 = 10k\Omega$、$R_2 = 4.3k\Omega$、$R_3 = 1k\Omega$；电容 $C_1 = 1000pF$、$C_2 = 10pF$、$C_3 = 15pF$、$C_4 = 15pF$、$C_5 = 33pF$、

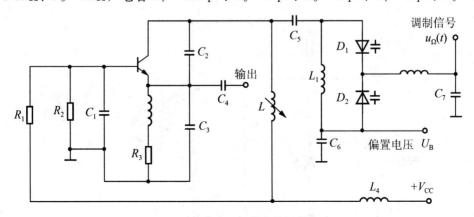

图6-15 变容二极管直接调频电路

$C_6=1000\text{pF}$、$C_7=1000\text{pF}$；电感 $L_1=12\mu\text{H}$、$L_2=12\mu\text{H}$、$L_3=12\mu\text{H}$、$L_4=20\mu\text{H}$；变容二极管 D_1、D_2 型号为 $2\times2\text{CC1E}$。它的基本电路是电容三点式振荡器，图 6-16 为其高频等效电路。

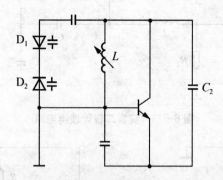

图 6-16　变容二极管直接调频交流等效电路

图 6-15 中，调制信号 $u_\Omega(t)$、偏置电压 $-U_B$ 以及变容二极管 D_1、D_2、C_5、C_6、C_7、L_1 构成了馈电电路。D_1、D_2 为同极对接的两个变容二极管，直流偏置同时加到两管正极，调制信号经电感加到两管负极，两管构成反向串联组态，可消除某些高频谐波干扰。控制回路的总电容为 D_1、D_2 串联后再与 C_5 串联的值。这样控制电路的总电容随调制信号 $u_\Omega(t)$ 变化，从而实现调频。另外，改变变容二极管的偏置及调节电感 L，可使电路的中心频率在 $50\sim100\text{MHz}$ 范围内变化。

3）晶体振荡器直接调频电路

在前面章节讨论了石英晶体振荡器的幅频特性曲线，从特性曲线可以看出，石英晶体振荡器有两个谐振频率，即串联谐振频率 f_s 和并联谐振频率 f_p，当工作频率 f 满足 $f_s<f<f_p$ 时，石英晶体振荡器等效于一个电感（其品质因数远高于普通导线组成的电感），超出这一范围即表现为电容，利用谐振器这一特性可构成频率稳定的振荡电路。

图 6-17 所示为晶体振荡器直接调频电路。图 6-17 中 BT 为晶体振荡器，C_j 为变容二极管，型号为 1SV147，VT 为高频三极管，各电阻和电容的数值如下：$R_1=2.2\text{k}\Omega$、$R_2=33\text{k}\Omega$、$R_3=33\text{k}\Omega$、$R_4=100\text{k}\Omega$、$C_1=47\text{pF}$、$C_2=68\text{pF}$。

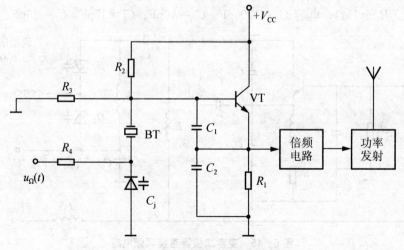

图 6-17　晶体振荡器调频电路

图中高频管 VT、电容 C_1、C_2、晶体 BT、变容管 C_j 组成电容三点式振荡电路，其交流等效电路如图 6-18 所示。谐振时晶体 BT 等效于电感，因此用电感符号表示，变容二极管相当于一可变电容。振荡频率由 LC 谐振频率决定，电容 C_j 与 BT 相串联，振荡频率将随 C_j 容量的变化而变化。

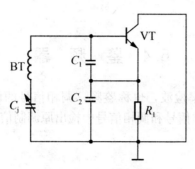

图 6-18　晶体振荡器调频电路交流等效电路

特别提示

当调制信号增大时，变容二极管的反偏电压增加，其电容减小，振荡频率变高；调制信号减小时，变容二极管反偏压减小，电容增大，使振荡频率变低。可见，用调制信号去改变加在变容二极管上的反偏压，就可改变其结电容的大小，从而达到调频的目的。

4）变容二极管间接调频

间接调频的基本方法是：先对调制信号 $u_\Omega(t)$ 积分，将积分后的信号加到调相器对载波调相，从调相器输出的便是对调制信号 $u_\Omega(t)$ 而言的调频信号。

图 6-19(a)所示为变容二极管间接调频电路。在图 6-19 中，电阻 $R_1=10k\Omega$、$R_2=10k\Omega$、$R_3=10k\Omega$、$R_4=100k\Omega$，电容 $C_1=0.02\mu F$、$C_2=0.001\mu F$、$C_3=0.001\mu F$、$C_4=0.001\mu F$。其中 R_2、$R_3=1k\Omega$ 为输入和输出端隔离电阻，电容均为隔直电容，对高频信号而言视为短路，变容二极管 C_j 和电感 L 组成谐振电路。等效电路如图 6-19(b)所示。

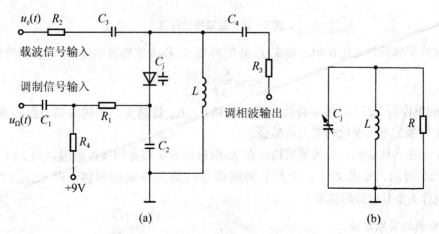

(a)　　　　　　　　　(b)

图 6-19　变容二极管间接调频电路

图 6-19 中 R_1、C_2 组成积分电路，调制信号 $u_\Omega(t)$ 经耦合电容 C_1 加到积分电路，因

此加到变容二极管的信号为调制信号 $u_\Omega(t)$ 积分后的信号，变容二极管的电容 C_j 随该信号变化而变化，从而使振荡回路的谐振频率随该信号变化而变化。实质上，由于高频载波的频率固定不变，高频载波电流在流过谐振频率变化的振荡回路时，由于失谐而产生相移，从而产生高频调相信号电压输出，该输出电压对调制信号 $u_\Omega(t)$ 而言为调频波信号。

6.4 鉴 频 器

调频信号的解调称为频率检波，也称鉴频；调相信号的解调称为相位检波，也称鉴相。它们的作用是分别从调频信号和调相信号中检出原调制信号。

6.4.1 鉴频概述

1. 鉴频特性

鉴频电路的输出电压 u_o 与输入调频信号瞬时频率 f 之间的关系曲线称为鉴频特性曲线，如图 6-20 所示。由图可见，在调频信号中心频率 f_c 上，输出电压 $u_o = 0$，当信号频率偏离中心频率升高、下降时，输出电压将分别向正、负极性方向变化（根据鉴频电路的不同，鉴频特性可与此相反，如图 6-20 中虚线所示）；在中心频率 f_c 附近，u_o 与 f 之间近似为线性关系，当频率偏移过大时，输出电压将会减小。为了获得理想的鉴频效果，通常希望鉴频特性曲线要陡峭且线性范围大。

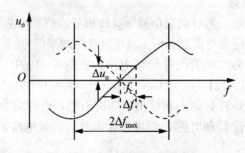

图 6-20　鉴频特性曲线

通常将鉴频特性曲线在中心频率 f_c 处的斜率 S_D 称为鉴频灵敏度（也称鉴频跨导），即

$$S_D = \frac{\Delta u_o}{\Delta f}\bigg|_{f=f_c} \tag{6-31}$$

S_D 的单位为 V/Hz。鉴频特性曲线越陡峭，Δf_{max} 就越大，表明鉴频电路将输入信号频率变化转换为电压变化的能力就越强。

为了不失真地解调，要求鉴频特性在 f_c 附近应有足够宽的线性范围，用 $2\Delta f_{max}$ 表示，如图 6-20 所示。要求 $2\Delta f_{max}$ 应大于调频信号的最大频偏的两倍，即 $2\Delta f_{max} > 2\Delta f_m$。$2\Delta f_{max}$ 也称为鉴频电路的带宽。

2. 鉴频的实现方法

鉴频的方法很多，常用的方法可归纳为以下 4 种。

（1）斜率鉴频器。实现模型如图 6-21 所示。先将等幅调频信号 $u_s(t)$ 送入频率—振幅线性变换网络，变换成幅度与频率成正比变化的调幅—调频信号，然后用包络检波器进行检波，还原出原调制信号。

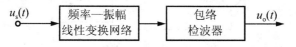

图 6-21　斜率鉴频器实现模型

（2）相位鉴频器。实现模型如图 6-22 所示。先将等幅的调频信号 $u_s(t)$ 送入频率—相位线性变换网络，变换成相位与瞬时频率成正比变化的调相—调频信号，然后通过相位检波器还原出原调制信号。

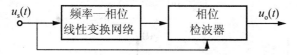

图 6-22　相位鉴频器实现模型

（3）脉冲计数式鉴频器。实现模型如图 6-23 所示。先将等幅的调频信号 $u_s(t)$ 送入非线性变换网络，将它变为调频等宽脉冲序列，该等宽脉冲序列含有反映瞬时频率变化的平均分量，通过低通滤波器就能输出反映平均分量变化的解调电压。

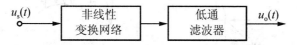

图 6-23　脉冲计数式鉴频器实现模型

（4）锁相鉴频器。利用锁相环路进行鉴频，这种方法在集成电路中应用甚广，锁相鉴频器工作原理将在后面的锁相环路中介绍。

6.4.2　斜率鉴频器

1. 基本原理

把调频信号电流 $i_s(t)$ 加到 LC 并联谐振回路上，如图 6-24(a)所示。将并联回路谐振频率 f_0 调离调频波的中心频率 f_c，使调频信号的中心频率 f_c 工作在谐振曲线一边的 A 点上，如图 6-24(b)所示，这时 LC 并联回路两端电压的振幅为 U_{ma}。当频率变至 $f_c-\Delta f_m$ 时，工作点移到 B 点，回路两端电压的振幅增加到 U_{mb}。当频率变至 $f_c+\Delta f_m$ 时，工作点移到 C 点，回路两端电压振幅减小到 U_{mc}。由此可见，当加到 LC 并联回路的调频信号频率随时间变化时，回路两端电压的振幅也将随时间产生相应的变化，如图 6-24(a)、(b)所示。当调频信号的最大频偏不大时，电压振幅的变化与频率的变化近似成线性关系，所以利用 LC 并联回路谐振曲线的下降（或上升）部分，可使等幅的调频信号变成幅度随频率变化的调频信号。

利用上述原理构成的鉴频器原理电路如图 6-24(c)所示，常称它为单失谐回路斜率鉴频。图中 LC 并联谐振回路调谐在高于或低于调频信号中心频率 f_c 上，从而可将调频信号变成调幅—调频信号。V、R_1、C_1 组成振幅检波器，用它对调幅—调频信号进行振幅检波，即可得到原调制信号 $u_o(t)$。由于谐振回路谐振曲线的线性度差，因此单失谐回路斜率鉴频器输出波形失真大，质量不高，很少使用。

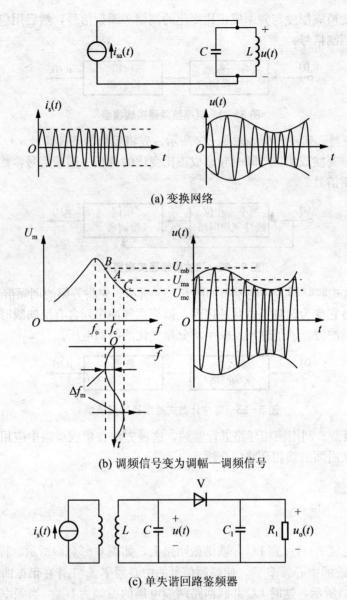

(a) 变换网络

(b) 调频信号变为调幅—调频信号

(c) 单失谐回路鉴频器

图 6 - 24 斜率鉴频器工作原理

2. 双失谐回路斜率鉴频器

为了扩大鉴频特性的线性范围，实用的斜率鉴频器都是采用两个单失谐回路斜率鉴频器构成的平衡电路，如图 6 - 25(a) 所示。图中二侧有两个失谐的并联谐振回路，所以称为双失谐回路斜率鉴频器。其中第一个回路调谐在 f_{01} 上，第二个回路调谐在 f_{02} 上。设 f_{01} 低于调频信号中心频率 f_c，f_{02} 高于 f_c，而且 f_{01} 和 f_{02} 对于 f_c 是对称的，即 $f_c - f_{01} = f_{02} - f_c$，这个差值应大于调频信号的最大频偏。调频信号在回路两端产生的电压 $u_1(t)$ 和 $u_2(t)$ 的幅度分别用 U_{1m} 和 U_{2m} 表示，回路的电压谐振曲线如图 6 - 25(b) 所示，两回路的谐振曲线形状相同。

图 6 - 25(a) 中两个二极管振幅检波电路参数相同，即 $C_1 = C_2$，$R_1 = R_2$，V_1 与 V_2 参数一

致。$u_1(t)$ 和 $u_2(t)$ 分别经二极管检波得到的输出电压为 u_{o1} 和 u_{o2}，它与频率的关系如图 6 - 25 (c)中虚线所示，u_{o1} 与 u_{o2} 的极性相反，鉴频器总的输出电压 $u_o = u_{o1} - u_{o2}$。当调频信号的频率为 f_c 时，由图 6 - 25(b)可见，U_{1m} 与 U_{2m} 大小相等，故检波输出电压 $u_{o1} = u_{o2}$，鉴频器输出电压 $u_o = 0$。当调频波频率为 f_{01} 时，$U_{1m} > U_{2m}$，则 $u_{o1} > u_{o2}$，所以鉴频器输出电压 $u_o > 0$ 为正值，且为最大。当调频信号频率为 f_{02} 时，$U_{1m} < U_{2m}$，则 $u_{o1} < u_{o2}$，所以 $u_o < 0$ 为负最大值。这样可以得到鉴频特性，如图 6 - 25(c)实线所示。实际上它就是图 6 - 25(c)中 u_{o1} 与 u_{o2} 两条曲线相加的结果。由于调频信号频率大于 f_{02} 后，U_{1m} 很小，U_{2m} 随频率的升高而下降，使鉴频器输出电压 u_o 数值减小，所以鉴频特性在 $f > f_{02}$ 后开始弯曲；同理，调频信号频率小于 f_{01} 后，U_{2m} 很小，U_{1m} 随频率的降低而减小，鉴频特性在 $f < f_{01}$ 后也开始弯曲。

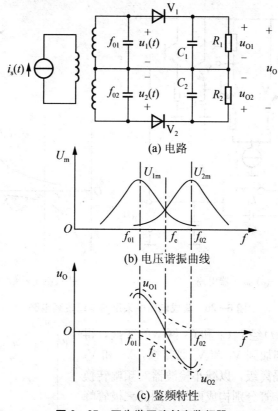

(a) 电路

(b) 电压谐振曲线

(c) 鉴频特性

图 6 - 25　双失谐回路斜率鉴频器

双失谐回路鉴频器由于采用了平衡电路，上、下两个单失谐回路鉴频器特性可相互补偿，使得鉴频器输出电压中的直流分量和低频偶次谐波分量相抵消，故鉴频的非线性失真小，线性范围宽，鉴频灵敏度高。不过，双失谐回路鉴频器鉴频特性的线性范围和线性度与两个回路的谐振频率 f_{01} 和 f_{02} 的配置很有关系。如果 f_{01} 和 f_{02} 偏离 f_c 过大，鉴频特性就会在 f_c 附近出现弯曲，而 f_{01} 与 f_{02} 偏离 f_c 过小，鉴频特性的线性范围又不能得到有效扩展，再加上两个谐振回路相互耦合，所以调整起来不太方便。

3．集成斜率鉴频器电路

在集成电路中，广泛采用的斜率鉴频器电路如图 6 - 26(a)所示。图中 L_1、C_1 和 C_2 为实现频幅变换的线性网络，用来将输入调频信号电压 $u_s(t)$ 转换为两个幅度按瞬时频率变化的调幅—调频信号电压 $u_1(t)$ 和 $u_2(t)$。L_1C_1 并联回路的电抗曲线和 C_2 的电抗曲线示于图 6-26(b)中，f_1 为 L_1C_1 并联回路的谐振频率，f_2 为 $L_1C_1C_2$ 回路的串联谐振频率，即在这个频率上，L_1C_1 并联回路的等效感抗与 C_2 的容抗相等，整个 LC 网络串联谐振，这时回路电流达最大值，故 C_2 上的电压降 $u_2(t)$ 也为最大值，但此时因回路总阻抗接近于 0，所以 $u_1(t)$ 却为最小值。随着频率的升高，C_2 的容抗减小，L_1C_1 回路的等效感抗迅速增大，结果是 $u_2(t)$ 减小，$u_1(t)$ 增大，当频率等于 f_1 时，L_1C_1 回路产生并联谐振，回路阻抗趋于无穷大，此时 $u_1(t)$ 达到最大值而 $u_2(t)$ 为最小值。可见，$u_1(t)$、$u_2(t)$ 的振幅可随输入信号频率的变化而变化。调整回路参数，在 $f=f_c$ 时，使 $u_1(t)$ 和 $u_2(t)$ 振幅相等，这样，可以得到图 6-27 所示的 $u_1(t)$ 和 $u_2(t)$ 的振幅频率特性曲线。

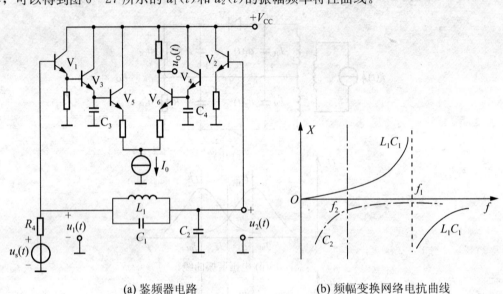

(a) 鉴频器电路　　　　　　(b) 频幅变换网络电抗曲线

图 6-26　集成电路中采用的斜率鉴频电路

输入调频信号 $u_s(t)$ 经 L_1C_1 和 C_2 网络的变换，得到的 $u_1(t)$ 和 $u_2(t)$ 分别加到 V_1 和 V_2 管基极，V_1 和 V_2 管构成射极输出缓冲隔离级，以减小检波器对频幅转换网络的影响。V_3 和 V_4 管分别构成两只相同的三极管峰值检波器，C_3、C_4 为检波滤波电容，V_5、V_6 的输入电阻为检波电阻。检波器的输出解调电压经差分放大器 V_5 和 V_6 放大后，由 V_6 管集电极单端输出，作为鉴频器的输出电压 $u_o(t)$，显然，其值与 $u_1(t)$ 和 $u_2(t)$ 振幅的差值成正比。在 $f=f_c$ 时，$U_{1m}=U_{2m}$，输出电压 $u_o=0$；当 $f>f_c$ 时，$U_{1m}>U_{2m}$，u_o 输出为正；$f<f_c$ 时，$U_{1m}<U_{2m}$，u_o 输出为负。故鉴频器的鉴频特性曲线如图 6-27

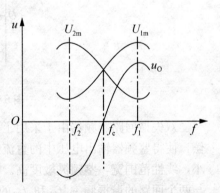

图 6-27　集成斜率鉴频器鉴频特性

所示。这种鉴频器具有良好的鉴频特性，其中间的线性区比较宽，典型值可达 300kHz。

6.4.3　相位鉴频器

利用鉴相器构成的鉴频器称为相位鉴频器。鉴相器有多种实现电路，大体上可归纳为数字鉴相器和模拟鉴相器两大类。模拟鉴相器由模拟电路构成，它广泛用于相位鉴频器中，这类鉴相器又可分为乘积型和叠加型两种。采用乘积型鉴相器构成相位鉴频器的称为乘积型相位鉴频器，它的组成模型如图 6-28(a)所示；采用叠加型鉴相器构成相位鉴频器的称为叠加型相位鉴频器，它的组成模型如图 6-28(b)所示。

1. 乘积型相位鉴频器

1) 单谐振回路频相变换网络

在乘积型相位鉴频器中，广泛采用 LC 单谐振回路作为频率—相位变换网络，其电路如图 6-29(a)所示。

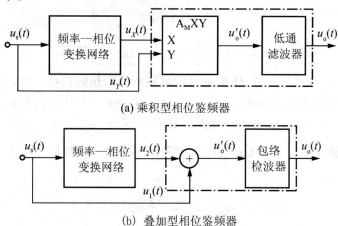

(a) 乘积型相位鉴频器

(b) 叠加型相位鉴频器

图 6-28　相位鉴频器组成模型

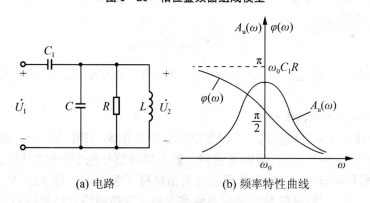

(a) 电路　　　　　　　(b) 频率特性曲线

图 6-29　单谐振回路频滤—相位变换网络

由图 6-29 可写出电路的电压传输系数为

$$A_u(j\omega) = \frac{\dot{U}_2}{\dot{U}_1} = \frac{1/\left(\dfrac{1}{R}+j\omega C-j\dfrac{1}{\omega L}\right)}{\dfrac{1}{j\omega C_1}+1/\left(\dfrac{1}{R}+j\omega C-j\dfrac{1}{\omega L}\right)} = \frac{j\omega C_1}{\dfrac{1}{R}+j\left(\omega C_1+\omega C-\dfrac{1}{\omega L}\right)} \tag{6-32}$$

令

$$\omega_0 = \frac{1}{\sqrt{L(C+C_1)}}, \quad Q_e = \frac{R}{\omega_0 L} \approx \frac{R}{\omega L} \approx \omega(C+C_1)R \tag{6-33}$$

代入式(6-32)，则得

$$A_u(j\omega) = \frac{j\omega C_1 R}{1 + jQ_e\left(\frac{\omega^2}{\omega_0^2} - 1\right)} \tag{6-34}$$

在失谐不太大的情况下，式（6-34）可简化为

$$A_u(j\omega) \approx \frac{j\omega_0 C_1 R}{1 + jQ_e\frac{2(\omega - \omega_0)}{\omega_0}} \tag{6-35}$$

由此可以得到变换网络的幅频特性和相频特性分别为

$$A_u(j\omega) \approx \frac{\omega_0 C_1 R}{\sqrt{1 + \left(2Q_e\frac{\omega - \omega_0}{\omega_0}\right)^2}} \tag{6-36}$$

$$\varphi(\omega) = \frac{\pi}{2} - \arctan\left(2Q_e\frac{\omega - \omega_0}{\omega_0}\right) \tag{6-37}$$

根据式（6-36）和式（6-37）作出网络的幅频特性和相频特性曲线，如图 6-29（b）所示。由图可知，当输入信号频率 $\omega = \omega_0$ 时，$\varphi(\omega) = \pi/2$，当 ω 偏离 ω_0 时，相移 $\varphi(\omega)$ 在 $\pi/2$ 上下变化，$\omega > \omega_0$ 时，随着 ω 增大，$\varphi(\omega)$ 减小；$\omega < \omega_0$ 时，随着 ω 减小，$\varphi(\omega)$ 增大。但只有当失谐量很小，$\arctan\left(2Q_e\frac{\omega - \omega_0}{\omega_0}\right) < \pi/6$ 时，相频特性曲线才近似为线性的。此时

$$\varphi(\omega) \approx \frac{\pi}{2} - \frac{2Q_e}{\omega_0}(\omega - \omega_0) \tag{6-38}$$

若输入 $\dot{U}_1$ 为调频信号，其瞬时角频率 $\omega(t) = \omega_C + \Delta\omega(t)$，且 $\omega_0 = \omega_C$，则式（6-39）可写成

$$\varphi(\omega) \approx \frac{\pi}{2} - \frac{2Q_e}{\omega_0}\Delta\omega(t) \tag{6-39}$$

可见，当调频信号 $\Delta\omega_m$ 较小时，图 6-29（a）所示的变换网络可不失真地完成频率—相位变换。

2）乘积型相位鉴频器电路

图 6-30 所示为某集成电路中乘积型相位鉴频器电路，图中 $V_1 \sim V_7$ 构成双差分对模拟相乘器，R_1、$V_{10} \sim V_{14}$ 为直流偏置电路。输入调频信号经中频限幅放大后，变成大信号，由 1、7 端双端输入，一路信号直接送到相乘器 Y 输入端，即 V_5、V_6 基极；另一路信号经 C_1、C、R、L 组成的单谐振回路频率—相位变换网络，经射极输出器 V_8、V_9 耦合到相乘器 X 输入端。双差分对相乘器采用单端输出，R_C 为负载电阻，经低通滤波器 C_2、R_2、C_3 便可获得所需的解调电压输出。

2. 叠加型相位鉴频器

1）叠加型鉴相器

实际中常采用叠加型平衡鉴相器，电路如图 6-31 所示。图中 V_1、V_2 与 R、C 分别构成两个包络检波电路。设两输入电压分别为 $u_1(t) = U_{1m}\cos(\omega_c t)$，$u_2(t) = U_{2m}\cos\left(\omega_c t - \frac{\pi}{2} + \varphi\right) = U_{2m}\sin(\omega_c t + \varphi)$，由图可见，加到上、下两包络检波电路的输入电压分别为

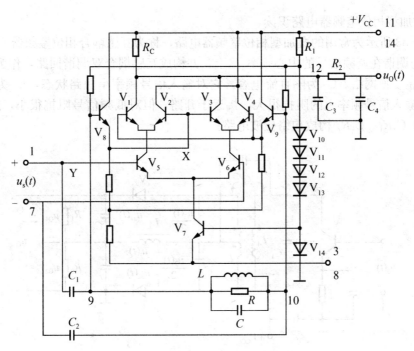

图 6-30 集成电路中相位鉴频器电路

$$u_{s1}(t)=u_1(t)+u_2(t)=U_{1m}\cos \omega_c t+U_{2m}\cos \left(\omega_c t-\frac{\pi}{2}+\varphi\right)$$

$$u_{s2}(t)=u_1(t)-u_2(t)=U_{1m}\cos \omega_c t-U_{2m}\cos \left(\omega_c t-\frac{\pi}{2}+\varphi\right)$$

当 $\varphi=0$ 时，$u_2(t)$ 相位滞后于 $u_1(t)$ 90°，而 $-u_2(t)$ 则超前于 $u_1(t)$ 90°，此时合成电压 U_{s1m} 与 U_{s2m} 相等，经包络检波后输出电压 u_{o1} 与 u_{o2} 大小相等，所以鉴相器输出电压 $u_o=u_{o1}-u_{o2}=0$。

当 $\varphi>0$ 时，$u_2(t)$ 相位滞后于 $u_1(t)$ 小于 90°，而 $-u_2(t)$ 则超前于 $u_1(t)$ 大于 90°，此时合成电压 $U_{s1m}>U_{s2m}$，检波后的电压 $u_{o1}>u_{o2}$，所以鉴相器输出 $u_o=u_{o1}-u_{o2}>0$，为正值，且 φ 越大，输出电压就越大。

当 $\varphi<0$ 时，$u_2(t)$ 相位滞后于 $u_1(t)$ 大于 90°，此时 $U_{s1m}<U_{s2m}$，则 $u_{o1}<u_{o2}$，所以鉴相器输出电压 $u_o=u_{o1}-u_{o2}<0$ 为负值，且 φ 的负值越大，u_o 负值就越大。

由此可得到叠加型平衡鉴相器的鉴相特性，如图 6-32 所示。根据分析，它也具有正弦鉴相特性，而只有当 φ 比较小时，才具有线性鉴相特性。

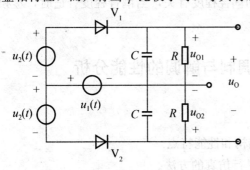

图 6-31 叠加型平衡鉴相器

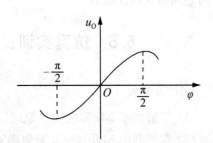

图 6-32 叠加型鉴相器鉴相特性曲线

2）叠加型相位鉴频器电路识读

图 6-33 所示为常用的叠加型相位鉴频器电路，称为互感耦合相位鉴频器。图中 L_1C_1 和 L_2C_2 均调谐在调频信号的中心频率 f_c 上，并构成互感耦合双调谐回路，作为鉴频器的频率—相位变换网络。C_c 为隔直流电容，它对输入信号频率呈短路状态，L_3 为高频扼流圈，它在输入信号频率上的阻抗很大，接近于开路，但对低频信号阻抗很小，近似短路。V_2、V_3 及 C_3R_1、C_4R_2 构成包络检波电路。

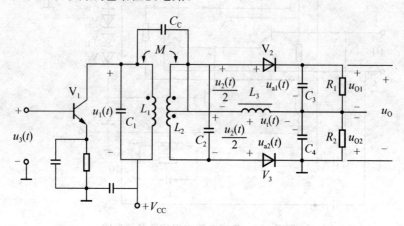

图 6-33　互感耦合回路叠加型相位鉴频器

输入调频信号 $u_S(t)$ 经 V_1 放大后，在一次侧回路 L_1C_1 上的电压为 $u_1(t)$ 感应到二次侧回路 L_2C_2 上产生的电压为 $u_2(t)$，由于 L_2 被中心抽头分成两半，所以对中心抽头来说，每边电压为 $u_2(t)/2$。另外，一次侧电压 $u_1(t)$ 通过 C_c 加到 L_3 上，由于 C_c、C_4 的高频容抗远小于 L_2 的感抗，所以 L_3 上的压降近似等于 $u_1(t)$。因此，由图 6-33 可以看出，加到两个二极管包络检波器的输入电压分别为 $u_{s1}(t)=u_1(t)+u_2(t)/2$，$u_{s2}(t)=u_1(t)-u_2(t)/2$，符合叠加型鉴相器对输入电压的要求。

实际应用中，互感耦合双调谐回路一次侧、二次侧回路一般都是对称的，即 $L_1=L_2$，$C_1=C_2$。当回路调谐在输入调频信号的中心频率 f_c 上时，二次侧回路的输出电压 $u_2(t)$ 与一次回路输入电压 $u_1(t)$ 之间产生 $90°$ 的相移；当输入信号频率小于或大于 f_c 的变化时，$u_2(t)$ 与 $u_1(t)$ 之间的相移将跟随变化，然后经过平衡鉴相器，在输出端获得调频波的解调信号 u_o 输出。其鉴频特性曲线与图 6-32 所示的鉴相特性曲线类似。但耦合回路相位鉴频器的鉴频特性曲线与耦合回路一次、二次间的耦合程度有关，当耦合程度合适时，鉴频特性可达到最大线性范围。

6.5　仿真实训：角度调制与解调的性能分析

1. 仿真目的

（1）了解斜率鉴频器的工作原理、电路结构和性能特点。

（2）掌握利用 Multisim 9 对斜率鉴频器进行仿真的方法。

（3）观察学习鉴频曲线的调整与测量方法。

2. 仿真电路

1) 单失谐回路斜率鉴频电路

打开仿真软件 Multisim 9，创建如图 6-34 所示的电路，设置调频波幅度为 5V，载波频率为 10kHz，调制信号频率为 250Hz。

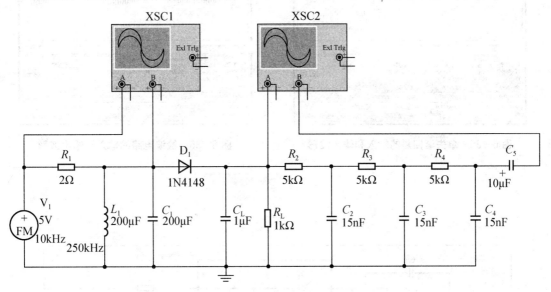

图 6-34　单失谐回路斜率鉴频电路

该鉴频器是由单失谐回路和二极管包络检波器及低通滤波器构成的。信号源 V_1 是中心频率为 10kHz、幅度为 5V、调制信号为 250Hz、调频系数为 5 的调频信号。谐振回路（L_1、C_1）固有频率为

$$\frac{1}{2\pi \sqrt{L_1 C_1}} = \frac{1}{2\pi \sqrt{200 \times 10^{-6} \times 200 \times 10^{-6}}} \approx 800 (\text{Hz})$$

相对调频信号的中心频率而言，处于失谐状态。输入的调频波和经过单失谐回路后输出波形如图 6-35 所示，可见单失谐回路完成了调频波到调频—调幅波的转换。

由 D_1、C_L、R_L 构成包络检波器，D_1 为检波二极管，C_L、R_L 为检波负载。检波电路的输入和输出波形如图 6-36 所示，实现对原调制信号的解调。由于此电路采用负斜率鉴频，在输入和输出波形中，可以看出输入信号的频率稀疏时，输出信号幅度大；相反，输入信号的频率密集时，输出信号幅度小，能很好地完成鉴频。

2) 互感耦合相位鉴频器

打开 Multisim 9，建立图 6-37 所示的互感耦合相位鉴频器电路。其中 V_1 是调频波信号，四踪示波器的 4 个通道分别接在调频信号输入端、互感耦合输出端、鉴频输出端和低通滤波器输出端。

其参数设置如图中所示，打开仿真开关，观察输出波形如图 6-38 所示。显示通道从上到下显示的波形顺序为 A 是调频波信号、B 是互感耦合输出信号、C 是鉴频输出信号和 D 是低通滤波输出信号。

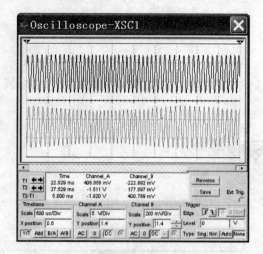

图 6-35　单失谐回路的输入和输出波形

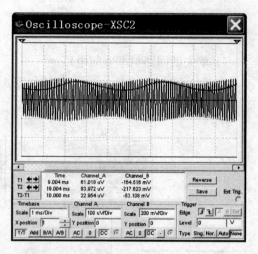

图 6-36　检波电路的输入和输出波形

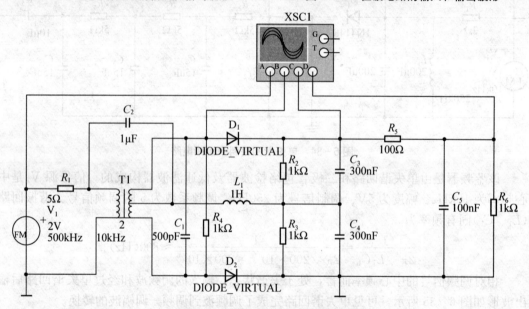

图 6-37　互感耦合相位鉴频器电路

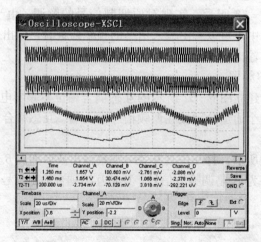

图 6-38　调频波、互感耦合、鉴频和低通滤波输出信号

本 章 小 结

调频信号的瞬时频率变化与调制电压成线性关系，调相信号的瞬时相位变化与调制电压成线性关系，两者都是等幅信号。对于单频调频或调相信号来说，只要调制指数相同，则频谱结构与参数相同。但当调制信号由多个频率分量组成时，相应的调频信号和调相信号的频谱都不相同，而且各自的频谱都并非是单个频率分量调制后所得频谱的简单叠加。这些都说明了非线性频率变换与线性频率变换是不一样的。

最大频偏 Δf_{m}、最大相偏 $\Delta \varphi_{\mathrm{m}}$（即调制指数 m_f 或 m_p）和带宽 BW 是调角信号的 3 个重要参数。要注意区别 Δf_{m} 和 BW 两个不同概念，注意区别调频信号和调相信号中 Δf_{m}、$\Delta \varphi_{\mathrm{m}}$ 与其他参数的不同关系。

直接调频方式可获得较大的线性频偏，但载频稳定度较差；间接调频方式载频稳定度较高，但可获得的线性频偏较小。前者的最大相对频偏受限制，后者的最大绝对频偏受限制。采用晶振、多级单元级联、倍频和混频等措施可改善两种调频方式的载频稳定度或最大线性频偏等性能指标。

斜率鉴频和相位鉴频是两种主要的鉴频方式，其中互感耦合叠加型相位鉴频器鉴频曲线线性较好，灵敏度较高；比例相位鉴频器具有自限幅能力，电路简单，体积小；而差分峰值鉴频和乘积型相位鉴频两种实用电路便于集成、调谐容易、线性性较好，在集成电路中得到了普遍应用。

在鉴频电路中，LC 并联回路作为线性网络，利用其幅频特性和相频特性，分别可将调频信号转换成调频—调幅信号和调频—调相信号，为频率解调准备了条件。在调频电路中，由变容二极管（或其他可变电抗元件）组成的 LC 并联回路作为非线性网络，更是经常用到的关键部件。

限幅电路是鉴频电路前端不可缺少的重要部分，它可以消除叠加在调频信号上面的寄生调幅，从而可减小鉴频失真。

习 题

1. 已知调制信号 $u_{\Omega}=8\cos(2\pi\times10^3 t)\mathrm{V}$，载波输出电压 $u_0=5\cos(2\pi\times10^6 t)\mathrm{V}$，$k_f=2\pi\times10^3\mathrm{rad/s}\cdot\mathrm{V}$，试求调频信号的调频指数 m_f、最大频偏 Δf_m 和有效频谱带宽 BW，写出调频信号表示式。

2. 已知调频信号 $u_0=3\cos[2\pi\times10^7 t+5\sin(2\pi\times10^2 t)]\mathrm{V}$，$k_f=10^3\pi\mathrm{rad/s}\cdot\mathrm{V}$，试求：①该调频信号的最大相位偏移 m_f、最大频偏 Δf_m 和有效频谱带宽 BW；②调制信号和载波输出电压表示式。

3. 已知载波信号 $u_0(t)=U_{\mathrm{m}}\cos(\omega_c t)$，调制信号 $u_{\Omega}(t)$ 为周期性方波，如图 6-39 所示，试画出调频信号、瞬时角频率偏移 $\Delta\omega(t)$ 和瞬时相位偏移 $\Delta\varphi(t)$ 的波形。

4. 调频信号的最大频偏为 75kHz，当调制信号

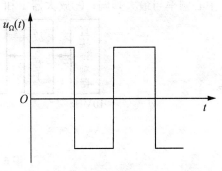

图 6-39 周期性方波

频率分别为 100Hz 和 15kHz 时，求调频信号的 m_f 和 BW。

5. 已知调制信号 $u_\Omega(t) = 6\cos(4\pi \times 10^3 t)$V、载波输出电压 $u_0 = 2\cos(2\pi \times 10^8 t)$V，$k_p = 2$rad/V。试求调相信号的调相指数 m_p、最大频偏 Δf_m 和有效频谱带宽 BW，并写出调相信号的表示式。

6. 设载波为余弦信号，频率 $f_c = 25$MHz、振幅 $U_m = 4$V，调制信号为单频正弦波、频率 $F = 400$Hz，若最大频偏 $\Delta f_m = 10$kHz，试分别写出调频和调相信号表示式。

7. 已知载波电压 $u_0 = 2\cos(2\pi \times 10^7 t)$V，现用低频信号 $u_\Omega(t) = U_{\Omega m}\cos(2\pi F t)$V 对其进行调频和调相，当 $U_{\Omega m} = 5$V、$F = 1$kHz 时，调频和调相指数均为 10rad，求此时调频和调相信号的 Δf_m、BW；若调制信号 $U_{\Omega m}$ 不变，F 分别变为 100Hz 和 10kHz 时，求调频、调相信号的 Δf_m 和 BW。

8. 直接调频电路的振荡回路如图 6-40 所示。变容二极管的参数为 $U_B = 0.6$V，$\gamma = 2$，$C_{j0} = 15$pF。已知 $L = 20\mu$H，$U_Q = 6$V，$u_\Omega = 0.6\cos(10\pi \times 10^3 t)$V，试求调频信号的中心频率 f_c、最大频偏 Δf_m 和调频灵敏度 S_F。

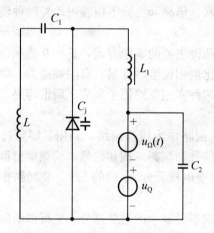

图 6-40　调频振荡回路

9. 调频振荡回路如图 6-40 所示，已知 $L = 2\mu$H，变容二极管参数为：$C_{j0} = 225$pF、$\gamma = 0.5$、$U_B = 0.6$V、$U_Q = 6$V，调制电压为 $u_\Omega = 3\cos(2\pi \times 10^4 t)$V。试求调频波的：①载频；②由调制信号引起的载频漂移；③最大频偏；④调频灵敏度。

10. 某调频设备组成如图 6-41 所示，直接调频器输出调频信号的中心频率为 10MHz，调制信号频率为 1kHz，最大频偏为 1.5kHz。试求：①该设备输出信号 $u_0(t)$ 的中心频率与最大频偏；②放大器 1 和 2 的中心频率和通频带。

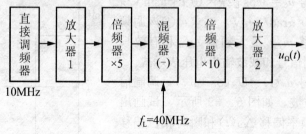

图 6-41　某调频设备组成

11. 在图 6 – 42 所示的互感耦合回路相位鉴频器中，如电路发生下列几种情况，试分析其鉴频特性的变化。①V_2、V_3 极性都接反；②V_2 极性接反；③V_3 开路；④次级线圈 L_2 的两端对调；⑤次级线圈中心抽头不对称。

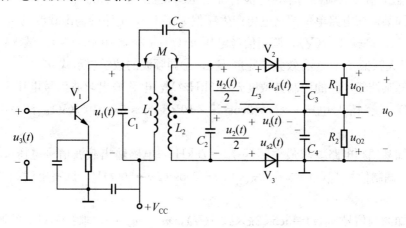

图 6 – 42　互感耦合回路相位鉴频器

12. 晶体鉴频器原理电路如图 6 – 43 所示。试分析该电路的鉴频原理并定性画出其鉴频特性。图中 $R_1 = R_2$，$C_1 = C_2$，V_1 与 V_2 特性相同。调频信号的中心频率 f_c 处于石英晶体串联谐频 f_s 和并联谐频 f_p 中间，在 f_c 频率上，C_0 与石英晶体的等效电感产生串联谐振，$u_1 = u_2$，故鉴频器输出电压 $u_0 = 0$。

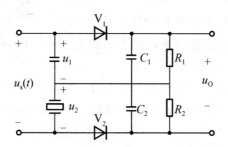

图 6 – 43　晶体鉴频器原理电路图

13. 图 6 – 44 所示的两个电路中，哪个能实现包络检波？哪个能实现鉴频？相应的回路参数应如何配置？

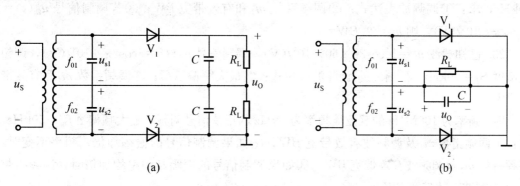

图 6 – 44　题 6.13 图

14. 调角波 $u(t)=10\cos(2\pi\times10^8t+10\cos2000\pi t)$ V，试计算说明：①调角波的载波频率 f_c；②调角波的调制信号频率 F；③最大频偏 Δf_m；④最大相移；⑤信号频谱宽度；⑥在单位电阻上信号的损耗功率；⑦能否确定是调频波还是调相波？

15. 已知某调频电路单位调制电压产生频偏为 $1kHz$，电路的输出载波电压

$u_c(t)=3\cos2\pi\times10^8t$ (V)，调制信号电压 $u_\Omega(t)=2\cos1000\pi t$ (V)。试求：①调频指数 m_f；②最大频偏 f_m；③有效频带宽度 B_{cR}；④调频波的数学表示式 $u(t)$。

16. 已知某调频电路的调制灵敏度 $k_f=3kHz/V$，电路输出载波信号电压 $u_c(t)=3\cos2\pi\times10^8t$ (V)，调制信号电压 $u_\Omega(t)=2\cos2\pi\times10^3t+3\cos6\pi\times10^3t$ (V)。试写出输出调频波的数学表示式 $u(t)$。

17. 已知某调频电路要求最大频偏 $f_m=75kHz$，电路输出载波信号电压 $u_c(t)=5\cos2\pi\times10^8t$ V，调制信号 $u_\Omega(t)=3\cos2\pi\times10^3t+2\cos(2\pi\times500t)$ V，试写出调频波的数学表示式 $u(t)$。

18. 已知调制信号 $u_\Omega(t)=5\cos2\pi\times10^3t$ (V)，$m_f=m_p=6$，求：①对应的调频波与调相波的有效频谱宽度 B_{cR}；②若 $U_{\Omega m}$ 不变，F 增大一倍，两种已调波的有效频谱宽度如何变化？③若 F 不变，$U_{\Omega m}$ 增大一倍，两种已调波的有效频谱宽度又如何变化？④若 $U_{\Omega m}$ 和 F 都增大一倍，两种已调波的有效频谱宽度又如何变化？

19. 某调频电路的调制灵敏度 $k_f=2kHz/V$，调制信号电压 $u_\Omega(t)=5\cos2\pi\times10^3t$ (V)，电路载波输出电压 $u_c(t)=2\cos10\pi\times10^6t$ (V)，试求：①调频电路输出调频波的数学表示式，最大频偏、载波频率和调制信号频率；②输出调频波经过 12 倍频后，其最大频偏、载波频率、调制信号频率和数学表示式怎样变化？（设 12 倍频器的电压传输系数为 A）。

20. 已知调频信号 $u_{FM}(t)=100\cos(2\pi\times10^8t+20\sin2\pi\times10^3t)$ (mV)求：①载波频率 f_c，调制信号频率 F 和调频指数 m_f；②最大频偏 Δf_m；③调频波有效带宽 BW。

21. 给定调频波的中心频率 $f_c=50MHz$，最大频偏 $\Delta f_m=75kHz$，求：①当调制信号频率 $F=300Hz$ 时，调频指数 m_f 及调频波有效带宽 BW；②当调制信号频率 $F=15kHz$ 时，调频指数 m_f 及调频波有效带宽 BW。

22. 载波 $u_C=5\cos2\pi\times10^8t$ (V)，调制信号 $u_\Omega(t)=\cos2\pi\times10^3t$ (V)，最大频偏 $\Delta f_m=20kHz$，求：①调频波表达式；②调频系数 m_f 和有效带宽 BW；③若调制信号 $u_\Omega(t)=3\cos2\pi\times10^3t$ (V)，则 $m_f=?$ $BW=?$

23. 已知载波 $u_C=10\cos2\pi\times50\times10^6t$ (V)，调制信号 $u_\Omega(t)=5\cos2\pi\times10^3t$ (V)，调频灵敏度 $S_f=10kHz/V$，求：①调频波表达式；②最大频偏 Δf_m；③调频系数 m_f 和有效带宽 BW。

24. 频率为 $100MHz$ 的载波被频率为 $5kHz$ 的正弦信号调频，最大频偏 $\Delta f_m=50kHz$，求：①调频指数 m_f 及调频波有效带宽 BW；②如果调制信号的振幅加倍，频率不变时，调频指数 m_f 及调频波有效带宽 BW；③如果调制信号的振幅和频率均加倍时，调频指数 m_f 及调频波有效带宽 BW。

25. 已知调频波表达式为 $u(t)=10\cos(2\pi\times50\times10^6t+5\sin2\pi\times10^3t)$ (V)；调频灵敏

度 $S_f=10\text{kHz/V}$，求：①该调频波的最大相位偏移 m_f、最大频偏 Δf 和有效带宽 BW；②写出载波和调制信号的表达式。

26．设载频 $f_c=12\text{MHz}$，载波振幅 $U_{cm}=5\text{V}$，调制信号 $u_\Omega(t)=1.5\cos\pi\times10^3t$，调频灵敏度 $k_f=25\text{kHz/V}$，试求：①调频表达式；②调制信号频率和调频波中心频率；③最大频偏、调频系数和最大相偏；④调制信号频率减半时的最大频偏和相偏；⑤调制信号振幅加倍时的最大频偏和相偏。

第 **7** 章

反馈控制电路

知识目标

通过本章的学习，了解反馈控制电路的类型及基本特性；理解 3 种反馈控制的组成、作用；掌握 3 种反馈控制电路的组成原理与分析方法；了解 3 种反馈控制电路的应用。

能力目标

能 力 目 标	知 识 要 点	相 关 知 识	权重	自测分数
自动增益控制电路	自动增益控制电路的原理分析	AGC 电路的作用与组成、实现 AGC 的方法	40%	
自动频率控制电路	自动频率控制电路的原理分析	AFC 电路的组成、应用	20%	
锁相环电路	锁相环电路的原理分析	PLL 电路的组成、环路方程、捕捉与跟踪	40%	

引言

　　在通信、导航、遥测遥控系统中，由于受发射功率大小、收发距离远近、电波传播衰落等各种因素的影响，接收机所接收的信号强弱变化范围很大，信号最强时与最弱时可相差几十分贝。如果接收机增益不变，则信号太强时会造成接收机饱和或阻塞，而信号太弱时又可能丢失。因此，必须采用自动增益控制电路，使接收机的增益随输入信号强弱而变化。这是接收机中几乎不可缺少的辅助电路。在发射机或其他电子设备中，自动增益控制电路也有广泛的应用。

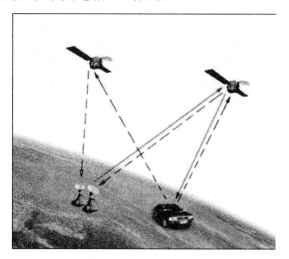

图 7-1　卫星导航示意图

　　图 7-1 为汽车卫星导航示意图。汽车卫星导航系统需要依靠全球定位系统(GPS)来确定汽车的位置。最基本的，GPS 需要知道汽车的经度和纬度。在某些特殊情况下，GPS 还要知道海拔高度才能准确定位。有了这 3 组数据，GPS 定位的准确性经常就可以达到 2～3m。

　　因为 GPS 需要汽车导航系统在同步卫星的直接视线之内才能工作，所以隧道、桥梁或是高层建筑物都会挡住这直接视线，使得导航系统无法工作。再者，导航系统是利用三角、几何的法则来计算汽车位置的，所以汽车至少要同时在 3 个同步卫星的视线之下，才能确定位置。在导航系统直接视线范围内的同步卫星越多，定位就越准确。当然，大多数的同步卫星都是在人口密集的大都市的上空，所以当远离城区时，导航系统的效果就不会太好了，甚至根本就不能工作。

7.1　反馈控制电路概述

　　反馈控制是现实物理过程中的一个基本现象。在各种控制系统中，为准确调整系统或单元的某些状态参数，常采用反馈控制的方法。采用反馈控制的方法稳定放大器增益是反馈控制在电子线路领域最典型的应用之一。在高频电路中，常常需要准确调整放大器的输出电压振幅、混频器的本振频率、振荡信号的频率或相位等。采用反馈控制的方法来稳定这些电路状态参数的方法有以下几种，一是自动增益控制(Automatic Gain Control，AGC)，又称自动电平控制电路，需要比较和调节的变量为电流和电压，用来控制输出信号的幅度；二是自动频率控制(Automatic Frequency Control，AFC)，需要比较和调节的参量为频率，用于维持工作频率的稳定；三是自动相位控制(Automatic Phase Control，

APC，由于和后面的自动功率控制重名，故用 PLL 表示），需要比较和调节的参量为相位。自动相位控制电路又称为锁相环路(Phase Locked Loop，PLL)，它用于锁定相位，是一种应用很广的反馈控制电路。利用锁相环路可以实现许多功能，尤其是利用锁相原理构成频率合成器，是现代通信系统重要的组成部分；四是自动功率控制(Automatic Power Control，APC)，主要用于移动通信，它可以解决同一无线通信系统内，多台发射机发射的射频信号发生强信号抑制弱信号的问题。

　　为稳定系统状态而采用的反馈控制系统应是一个负反馈系统或称负反馈环路，它由图 7-2 所示的 3 部分组成。图中输出就是需准确调整的状态参数，而输入是被跟踪的基准。比较器鉴别出输入与输出之间的误差；处理机构根据跟踪精度、反应速度和系统稳定性等要求对误差信号进行放大和滤波等处理；执行机构根据处理结果调整系统状态。系统的功能就是使输出状态跟踪输入信号或它的平均值的变化。控制过程总是使调整后的误差以与起始误差相反的方向变化，结果误差的绝对值越来越小，最终趋向于一个极限值。

图 7-2　反馈控制系统

　　必须指出，跟踪功能的实现是以反馈系统工作稳定为条件的。保证系统稳定的关键是在任何条件下误差的形成必须是输入减输出。若比较器用输出减输入，则这种反馈被称为正反馈。若系统在某种条件下出现正反馈，则输出幅度会无限增加或振荡，即系统不稳定。前面介绍的各种振荡器就是一种正反馈系统。

7.2　自动增益控制电路(AGC)

　　自动增益控制电路是接收机中不可缺少的辅助电路，同时，它在发射机和其他电子设备中也有广泛的应用。

7.2.1　自动增益控制电路组成及工作原理

　　自动增益控制电路组成如图 7-3 所示。图中可控增益放大器用于放大输入信号 u_i，其增益是可变的，它的大小取决于控制电压 U_c。振幅检波器、直流放大器和比较器构成反馈控制器。放大器输出的交流信号经振幅检波器变换成直流信号，通过直流放大器的放大，在比较器中与参考电平 U_R 相比较而产生一直流电压 U_c。可见，图 7-3 所示的电路构成了一个闭合环路。若输入电压 u_i 的幅度增加而使输出电压 u_o 幅度增加时，通过反馈控制器产生一控制电压，使 A_u 减小；当 u_i 幅度减小，使 u_o 幅度减小时，反馈控制器即产生一控制信号使 A_u 增加。这样，通过环路的反馈控制作用，可使输入信号幅度 u_i 增大或减小时，输出信号幅度保持恒定或仅在很小的范围内变化，这就是自动增益控制电路的作用。

　　在无线通信中，因接收电台的不同、通信距离的变化、电磁波传播信道的衰减量变化以及接收机环境变化等，接收机接收到的信号强度均会发生很大的波动。可以设想，如果接收机的增益不变，输入信号幅度在很大范围内变化时，输出信号的幅度也将发生同样比例的变化，在强信号时就有可能使接收机过载而导致阻塞，在弱信号时，则又有可能造成信号的丢失。为了克服这一缺点，可采用自动增益控制电路，使接收机的增益随着输入信号的强弱而变化，即输入信号弱时，接收机增益升高；输入信号强时，接收机增益减小，以补偿输入信号强弱的影响，达到减小输出电平变化的目的。所以，为了提高接收机的性能，AGC 电路在接收机中几乎是不可缺少的辅助电路。

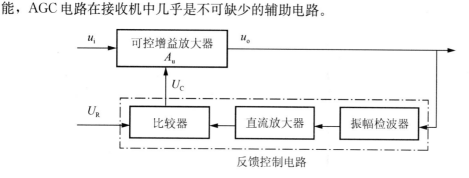

图 7-3　自动增益控制电路

图 7-4 所示为调幅接收机的自动增益控制电路结构框图。图中各级放大器(包括混频器)组成环路可控增益放大器，检波器和 RC 低通滤波器组成环路的反馈控制器。由于检波器输出的信号电压主要由两部分组成：一部分是低频信号电压，它反映输入调幅波的包络变化规律；另一部分则是随输入载波幅度作相应变化的直流信号电压。与输出低频信号相比较，反映载波幅度的输出直流电压的变化是极为缓慢的，因而在检波器输出端用一级具有较大时间常数的 RC 低通滤波器，就能滤除低频信号电压，把该直流电压取出来加到各被控级(高放、中放级)，用以改变被控级的增益，从而使接收机的增益随输入信号的强弱而变化，实现了 AGC 作用。

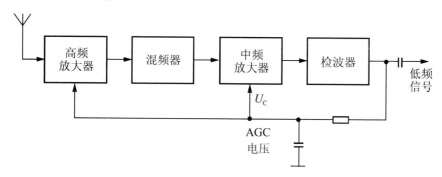

图 7-4　具有简单 AGC 电路的调幅接收机框图

在图 7-4 所示的简单 AGC 电路中，当接收机一有输入信号，AGC 电路就会立即起控制作用，接收机的增益因受控而降低，这对接收弱信号是不利的。为了克服这一缺点，可采用图 7-5(a)所示的延迟式 AGC 电路，图中单独设置提供 AGC 电压的 AGC 检波器。其延迟特性由加在 AGC 检波器上的附加偏压 U_R(参考电平)来实现。当检波器输入信号幅度小于 U_R 时，AGC 检波器不工作，AGC 电压为零，AGC 不起控制作用。当 AGC 检波器输入信号幅度大于 U_R 时，AGC 电路才起作用，其控制特性如图 7-5(b)所示。

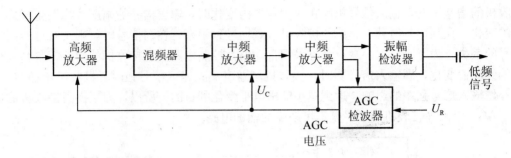

(a) 框图

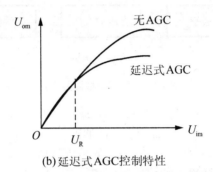

(b) 延迟式 AGC 控制特性

图 7-5　具有延迟式 AGC 电路的接收机

7.2.2　AGC 电压的产生及控制原理

1. AGC 电压的产生

接收机的 AGC 电压大都是利用它的中频输出信号经检波后产生的。按照 AGC 电压产生的方法不同，有平均值式 AGC 电路、延迟式 AGC 电路等。

1) 平均值式 AGC 电路

平均值式 AGC 电路是利用检波器输出电压中的平均直流分量作为 AGC 电压的，图 7-6 所示为典型的平均值式 AGC 电路，常用于超外差收音机电路中。

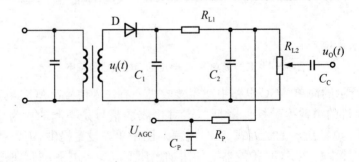

图 7-6　平均值式 AGC 电路

该电路由 D、C_1、C_2、R_{L1}、R_{L2} 构成大信号峰值包络检波器。中频信号 $u_i(t)$ 经检波后，在负载 R_{L2} 两端得到原调制信号和直流成分，其中一路经 C_c 耦合送至低频放大器，得

到调制信号 $u_\Omega(t)$（收音机中即为音频信号）。另一路经 R_p、C_p 组成的低通滤波器，得到直流电压 U_{AGC}，去控制中放级的增益。由于此电路中得到的 U_{AGC} 为检波输出电压中的平均值，因此称为平均值式 AGC 电路。

特别提示

低通滤波器的 R_p、C_p 值要正确地选择。若 $\tau = R_p C_p$ 太小，则 AGC 电压中还含有残余的低频调制信号分量，U_{AGC} 将随外来信号的包络变化，这样会使放大器产生额外的反馈作用，从而使调幅波受到反调制；若 $\tau = R_p C_p$ 太大，则 U_{AGC} 跟不上外来信号的变化，接收机的增益得不到及时的调整，失去应有的 AGC 作用。一般选择 $R_p C_p = 5 \sim 10 \mu s$。

2）延迟式 AGC 电路

图 7-7 所示为电视机采用的峰值延迟式 AGC 控制框图。

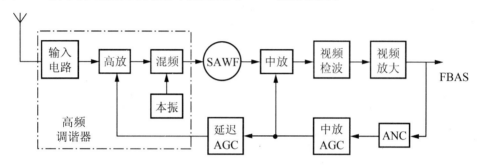

图 7-7　电视机 AGC 控制框图

在电视接收机中，通常由声表面波滤波器（SAWF）和 IC 内的中放构成集成宽带放大器，中放通常由三级双差分放大电路组成。AGC 电路由 AGC 检波和 AGC 放大电路组成。AGC 检波采用峰值 AGC 检波电路，先将视频信号中的同步脉冲切割出来加以放大，然后对同步脉冲进行平均值检波。

AGC 检出电压按不同比例分送三级中放，根据信号的强度，从第三级到第二级、第一级依次控制三级中放的增益。当电视信号增强至中放增益已不能再减小时，高放 AGC 起控，去控制高频调谐器内高放级的增益。在电路中都设置调整高放 AGC 起控点的电路，从而准确地完成延迟式 AGC 控制。

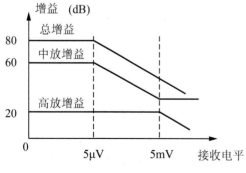

图 7-8　延迟 AGC 特性曲线

延迟 AGC 特性曲线如图 7-8 所示。当接收信号电平较低（$0 \sim 5\mu V$）时，高放、中放 AGC 均不起作用，高放、中放的增益均为最大，总增益也最大；当接收电平升到 $5\mu V$ 时，中放 AGC 起控，随接收电平上升，中放增益下降，且高放增益最大（不变），总增益下降；当接收电平升到 $5mV$ 时，中放 AGC 控制不了，中放增益降至最小，此时高放 AGC 起控，随接收电平上升，高放增益下降，总增益下降。

采用这种延迟 AGC 分段控制，自动调节中放和高放的增益，可以提高信噪比。例如，电视机接收强弱不同的电视信号时，采用延迟 AGC 可使检波电路输出的视频信号幅度保持稳定。

2. 实现 AGC 的方法

1）改变发射极电流 I_E

这是在分立元件组成的接收机电路中常用实现 AGC 的方法。由于放大器的增益与晶体管参数 β 有关，而 β 又与晶体管的工作点电流 I_E 有密切关系，因此可以通过改变 I_E 来控制放大器的增益。

（1）AGC 的控制方式。图 7-9 所示为 AGC 管的 β ～I_E 曲线。改变 I_E 可达到改变 β 的值，完成 AGC 作用。通常用的有两种控制方式，一种是 I_E 增大，β 减小，即为正向 AGC 控制；另一种是 I_E 减小，β 减小，即为反向 AGC 控制。

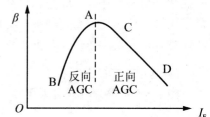

图 7-9　AGC 管的 β～I_E 曲线

（2）电路举例。在分立元件 AGC 控制电路中，经常采用正向、反向 AGC 控制方式，图 7-10(a) 所示为正向 AGC 控制电路，图 7-10(b) 所示为反向 AGC 控制电路。

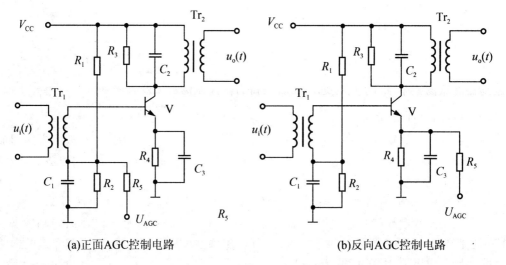

(a)正面AGC控制电路　　　　　　　　　　(b)反向AGC控制电路

图 7-10　正向与反向 AGC 控制电路

在图 7-10(a) 中，U_{AGC} 通过 R_5、Tr_1 次级绕组加至晶体管基极，可产生

$$U_{AGC} \downarrow \rightarrow U_{BE} \downarrow \rightarrow I_B \downarrow \rightarrow I_C \downarrow \rightarrow I_E \downarrow \rightarrow \beta \downarrow$$

从而实现正向 AGC 控制。

在图 7-10(b) 中，U_{AGC} 通过 R_5 加至晶体管发射极，产生

$$U_{AGC} \uparrow \rightarrow U_{BE} \uparrow \rightarrow I_B \uparrow \rightarrow I_C \uparrow \rightarrow I_E \uparrow \rightarrow \beta \downarrow$$

从而实现反向 AGC 控制。

2）改变放大器的负载

这是在集成电路组成的接收机中常用的实现 AGC 的方法。由于放大器的增益与负载密切相关，因此通过改变负载就可以控制放大器的增益。在集成电路中，受控放大器的部分负载常是晶体管的射极输入电阻，若用 AGC 电压控制管子的偏流，则该电阻也随着改

变，从而达到控制放大器增益的目的。

7.3　自动频率控制电路(AFC)

在通信和各种电子设备中，频率是否稳定将直接影响到系统的性能，工程上常采用自动频率控制电路来自动调节振荡器的频率，使之稳定在某一预期的标准频率附近。

7.3.1　AFC原理

图 7-11 所示为 AFC 电路的原理框图，它由鉴频器、低通滤波器和压控振荡器组成，f_r 为标准频率，f_o 为输出信号频率。

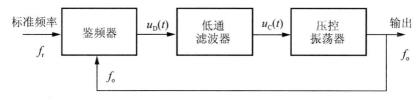

图 7-11　AFC 电路原理框图

由图 7-11 可见，压控振荡器的输出频率 f_o 与标准频率 f_r 在鉴频器中进行比较，当 $f_o = f_r$ 时，鉴频器无输出，压控振荡器不受影响；当 $f_o \neq f_r$ 时，鉴频器即有误差电压输出，其大小正比于 $f_o - f_r$，低通滤波器滤除交流成分，输出的直流控制电压 $u_C(t)$ 迫使压控振荡器的振荡频率 f_o 向 f_r 接近；而后在新的压控振荡器振荡频率基础上，再经历上述同样的过程，使误差频率进一步减小，如此循环下去，最后 f_o 和 f_r 的误差减小到某一最小值 Δf 时，自动微调过程即停止，环路进入锁定状态。就是说，环路在锁定状态时，压控振荡器输出信号频率等于 $f_r + \Delta f$，Δf 称为剩余频率误差，简称剩余频差。这时，压控振荡器由剩余频差 Δf 通过鉴频器产生的控制电压作用下，使其振荡频率保持在 $f_r + \Delta f$ 上。自动频率控制电路通过自身的调节，可以将原先因压控振荡器不稳定而引起较大起始频差减小到较小的剩余频差 Δf。由于自动频率微调过程是利用误差信号的反馈作用来控制压控振荡器的振荡频率的，而误差信号是由鉴频器产生的，因而达到最后稳定状态，即锁定状态时，两个频率不能完全相等，必须有剩余频差 Δf 存在，这就是 AFC 电路的缺点。当然，要求剩余频差 Δf 越小越好。自动频率控制电路的剩余频差的大小取决于鉴频器和压控振荡器的特性。鉴频特性和压控振荡器的控制特性斜率值越大，环路锁定所需要的剩余频差也就越小。

7.3.2　AFC应用

自动频率控制电路广泛用作接收机和发射机中的自动频率微调电路。图 7-12 所示是采用 AFC 电路的调幅接收机组成框图，它比普通调幅接收机增加了限幅鉴频器、低通滤波器和放大器等部分，同时将本机振荡器改为压控振荡器。混频器输出的中频信号经中频放大器放大后，除送到包络检波器外，还送到限幅鉴频器进行鉴频。由于鉴频器中心频率调在规定的中频频率 f_I 上，鉴频器就可将偏离于中频的频率误差变换成电压，该电压通过窄带低通滤波器和放大后作用到压控振荡器上，压控振荡器的振荡频率发生变化，使偏离于中频的频率误差减小。这样，在 AFC 电路的作用下，接收机的输入调幅信号的载波频率和压控振荡器频率之差接近于中频。因此，采用 AFC 电路后，中频放大器的带宽可以减小，从而有利于提高接收机的灵敏度和选择性。

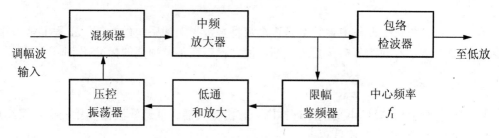

图 7 - 12 调幅接收机中的 AFC 系统

图 7 - 13 所示是采用 AFC 电路的调频发射机组成框图。图中晶体振荡器是参考频率信号源，其频率为 f_r，频率稳定度很高，作为 AFC 电路的标准频率；调频振荡器的标称中心频率为 f_c；鉴频器的中心频率调整在 $f_r - f_c$ 上，由于 f_c 稳定度很高，当调频振荡器中心频率发生漂移时，混频器输出的频差也跟随变化，使限幅鉴频器输出电压发生变化，经低通滤波器滤除调制频率分量后，将反映调频波中心频率漂移程度的缓慢变化电压加到调频振荡器上，调节其振荡频率使之中心频率漂移减小，稳定度提高。

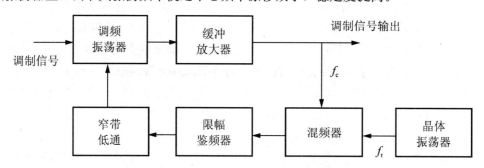

图 7 - 13 具有 AFC 电路的调频发射机框图

7.4 锁相环路(PLL)

锁相环路也是一种以消除频率误差为目的的自动控制电路，但它不是直接利用频率误差信号电压，而是利用相位误差信号电压去消除频率误差。

目前，锁相环路在滤波、频率综合、调制与解调、信号检测等许多技术领域获得了广泛的应用，在模拟与数字通信系统中已成为不可缺少的基本部件。

7.4.1 锁相环路的工作原理

锁相环路基本组成如图 7 - 14 所示，它是由鉴相器(PD)、环路滤波器(LF)和压控振荡器(VCO)组成的闭合环路，与 AFC 电路相比较，其差别仅在于鉴相器取代了鉴频器。鉴相器是相位比较部件，它能够检出两个输入信号之间的相位误差，输出反映相位误差的电压 $u_D(t)$。环路低通滤波器用来消除误差信号中的高频分量及噪声，提高系统的稳定性。压控振荡器受控于环路滤波器输出电压 $u_C(t)$，即其振荡频率受 $u_C(t)$ 的控制。

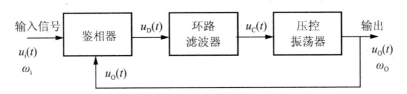

图 7 - 14 锁相环路基本组成

可以知道，若两个正弦信号频率相等，则这两个信号之间的相位差必保持恒定，如图 7 - 15(a)所示。若两个正弦信号频率不相等，则它们之间的瞬时相位差将随时间变化而不断变化，如图 7 - 15(b)所示。换句话说，如果能保证两个信号之间的相位差恒定，则这两个信号频率必相等。锁相环路就是利用两个信号之间的相位误差来控制压控振荡器输出信号的频率，最终使两个信号之间的相位保持恒定，从而达到两个信号频率相等的目的。

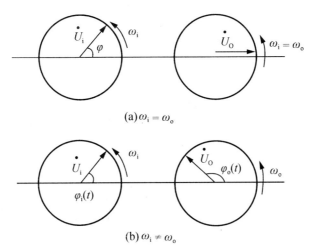

(a)$\omega_i = \omega_o$

(b)$\omega_i \neq \omega_o$

图 7 - 15 两个信号的频率和相位之间的关系

根据上述原理可知，在图 7 - 14 所示的锁相环路中，若压控振荡器的角频率 ω_o 与输入信号角频率 ω_i 不相同，则输入到鉴相器的电压 $u_i(t)$ 和 $u_o(t)$ 之间势必产生相应的相位变化，鉴相器将输出一个与瞬时相位误差成比例的误差电压 $u_D(t)$，经过环路滤波器取出其中缓慢变化的电压 $u_C(t)$，控制压控振荡器的频率，使得 $u_i(t)$、$u_o(t)$ 之间的频率差减小，直到压控振荡器输出信号频率等于输入信号频率、两信号相位差等于常数时，锁相环路进入锁定状态。只要合理选择环路参数，可使环路相位误差达到很小值。

7.4.2 锁相环路的相位模型

锁相环路的性能主要取决于鉴相器、压控振荡器和环路滤波器 3 个基本组成部件，下面先对它们的基本特性予以说明。

1. 鉴相器(PD)

鉴相器是一个相位比较装置，对 $u_i(t)$ 和 $u_o(t)$ 的相位进行比较，产生输出信号，这个信号的电压大小直接反映两个信号相位差的大小，即鉴相器的作用是完成相位差—电压的变换。

设

$$u_i(t) = U_{im} \sin \left[\omega_i t + \varphi_i(t) \right] \tag{7-1}$$

$$u_o(t) = U_{om} \cos \left[\omega_o t + \varphi_o(t) \right] \tag{7-2}$$

以 $\omega_o t$ 为参考相位，则

$$\omega_i t + \varphi_i(t) = \omega_o t + (\omega_i - \omega_o) t + \varphi_i(t)$$

$$= \omega_o t + \Delta\omega_o t + \varphi_i(t) \tag{7-3}$$

其中 $\Delta\omega_o$ 为输入信号角频率和压控振荡器固有角频率之差，称为环路的固有角频差。令

$$\varphi_1(t) = \Delta\omega_o t + \varphi_i(t)$$

则

$$u_i(t) = U_{im} \sin \left[\omega_o t + \varphi_1(t) \right] \tag{7-4}$$

同理令 $\varphi_2(t) = \varphi_o(t)$，则

$$u_o(t) = U_{om} \cos \left[\omega_o t + \varphi_2(t) \right] \tag{7-5}$$

较典型的鉴相器是集成模拟相乘器，其电路符号如图 7-16 所示，经过模拟相乘器相乘的输出电压为

$$u_D(t) = K_m u_i(t) u_o(t)$$

$$= K_m U_{im} \sin \left[\omega_o t + \varphi_1(t) \right] U_{om} \cos \left[\omega_o t + \varphi_2(t) \right]$$

$$= \frac{1}{2} K_m U_{im} U_{om} \sin \left[2\omega_o t + \varphi_1(t) + \varphi_2(t) \right] + \frac{1}{2} K_m U_{im} U_{om} \sin \left[\varphi_1(t) - \varphi_2(t) \right] \tag{7-6}$$

式中：K_m 为相乘因子。

式(7-6)中，由于 $2\omega_o$ 的频率分量远比环路滤波器的截止频率大，因此该项可被环路滤波器滤掉，在环路中不起作用。故鉴相器的输出电压为

$$u_D(t) = \frac{1}{2} K_m U_{im} U_{om} \sin \left[\varphi_1(t) - \varphi_2(t) \right] \tag{7-7}$$

令 $K_d = K_m U_{im} U_{om}$、$\varphi_e(t) = \varphi_1(t) - \varphi_2(t)$，则

$$u_D(t) = K_d \sin \varphi_e(t) \tag{7-8}$$

式中：K_d 为鉴相器的传输系数，它与两相乘电压振幅乘积成正比；$\varphi_e(t)$ 为两相乘电压的瞬时相位差。

因此，鉴相器的输出电压与两个输入电压的瞬时相位差之间的关系是以 2π 为周期的正弦函数关系，如图 7-17 所示，这种鉴相器称为正弦鉴相器。

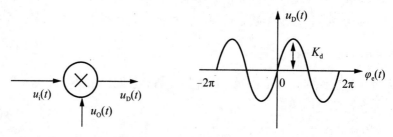

图 7-16 模拟相乘器　　　　图 7-17 正弦鉴相器特性曲线

图 7-18 所示为正弦鉴相器的模型图，它是用一个减法器和一个正弦运算器来表示正弦鉴相器的功能的。

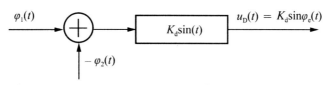

图 7 - 18 正弦鉴相器模型图

鉴相器的作用是将相位误差转化为电压误差输出。若鉴相器的两个输入信号间无相位差，则鉴相器的输出电压为零；若鉴相器的两个输入信号间有相位差，则鉴相器按其特性曲线输出相应的电压。

2. 环路滤波器

环路滤波器为低通滤波器，用来滤除误差电压 $u_D(t)$ 中的高频分量和噪声。此外，由于环路滤波器的传递函数对环路性能有很大影响，因而还可以调整环路滤波器的参数获得环路所需的性能。

环路滤波器输入和输出之间的关系可表示为

$$u_C(t) = F(p)u_D(t) \tag{7-9}$$

式中：$F(p)$ 为传递函数。

图 7 - 19 为环路滤波器的模型图。

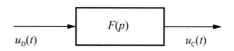

图 7 - 19 环路滤波器模型图

锁相环常见的环路滤波器如图 7 - 20 所示。

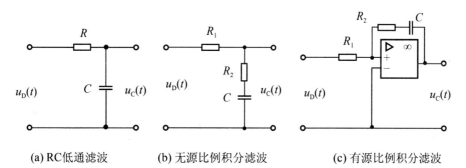

(a) RC低通滤波　　　(b) 无源比例积分滤波　　　(c) 有源比例积分滤波

图 7 - 20 环路滤波器

3. 压控振荡器

压控振荡器是指振荡角频率受控制电压 $u_C(t)$ 控制的振荡器。任何一种振荡器，如 LC 振荡器、RC 振荡器、多谐振荡器等均可构成压控振荡器。

在锁相环中，压控振荡器受环路滤波器输出的控制电压

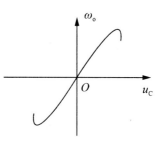

图 7 - 21 压控振荡器特性曲线

$u_C(t)$ 的控制，其振荡频率 $\omega_o(t)$ 随 $u_C(t)$ 而变化，实际起电压—频率变换的作用，压控振荡器的特性曲线如图 7-21 所示。

在线性范围内，控制振荡器的特性可以用下列方程表示：

$$\omega_o(t) = \omega_r + A_o u_C(t) \tag{7-10}$$

式中：$\omega_o(t)$ 为压控振荡器的瞬时角频率；ω_r 为压控振荡器的固有角频率；A_o 表示单位控制电压可使压控振荡器角频率变化的大小，叫作压控振荡器的灵敏度或增益系数。

在锁相环路中，压控振荡器输出对鉴相器起作用的不是瞬时角频率，而是它的瞬时相位，此瞬时相位可由式(7-10)积分获得为

$$\varphi(t) = \int_0^t \omega_o(t)\,dt = \omega_r t + A_o \int_0^t u_C(t)\,dt$$

$$= \omega_r t + \varphi_2(t) \tag{7-11}$$

因此

$$\varphi_2(t) = A_o \int_0^t u_C(t)\,dt \tag{7-12}$$

式中：$\varphi_2(t)$ 表示压控振荡器输出中以 $\omega_r t$ 为参考相位的瞬时相位。由此可见，压控振荡器在锁相环中实际起了一次积分作用。将式(7-12)中的积分符号改用微分算子 $p = \dfrac{d}{dt}$ 表示，则可写为

$$\varphi_2(t) = \frac{A_o}{p} \cdot u_C(t) \tag{7-13}$$

根据式(7-13)可以画出压控振荡器的模型图，如图 7-22 所示，由图可见，压控振荡器具有把电压变化转化为相位变化的功能。

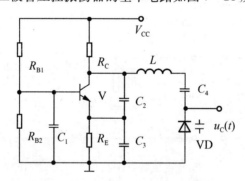

图 7-22　压控振荡器模型图

压控振荡器常见的电路是利用变容二极管实现控制电压对振荡频率的控制，变容二极管压控振荡器的基本电路如图 7-23 所示。

图 7-23　变容二极管压控振荡器

按锁相环的基本构成把鉴相器、环路滤波器和压控振荡器的模型图连接起来，就构成了锁相环路的相位模型，如图 7-24 所示。

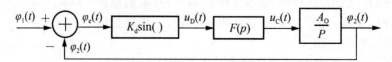

图 7-24　锁相环路相位模型

由图7-24可知，系统的输入信号的相位为 $\varphi_1(t)$，压控振荡器输出信号的相位为 $\varphi_2(t)$，输入信号相位和输出信号相位加到鉴相器上进行比较。该图表示出锁相环路相位的反馈调节关系，因此称为锁相环路的相位模型。根据图7-24可推导出锁相环路的基本方程为

$$\varphi_e(t) = \varphi_1(t) - \frac{A_o}{p} F(p) u_D(t)$$

$$= \varphi_1(t) - \frac{A_o}{p} F(p) K_d \sin \varphi_e(t)$$

$$= \varphi_1(t) - \frac{1}{p} A_o K_d F(p) \sin \varphi_e(t)$$

$$= \varphi_1(t) - \frac{1}{p} K F(p) \sin \varphi_e(t)$$

因此

$$p\varphi_e(t) = p\varphi_1(t) - K F(p) \sin \varphi_e(t) \tag{7-14}$$

式(7-14)给出了环路的输入瞬时相位 $\varphi_1(t)$ 和 $\varphi_e(t)$ 之间的关系，描述了环路整个相位调节的动态关系，完整地描述环路闭合后所发生的控制过程。式(7-14)就是锁相环路的基本方程。

4. 锁相环基本方程分析

设输入信号为

$$u_i(t) = U_{im} \sin [\omega_i t + \varphi_i(t)]$$

若输入信号是为未调载波时，则 $\varphi_i(t) = \varphi_i =$ 常数，设输出信号为

$$u_o(t) = U_{om} \cos [\omega_o t + \varphi_o(t)]$$

两信号之间的瞬时相差为

$$\varphi_e(t) = (\omega_i t + \varphi_i) - [\omega_o t + \varphi_o(t)] \tag{7-15}$$

$$= (\omega_i - \omega_o) t + \varphi_i - \varphi_o(t)$$

由频率和相位之间的关系可得两信号之间的瞬时频差为

$$\frac{d\varphi_e(t)}{dt} = \omega_i - \omega_o - \frac{d\varphi_o(t)}{dt} \tag{7-16}$$

环路锁定之后，两信号之间的相位差表现为一固定稳态值，即

$$\lim_{0 \to t} \frac{d\varphi_e(t)}{dt} = 0 \tag{7-17}$$

此时输出信号的频率偏离了原来的固有振荡角频率 ω_r（即控制电压 $u_C(t) = 0$ 时的频率），其偏移量由式(7-16)、式(7-17)得

$$\frac{d\varphi_o(t)}{dt} = \omega_i - \omega_o \tag{7-18}$$

这时输出信号的工作频率变为

$$\frac{d[\omega_o t + \varphi_o(t)]}{dt} = \omega_o + \frac{d\varphi_o(t)}{dt} = \omega_i \tag{7-19}$$

特别提示

锁相环路是通过对相位的控制来实现对频率的控制的，可以实现无误差的频率跟踪。

它与自动频率控制电路一样都是实现频率跟踪的自动控制电路，但自动频率控制电路只能实现固定频差的频率跟踪。

设环路输入频率 ω_i 和相位 φ_i 均为常数的信号，即
$$u_i(t)=U_{im}\sin\,(\omega_i t+\varphi_i)$$
$$=U_{im}\sin\,[\omega_r t+(\omega_i-\omega_r)t+\varphi_i]$$
式中：ω_r 为控制电压 $u_C(t)=0$ 时 VCO 的固有振荡角频率。

令
$$\varphi_1(t)=(\omega_i-\omega_r)t+\varphi_i$$

则
$$p\varphi_1(t)=\omega_i-\omega_r=\Delta\omega_r \tag{7-20}$$

将式(7-20)带入式(7-14)得固定频率输入的环路基本方程为
$$p\varphi_e(t)=\Delta\omega_r-KF(p)\sin\varphi_e(t) \tag{7-21}$$

等式(7-21)左边 $p\varphi_e(t)$ 称为瞬时频差；等式右边第一项 $\Delta\omega_r$ 称为固有频差；右边第二项 $KF(p)\sin\varphi_e(t)$ 是闭环后 VCO 受控制电压 $u_C(t)$ 作用引起输出振荡角频率 ω_o 相对固有角频率 ω_r 的频差，即 $\omega_o-\omega_r$，称为控制频差。

由式(7-21)可知，在闭环之后的任何时刻存在如下关系。

$$\text{瞬时频差}=\text{固有频差}-\text{控制频差}$$

可表示为

$$\Delta\omega=\Delta\omega_r-\Delta\omega_o$$

即

$$\omega_i-\omega_o=(\omega_i-\omega_r)-(\omega_o-\omega_r)$$

7.4.3　锁相环路的捕捉与跟踪

锁相环路根据初始状态的不同有两种自动调节过程。若环路初始状态是失锁的，通过自身的调节，使压控振荡器频率逐渐向输入信号频率靠近。当达到一定程度后，环路即能进入锁定，这种由失锁进入锁定的过程称为捕捉过程。相应地，能够由失锁进入锁定的最大输入固有频差称为环路的捕捉带，常用 $\Delta\omega_P$ 表示。

若环路初始状态是锁定的，因某种原因使频率发生变化，环路通过自身的调节来维持锁定的过程称为跟踪过程。相应地，能够保持跟踪的输入信号频率与压控振荡器频率最大频差范围称为同步带(又称跟踪带)，常用 $\Delta\omega_H$ 表示。

图7-24中，ω_r 为未加控制电压时 VCO 的振荡角频率。如果使锁相环路输入信号角频率 ω_i 从低频向高频方向缓慢变化，当 $\omega_i=\omega_a$ 时，环路进入锁定跟踪状态，如图7-25(a)所示。然后继续增加 ω_i，VCO 输出信号角频率跟踪输入信号角频率变化，直到 $\omega_i=\omega_b$ 时，环路开始失锁。如再将输入信号角频率 ω_i 从高频向低频方向缓慢变化，当 $\omega_i=\omega_b$ 时，环路并不发生锁定，而要使 ω_i 继续下降到 $\omega_i=\omega_c$ 时，环路才会再度进入锁定，如图7-25(b)所示，此后继续降低 ω_i，VCO 输出信号的角频率又跟踪输入信号角频率变化，当 ω_i 下降到 $\omega_i=\omega_d$ 时，环路又开始失锁。可见，$\omega_d\sim\omega_b$ 为同步带 $\Delta\omega_H$，$\omega_a\sim\omega_c$ 为捕捉带 $\Delta\omega_P$。一般来说，捕捉带与同步带不相等，捕捉带小于同步带。

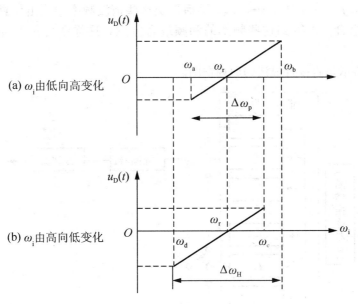

(a) ω_i由低向高变化

(b) ω_i由高向低变化

图 7-25 捕捉带与同步带

7.4.4 锁相环路的特性

锁相环路在正常工作即状态锁定时，具有以下基本特性。

(1) 环路锁定后，没有频率误差。当锁相环路锁定时，压控振荡器的输出频率严格等于输入信号频率，而只有不大的剩余相位误差。

(2) 自动频率跟踪特性。锁相环路锁定时，压控振荡器的输出频率能在一定范围内跟踪输入信号频率变化。

(3) 良好的窄带滤波特性。锁相环路通过环路滤波器的作用后具有窄带滤波特性。当压控振荡器输出信号的频率锁定在输入信号频率上时，位于信号频率附近的频率分量，通过鉴相器变成低频信号而平移到零频率附近，这样，环路滤波器的低通作用对输入信号而言，就相当于一个高频带通滤波器，只要把环路滤波器的通带做得比较窄，整个环路就具有很窄的带通特性。例如，可以在几十兆赫的频率上，做到几赫的带宽，甚至更小。

7.4.5 锁相环频率合成

随着无线电通信技术的迅速发展，对振荡信号源的要求不断提高。不但要求它的频率稳定度和准确度高，而且还要求能方便地改换频率。众所周知，石英晶体振荡器的频率稳定度和准确度是很高的，但改换频率不方便，因此它只适用于某一固定频率场合。LC 振荡器虽然改换频率方便，但频率稳定度和准确度又不够高。能否将这两种振荡器的特点结合起来，既能保证振荡器频率的稳定度与准确度高，同时又能很方便地改换振荡器的工作频率呢？随着频率合成技术的迅速发展，上述要求能得到充分满足。

实现频率合成，有各种不同的方法，但基本上可以归纳为直接合成法与间接合成法（锁相环路法）两大类。

所谓直接合成法，是利用一个晶体振荡器产生的振荡作为基准频率，由它产生一系列的谐波频率，即 f_1，f_2，f_3，$\cdots$，f_m。然后再从这些谐波频率中取出任意两个或两个以上的频率进行组合，以得到这些频率的和频或者差频，这样便可获得所需的任意新频率。

图 7 - 26 所示是直接合成法的原理框图。

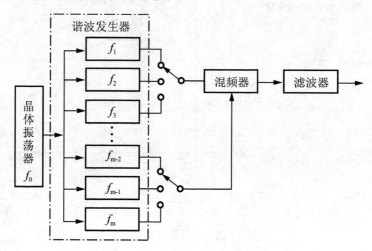

图 7 - 26　直接合成法的原理框图

各部分的作用如下：

1. 晶体振荡器

用来产生高稳定度的标准信号频率 f_0，再将它输送给谐波发生器。

2. 谐波发生器

谐波发生器由倍频器组成，用来产生标准信号频率 f_0 的各次谐波。也就是说，谐波发生器输出信号频率为 mf_0。其中 $m=1$，2，3，4$\cdots$（自然正整数）。

3. 混频器

混频器的作用是产生两个输入信号的和频、差频以及它们各次谐波的和频及差频。例如，在混频器输入端加入两个信号，频率分别为 f_1 和 f_2，通过混频器作用后，在其输出端可得输出信号频率为 $pf_1 \pm qf_2$（p，q 为自然正整数）。

4. 滤波器

滤波器的作用是滤掉不需要的频率，而只让所需要的某一频率或某一个频率范围的信号通过。例如，高通滤波器只允许高频信号通过；低通滤波器只允许低频信号通过；带通滤波器只允许 $f_1 \sim f_2$ 这一频率范围内的信号通过。

如图 7 - 27 所示，从谐波发生器输出频率中取出两个频率，输入到混频器中，在混频器的输出端便存在这两个频率的和频或差频，再通过滤波器把不需要的频率滤掉，从而得到所需要的某一新频率。只要改变混频器的两个输入频率，便可得到任意一个新频率输出。

图 7 - 28 所示的是锁相环路法的一个方案，通过该系统可以得到一系列的稳定频率。具体方法如下。

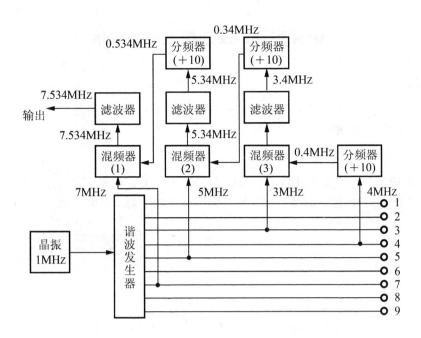

图7-27 直接合成法方案

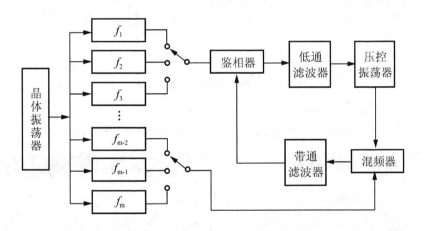

图7-28 锁相环路法频率合成器

由晶体振荡器产生一个标准频率，通过谐波发生器后变成一系列具有同样频率稳定度的谐波频率，即 f_1，f_2，f_3，$\cdots$，f_m。再将压控振荡器的信号与这一组谐波信号中的某一个频率信号同时加到混频器中，在其输出端得到二者的和频及差频，然后通过带通滤波器把不需要的频率滤掉，将所需要的信号频率加到鉴相器中，再从一组谐波信号中选出一个与它频率相同的谐波信号送到鉴相器进行比较，将这两个信号的相差转换成一个电压值，经过低通滤波器滤掉高频取出直流电压，加到压控振荡器中的电压控制元件上，控制压控振荡器的频率。当压控振荡器的频率发生漂移时，其相位也相应地产生了偏移，通过鉴相器的比较，把压控振荡器的频率拉回到初始值上来。

7.5　仿真实训：反馈控制电路性能测试

1. 仿真目的

(1) 掌握锁相环锁相原理，了解用锁相环构成的调频波解调原理。

(2) 学习用集成锁相环构成的调频波信号产生电路。

2. 仿真电路

(1)PLL 应用一：产生 FM 信号，载波为 1V、10kHz，调制信号为 12mV、1kHz。
打开 Multisim 9，建立如图 7-29 所示的锁相环产生调频波电路图。

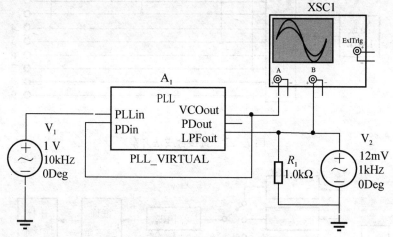

图 7-29　锁相环产生调频波电路图

锁相环产生调频波参数的设置如图 7-30 所示。

设置好示波器相关参数，打开仿真开关，产生的锁相环产生调频波波形图如图 7-31 所示。

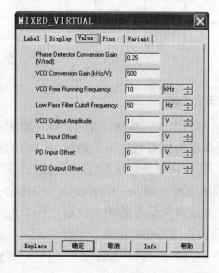 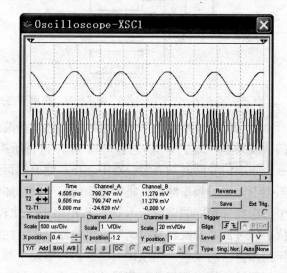

图 7-30　锁相环产生调频波参数设置　　　图 7-31　锁相环产生调频波波形图

(2) PLL 应用二：调频波解调电路，解调信号含有高频寄生振荡。

打开 Multisim 9，建立图 7 - 32 所示的锁相环解调调频波电路图。

锁相环解调调频波参数的设置如图 7 - 33 所示。

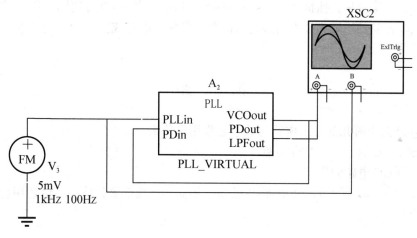

图 7 - 32 锁相环解调调频波电路

设置好示波器相关参数，打开仿真开关，产生的锁相环调频波波形图如图 7 - 34 所示。

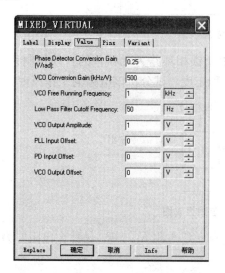

图 7 - 33 锁相环解调调频波参数设置

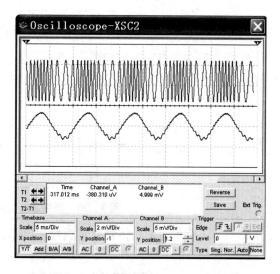

图 7 - 34 锁相环解调调频波波形图

本 章 小 结

AGC 电路是接收机的重要辅助电路之一，它使接收机的输出信号在输入信号变化时能基本稳定，故得到了广泛的应用。

自动频率控制（AFC）也称自动频率微调，是用来控制振荡器的振荡频率以提高频率稳定度的。

锁相环路是利用相位的调节，以消除频率误差的自动控制系统，它由鉴相器、环路滤波器、压控振荡器等组成。

在锁相环路中，由失锁进入锁定的过程称为捕捉过程；环路通过自身的调节来维持锁定的过程称为跟踪过程。捕捉特性可用捕捉带来描述，跟踪特性可用同步带来描述。

锁相频率合成是用锁相技术间接合成高稳定度频率的合成方法，它由基准频率产生器和锁相环路两部分构成。

习　题

1. 锁相环路由哪几部分组成？它的主要作用是什么？

2. 实现 AGC 的方法主要有哪两种？

3. 简述 AGC 电路的作用。

4. 对于图 7‐35 所示的锁相环路，已知鉴相器具有线性鉴相特性，试述用它实现调相信号解调的工作原理。

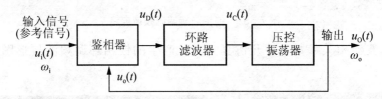

图 7‐35　锁相环路

5. 锁相直接调频电路组成如图 7‐36 所示。由于锁相环路为无频差的自动控制系统，具有精确的频率跟踪特性，故它有很高的中心频率稳定度。试分析该电路的工作原理。

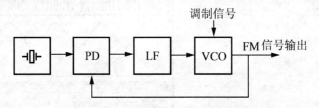

图 7‐36　锁相直接调频电路组成图

6. 图 7‐37 所示为某晶体管收音机检波电路，问：①电阻 R_{L1}、R_{L2} 是什么电阻？为什

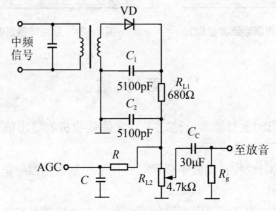

图 7‐37　晶体管收音机检波电路

么要采用这种连接方式？②电路中的元件 R、C 是什么滤波器，其输出的 U_{AGC} 电压有何作用？③若检波二极管 VD 开路，对收音机将会产生什么样的结果，为什么？

7. 锁相环路与自动频率控制电路实现稳频功能时，哪种性能优越？原因是什么？

8. 画出锁相环路的组成框图并简述各部分的作用。

9. 锁相环路调频波解调器原理电路如图 7 - 38 所示，试分析其解调过程。

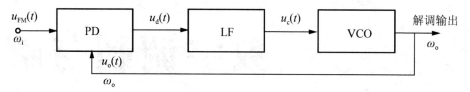

图 7 - 38　锁相环路调频波解调器原理框图

第 8 章

数字调制与解调

↘ 知识目标

通过本章的学习，掌握数字调制的基本概念；理解二进制振幅键控调制的产生方法和解调方法（非相干解调与相干解调法）；掌握二进制移频键控的产生方法（直接调频法和数字键控法）及解调方法（非相干解调、相干解调、单稳态多谐振荡器法）；掌握二进制移相键控、二进制差分移相键控调制与解调的工作原理。

↘ 能力目标

能力目标	知识要点	相关知识	权重	自测分数
数字信号调制的原理与特性	数字基带信号的表示、幅移键控调制（ASK）、频移键控调制（FSK）、相移键控调制（PSK）	数字调制电路的应用	60%	
数字信号解调的原理	2ASK 信号的解调、2FSK 信号的解调、相移键控的解调	2ASK 信号的非相干解调、2ASK 信号的相干解调、绝对调相的解调、相对调相的解调	40%	

引言

　　数字信号指幅度的取值是离散的，幅值表示被限制在有限个数值之内。二进制码就是一种数字信号。二进制码受噪声的影响小，易于由数字电路进行处理，所以得到了广泛的应用。

　　在模拟通信中，为了提高信噪比，需要在信号传输过程中及时对衰减的传输信号进行放大，信号在传输过程中不可避免地叠加上的噪声也被同时放大。随着传输距离的增加，噪声累积越来越多，以致使传输质量严重恶化。

　　对于数字通信，由于数字信号的幅值为有限个离散值(通常取两个幅值)，在传输过程中虽然也受到噪声的干扰，但当信噪比恶化到一定程度时，即在适当的距离采用判决再生的方法，再生成没有噪声干扰的和原发送端一样的数字信号，所以可实现长距离高质量的传输。

　　信息传输的安全性和保密性越来越重要，数字通信的加密处理比模拟通信容易得多，以话音信号为例，经过数字变换后的信号可用简单的数字逻辑运算进行加密、解密处理。

图8-1 数字机顶盒

　　数字通信的信号形式和计算机所用信号一致，都是二进制代码，因此便于与计算机联网，也便于用计算机对数字信号进行存储、处理和交换，可使通信网的管理、维护实现自动化、智能化。

　　基于以上众多优点，越来越多的电子设备采用数字信号进行传输处理，如移动手机、数字电视等，图8-1所示是一款数字机顶盒。

　　数字机顶盒工作在有线电视网络状态下，有线电视网采用模拟传输，因此必须对数字信号进行调制和解调才能在模拟信道传输，调制解调器是系统关键的组成部分。数字电视机顶盒的高频头接收来自有线网的高频信号，通过QAM解调器完成信道解码，从载波中分离出包含音、视频和其他数据信息的传送流。传送流中一般包含多个音、视频流及一些数据信息。解复用器则用来区分不同的节目，提取相应的音、视频流和数据流，送入MPEG-2解码器和相应的解析软件，完成数字信息的还原。对于付费电视，条件接收模块对音、视频流实施解扰，并采用含有识别用户和进行记账功能的智能卡，保证合法用户正常收看。MPEG-2解码器完成音、视频信号的解压缩，经视频编码器和音频D/A变换，还原出模拟音、视频信号。在常规彩色电视机上显示高质量图像，并提供多声道立体声节目。

8.1 数字通信系统概述

　　数字调制与模拟调制相比，无本质上的差异，区别仅在于调制信号一个是数字量，一个是模拟量。基带信号为数字量时对载波信号的调制称为数字调制；基带信号为模拟量时对载波信号的调制称为模拟调制。

　　数字信号调制与模拟信号调制相比具有许多优点，例如抗干扰能力强，易于加密处理，便利于与计算机联网，利用计算机对数字信号进行存储、处理和交换等；同时利于设备的集成化和微型化等。因此，原始的待传输信号为模拟量时，常常通过模数转换将其转换为数字量，然后通过数字通信实现信号的远距离传输，接收后再经数模转换复原为模拟量。这种利用数字调制进行的通信称为数字通信。在现代通信中，数字通信技术得到了广泛应用，移动通信就是一个典型的例子。

　　由于数字信号的离散性，在实现数字信号调制时，除了采用前面讲的一般调制方法外，还可以用键控法来实现，与模拟信号调制类似，根据载波信号受调制的是振幅、频率还是相位，数字调制也分为幅移键控调制(ASK)、频移键控调制(FSK)和相移键控调制

（PSK）。上述 3 类调制也称移幅键控、移频键控和移相键控调制。

幅移键控调制时，载波振幅随基带信号变化。根据基带信号是二进制还是多进制数，幅移键控调制又分二进制幅移键控调制（2ASK）和多进制幅移键控调制（MASK）。类似地，频移键控调制也分二进制频移键控调制（2FSK）和多进制频移键控调制（MFSK），相移键控调制也分二进制相移键控调制（2PSK）和多进制相移键控调制（MPSK），不加说明时，ASK、FSK 和 PSK 常表示二进制幅移、频移和相移键控调制。

上述 3 种基本的调制方法是数字调制的基础，随着大容量、远距离数字通信技术的发展，这 3 种调制方式也暴露出一些不足，例如频谱利用率低、功率谱衰减慢、带外辐射严重等。近十年来又陆续提出了一些新的调制技术，主要有最小频移键控（MSK）、高斯滤波最小频移键控（GMSK）、正交幅度调制（QAM）和正交频分复用调制（OFDM）等。以下着重讨论键控法数字调制。

8.2　数字信号调制原理与特性

8.2.1　数字基带信号表示方法

在讨论幅移键控调制（ASK）之前，首先来了解一下数字基带信号的表示方法。表示数字基带信号常用两种方法：一种是波形图法；另一种是数学表达式法。

由于数字基带信号可以是二进制数，也可以是多进制数，不同进制所对应的信号波形是不相同的。这里仅以二进制数为例，说明如何用波形法表示数字基带信号。常用的方法有两种：单极性波形和双极性波形。图 8 - 2(a)所示的是用单极性波来表示二进制数，其特征是宽度为 T_b 的码位有两种状态，即低电平和高电平，高电平用数字"1"表示，低电平用数字"0"表示；而且电压脉冲都是正的，这种二进制数的脉冲属于单极性波。

图 8 - 2(b)用正电平表示"1"，而负电平表示"0"，这种用正负两种脉冲表示二进制数的方法，称为双极性波。无论单极性还是多极性，信号波形的每个码位都只有两种状态，"高和低"或"正和负"，这类波形称为二元波。用波形来表示二进制数的方法很直观，但不便于进行数字信号的理论分析，下面讨论如何用数学表达式来表示数字基带信号。

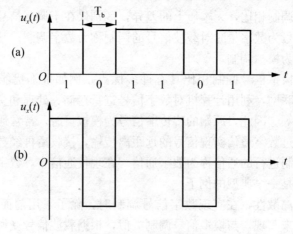

图 8 - 2　二元信号波形

以基带信号为单极性波时进行说明，定义函数

$$g(t) = \begin{cases} 1 & 0 \leqslant t < T_b \\ 0 & \text{其他} \end{cases}$$

式中：T_b 为脉冲宽度。上式表明只有自变量 t 在 $0 \leqslant t < T_b$ 范围内时，$g(t)$ 才等于 1，除此之外都等于零，可见 $g(t)$ 描述的是一个 $1 \sim T_b$ 之间的脉冲，其波形如图 8-3 所示。改变自变量 t，可以得到不同时刻的脉冲，例如 $g(t-T_b)$ 表示的是 T_b 至 $2T_b$ 之间的脉冲，$g(t-3T_b)$ 表示的是 $3T_b$ 至 $4T_b$ 之间的脉冲。

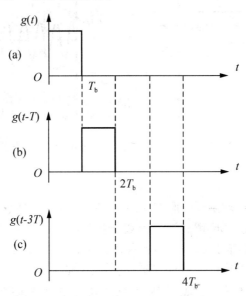

图 8-3 函数 $g(t)$ 表示脉冲波

通过对函数 $g(t)$ 分析可知，数字基带信号可以用数字序列 (a_n) 表示，则

$$S(t) = \sum_n a_n g(t - nT_b) \tag{8-1}$$

式中：a_n 为随机变量，表示数字信息中两种状态，a_n 取 0 或 1；$g(t)$ 为基带信号码元波形，常见的有矩形脉冲、升余弦脉冲、钟形脉冲等；T_b 为码元宽度。

例如，图 8-2(a) 的波形所表示的是二进制数 101101，只要将 $a_0 = 1$，$a_1 = 0$，$a_2 = 1$，$a_3 = 1$，$a_4 = 0$，$a_5 = 1$ 代入式(8-1)，即可得到图 8-2(a) 所示的波形。

8.2.2 幅移键控调制(ASK)

以二进制幅移键控(2ASK)调制的产生为例来说明。

所谓 ASK 调制，就是用数字基带信号去控制高频载波信号的振幅，使其振幅随基带信号变化。即当基带信号为"1"时，已调信号为相应的高频载波信号；当基带信号为"0"时，已调信号为零。常用产生 ASK 调制波的方法有相乘法和开关控制法。

1. 相乘法

相乘法就是将数字基带信号 $S(t)$ 和载波信号输入乘法器相乘，如图 8-4 所示，图中带通滤波器的作用是抑制干扰和带外信号，而只允许 ASK 信号通过，乘法器的输出信号即为已调信号 $u_{ASK}(t)$。

图 8-5 所示为 ASK 信号产生的波形图。图 8-5(a)所示为数字基带信号波形，图 8-5(b)所示为高频载波信号波形；图 8-5(c)所示为相乘后的 ASK 信号波形。可见，ASK 信号是一个断续的波形。

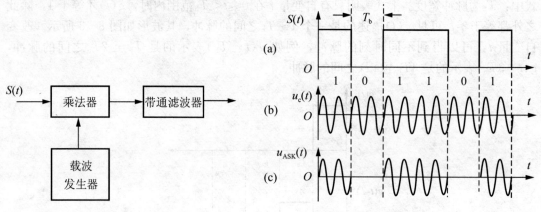

图 8-4 相乘法产生 ASK 波框图

图 8-5 相乘法产生 ASK 信号波形图

2. 开关控制法

开关控制法产生 ASK 调制波的原理如图 8-6 所示，载波信号发生电路产生高频载波信号，经开关控制器形成 ASK 调制波。当数字基带信号 $s(t)$ 为"1"时控制器开关接通，输出高频振荡波；当基带信号为"0"时开关断开，输出信号电平为零。可见，开关控制法产生 ASK 调制波与相乘法产生 ASK 调制波的结果是一样的。

ASK 调制比较简单，容易实现，因此早期无线电报以及某些低速数据传输设备多采用这种方式。其主要缺点是抗干扰能力差，对传输系统电平的稳定度要求高。

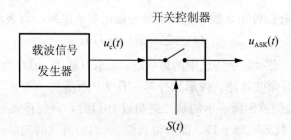

图 8-6 开关控制法产生 ASK 信号框图

8.2.3 频移键控调制(FSK)

二进制频率键控是用数字基带信号的两种状态"0"和"1"去控制载波的频率。状态为"1"，载波频率为 f_1；状态为"0"，载波的频率为 f_2，产生 FSK 信号的原理如图 8-7 所示。f_1、f_2 两个不同频率的信号送入由基带信号控制的开关控制器，当基带信号为"1"时，开关电路接通 K_1，输出信号为 $u_{c1}(t)$，其角频率 f_1；当基带信号为"0"时，开关控制器接通 K_2，输出信号为 $u_{c2}(t)$，其角频率为 f_2，于是得到图 8-8 所示的 FSK 调制波。

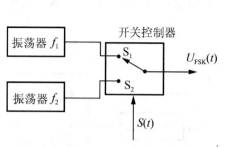

图 8 - 7　FSK 信号产生方框图

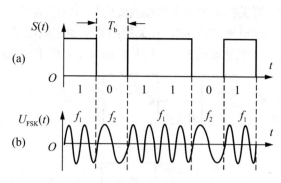

图 8 - 8　FSK 信号波形图

频率键控调制的实现比较容易，设备不太复杂。但信号频带宽度较宽，多用于速度较低的数据传输系统，如低速语音数字传输系统等。

8.2.4　相移键控调制(PSK)

相移键控是用数字基带信号去控制载波的相位。它有两种形式：一种是绝对调相，另一种是相对调相。

1. 绝对调相(PSK)

绝对调相是以载波相位为基准。数字基带信号为"1"时，已调波的相位与载波信号同相，基带信号为"0"时，已调波的相位与载波相差 180°，图 8 - 9 所示为 PSK 信号波形图。产生 PSK 信号的方法也可用相乘法和开关控制法。

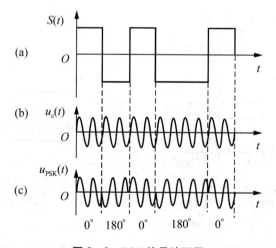

图 8 - 9　PSK 信号波形图

用相乘法产生 PSK 已调信号，基带信号必须是双极性的，如果是单极性数字基带信号，首先将其通过电平转换电路变成双极性数字信号，然后在乘法器中和载波信号相乘，正极性时载波相位不变，负极性时载波相位倒相，于是输出为 PSK 波。图 8 - 10 所示为产生 PSK 信号原理框图。

开关控制法产生 PSK 调制波的原理如图 8 - 11 所示。图中开关控制器有两个输入信号，一个是未倒相载波信号，另一个是经倒相后的载波信号，当基带信号为高电平"1"

时，开关控制器使未倒相载波信号与输出端接通，输出信号与载波信号同相位；当基带信号为低电平"0"时，开关控制器使倒相载波信号与输出端接通，输出信号与载波信号反相位。于是形成了相位随基带信号变化的 PSK 波。

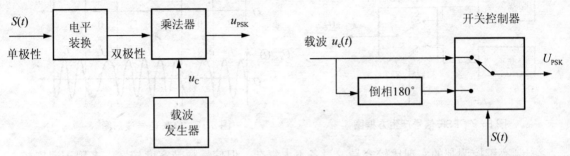

图 8 - 10　相乘法产生 PSK 信号原理框图　　　　图 8 - 11　开关控制法产生 PSK 信号

2. 相对调相（DPSK）

所谓相对调相，是指各码元的载波相位不是以未调制的载波相位为基准，而是以相邻的前一个码元的载波相位为基准去确定后一个码元载波相位的取值。当一个码元取值为"1"时，该码元载波的相位与相邻的前一个码元载波相位相同，即零相移；当码元取值为"0"时，该码元载波的相位与相邻的前一个码元的载波相位相差 180°。相对调相信号（DPSK）波形如图 8 - 12 所示。

相对调相信号的产生方法如图 8 - 13 所示。首先将绝对码通过差分编码电路变换成双极性的差分码，然后与载波相乘即可得到 DPSK 信号。

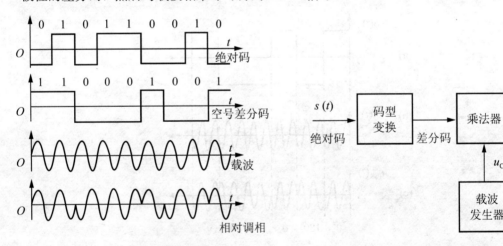

图 8 - 12　DPSK 信号波形图　　　　　　　图 8 - 13　DPSK 信号产生原理框图

 特别提示

相位键控调制与其他调制方式相比，由于相位键控信号中没有载波分量，信号传输的能量利用率较高，性能优于幅移键控和频移键控，广泛应用于数据传输、数字通信和卫星通信等领域。

8.2.5　数字调制电路应用

1. ASK 信号调制电路

利用开关控制法产生 ASK 波的电路如图 8-14 所示，该电路由两部分组成，右边是正弦波振荡电路，左边为开关控制电路。振荡电路由声表面波谐振器 ZC_1、晶体管 VT_1、电容 C_1、C_2、C_3、电阻 R_1、R_2 和电感 L 组成，ZC_1 选用 R315A，振荡频率为 315MHz。电路中电阻 $R_1 = 240\Omega$、$R_2 = 10k$、$R_3 = 5.1k$、$R_4 = 10k$、$R_5 = 1k$、$C_1 = 2pF$、$C_2 = 10pF$、$C_3 = 1000pF$、$C_4 = 1000pF$、电感 $L = 33nH$，晶体管 VT_1 选用 9018，VT_2 选用开关管 3DK9C，VT_1 选用 9014。开关控制电路由晶体管 VT_2、VT_3 及电阻 R_3、R_4、R_5 组成。下面简要分析其工作过程。

电源 V_{CC} 通过晶体管 VT_2 向振荡电路供电，只有晶体管 VT_2 饱和导通时，电源 V_{CC} 为振荡电路提供电源，振荡电路才正常工作。

数字基带信号 $S(t)$ 加到 VT_3 的基极，当 $S(t)$ 为"0"时，晶体管 VT_3 截止，电源 V_{CC} 经电阻 R_3 向 VT_2 提供较大的基极电流使其饱和导通，电源向振荡电路供电，振荡电路工作，输出高频振荡信号；$S(t)$ 为"1"时，VT_3 饱和导通，VT_2 基极电压被拉低接近零电压而截止，振荡电路无直流供电而停止振荡，于是在电路输出端得到 ASK 信号。

上述电路配上发射天线（如图 8-14 中虚线所示），即构成完整的无线发射系统，这种发射系统常用于短距离遥控，例如对玩具、家用电器的遥控。

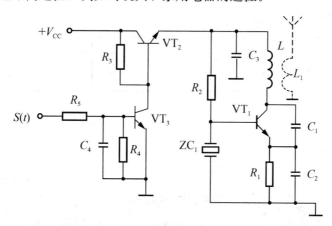

图 8-14　开关控制法产生 ASK 已调波

2. FSK 信号调制电路

图 8-15 所示为直接调频产生 FSK 信号电路。图中主电路是一个变压器耦合的 LC 振荡电路，其振荡频率由 LC 并联谐振回路的振荡频率决定。R_1、VD_1、VD_2 等构成开关控制电路。当数字基带信号 $s(t)$ 为"1"时，VD_1、VD_2 截止，振荡频率由 L 和 C_1 决定；当 $s(t)$ 为"0"时，VD_1、VD_2 导通，振荡频率由 L、C_1、C_2 决定；可见，数字基带信号 $s(t)$ 控制着回路电容的大小，从而实现频率的改变，即电路输出 FSK 信号。

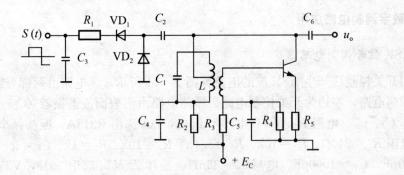

图 8-15　产生 FSK 信号的直接调频电路

8.3　数字信号解调的原理

8.3.1　2ASK 信号的解调

2ASK 信号有两种基本的解调方法，即非相干解调（包络检波法）与相干解调（同步检测法）。简单地说，非相干解调是指接收端不需要恢复载波信号即可实现解调的方法；相干解调则是在接收端必须恢复与发送端一致的载波才能实现解调的方法。

1. 2ASK 信号的非相干解调

2ASK 非相干解调框图如图 8-16 所示。

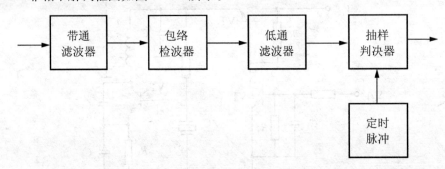

图 8-16　2ASK 非相干解调框图

带通滤波器的作用是使 2ASK 信号完整地通过，经包络检波器后，输出其包络。低通滤波器（LPF）的作用是滤除高频杂波，使基带信号（包络）通过。抽样判决器包括抽样、判决及码元形成，经抽样、判决后将码元再生，即可恢复出数字序列。定时抽样脉冲（位同步信号）是很窄的脉冲，通常位于每个码元的中央位置，其重复周期等于码元的宽度。

2. 2ASK 信号的相干解调

2ASK 相干解调框图如图 8-17 所示。

相干解调就是同步解调，要求接收机产生一个与发送载波同频、同相的本地载波信号，称其为同步载波或相干载波。

设输入信号为 $x(t)=s(t)\cos(\omega_c t+\theta_c)$，本地载波为 $A\cos(\omega_1 t+\theta_1)$，则乘法器输出

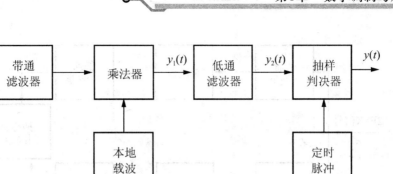

图 8 - 17 2ASK 相干解调框图

$$y_1(t) = s(t)\cos(\omega_c t + \theta_c)A\cos(\omega_1 t + \theta_1)$$
$$= 0.5A\,s(t)\cos\left[(\omega_c - \omega_1)t + (\theta_c - \theta_1)\right] + 0.5As(t)\cos\left[(\omega_c + \omega_1)t + (\theta_c + \theta_1)\right]$$
$$(8 - 2)$$

低通滤波器输出

$$y_1(t) = 0.5A\,ks(t)\cos\left[(\omega_c - \omega_1)t + (\theta_c - \theta_1)\right] \tag{8 - 3}$$

式中：k 为低通滤波器传输系数。

根据相干解调的定义，本地载波应与发送端载波同频、同相，即式(8 - 3)中，$\omega_c - \omega_1 = 0$，$\theta_c - \theta_1 = 0$，最终输出

$$y(t) = 0.5A\,ks(t) \tag{8 - 4}$$

采用同步检波法，接收端必须提供一个与 2ASK 信号载波保持同频、同相的相干振荡信号，可以通过窄带滤波器或锁相环来提取同步载波。显然，提取本地载波会导致设备复杂、实现困难。

 特别提示

对于 2ASK 信号，通常使用包络检波法。包络检波法具有设备简单、稳定性好、可靠性高、价格便宜等优点。

8.3.2 2FSK 信号的解调

2FSK 信号同样有两种基本的解调方法，即非相干解调(包络检波法)与相干解调(同步检测法)。但是，由于从 FSK 信号中提取载波较困难，目前多采用非相干解调的方法，如鉴频法、分路滤波包络检波法、过零点检测法等。

1. 分路滤波包络检波法

分路滤波包络检波法框图如图 8 - 18 所示。

当频移宽度较大时，可把 2FSK 信号看成是两个幅移键控信号的叠加，此时，利用两个中心频率为 f_1、f_2 的带通滤波器将两路分别代表 1 码和 0 码的信号进行分离，经包络检波器后分别取出它们的包络。抽样判决器起比较器作用，把两路包络信号同时送到抽样判决器进行比较，从而判决输出基带数字信号。

若上、下支路的抽样值分别用 y_1、y_2 表示，则当 $y_1 \geqslant y_2$ 时，判决输出 1 码；当 $y_1 < y_2$ 时，判决输出 0 码。

分路滤波包络检波法框图中的各点波形如图 8 - 19 所示。

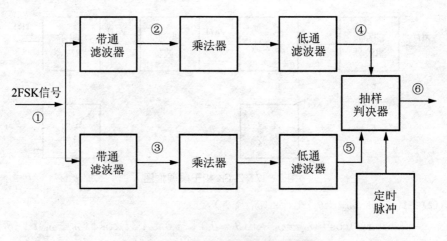

图 8-18　分路滤波包络检波法框图

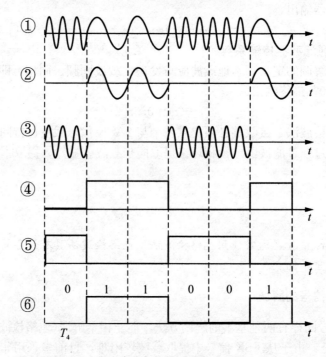

图 8-19　分路滤波包络检测法各点波形

特别提示

　　分路滤波包络检波法的缺点是频带利用率低，但实现比较容易，主要用于解调相位不连续的 FSK 信号。

　　2. 过零点检测法

　　过零点检测法的基本思想是：2FSK 信号的过零数随不同的载波而异，即频率高则过零点数目多，频率低则过零点数目少，因此通过检测过零点数目可以判断载波的异同。过零点检测法框图如图 8-20 所示。

图 8-20 过零点检测法框图

将 FSK 信号经限幅、微分、整流得到与频率变化相应的单极性脉冲序列(该序列代表调频波的过零点数),然后经脉冲形成电路形成一定宽度的脉冲,经低通滤波器形成相应的数字信号,实现过零检测,各点波形如图 8-21 所示。

过零点检测法广泛应用于数字调频系统中,可用于解调相位连续或相位离散的 FSK 信号。

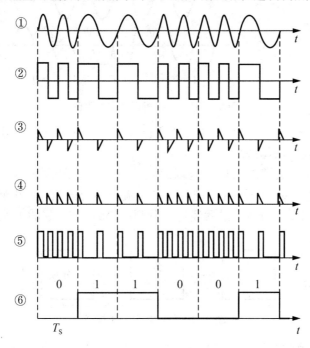

图 8-21 过零点检测法各点波形

8.3.3 相移键控的解调

对于调相信号,相位本身携带信息,在识别它们时必须依据相位,因此,必须使用相干解调法。

1. 绝对调相的解调

绝对调相解调原理框图如图 8-22 所示。

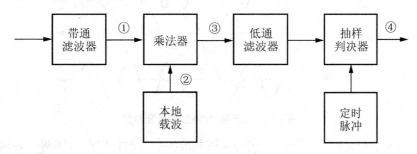

图 8-22 2PSK 解调原理框图

二进制绝对调相解调框图中的各点波形如图 8-23 所示。

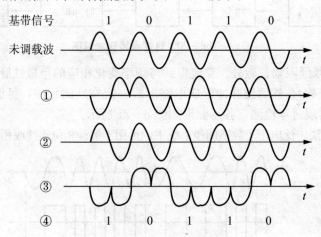

图 8-23　2PSK 解调各点波形图

2PSK 信号相干解调的过程实际上是输入已调信号与本地载波信号进行极性比较的过程，故常称为极性比较法解调。

在 2PSK 解调中，关键是恢复发送端的载波信号。通常的方法是倍频—分频法，如图 8-24 所示。首先，对 2PSK 信号进行全波整流，实现倍频，产生频率为 $2f_c$ 的谐波；然后通过滤波器输出 $2f_c$ 分量；最后经过二分频取得频率为 f_c 的本地相干载波，各点波形如图 8-25 所示。

①
2PSK信号 → [全波整流] →② [$2f_c$分频] →③ [二分频] →④或⑤ 载波信号

图 8-24　倍频-分频法框图

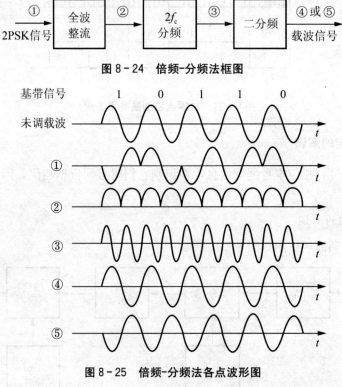

图 8-25　倍频-分频法各点波形图

由于 2PSK 信号是以一个固定初相的未调载波为参考的，因此，解调时必须有与此同频、同相的本地同步载波。从上面的分析可知，频率为 f_c 的本地相干载波的相位由于干扰、同步误差等原因，存在相位模糊问题，即其相位是不确定的。如果本地相干载波的相位倒相（比较图 8-25 中④、⑤），即 0 相位变为 π 相位或 π 相位变为 0 相位，则会造成 0 判断为 1、1 判断为 0 的判断错误。这种因为本地参考载波倒相，而在接收端发生错误恢复的现象称为"反向工作"现象。因此，绝对调相的严重缺点是容易产生相位模糊，造成反向工作情况，实际应用中使用少。

特别提示

解决绝对调相严重缺点的方法是采用相对调相。

2. 相对调相的解调

2 DPSK 信号的解调有两种方式，一种是极性比较法解调，另一种是相位比较法解调。

极性比较法解调实际上是间接产生法相对调相的反过程，即先按绝对调相接收，把 2DPSK 信号解调为相对码基带信号，然后经过码变换器将相对码变换为绝对码。极性比较法解调框图如图 8-26 所示。

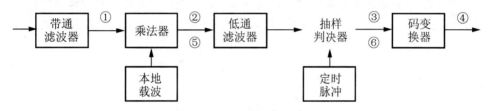

图 8-26 极性比较法解调框图

图 8-27 说明了极性比较法解调的过程和 DPSK 是如何克服反向工作的。①、②、

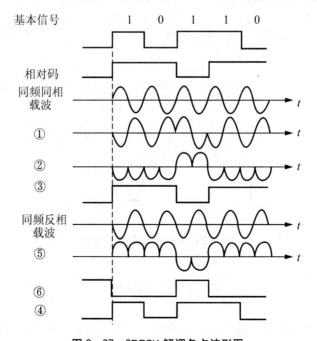

图 8-27 2DPSK 解调各点波形图

③、④是载波未发生倒相时的解调波形,而①、⑤、⑥、④是载波发生倒相时的解调波形。可以看到,无论本地载波是否发生倒相,最终的解调输出都是发送端发送的基带信号,这是因为要经过码变换器的缘故。在码变换器中,按照式 $b_n = a_n \oplus b_{n-1}$、式 $a_n = b_n \oplus b_{n-1}$ 进行码变换。

相位比较法解调直接使用相位比较器比较前、后码元载波的相位差而实现解调,故又称为差分相干解调法。相位比较法解调框图如图 8-28 所示。

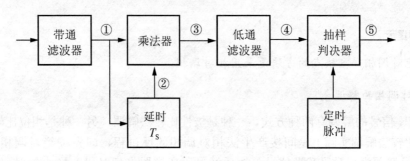

图 8-28   相位比较法解调框图

相位比较法不需要相干载波发生器,设备简单、实用,但需要精确的延时电路。延时电路的输出起着参考载波的作用,乘法器起着相位比较(鉴相)的作用。相位比较法各点波形如图 8-29 所示。

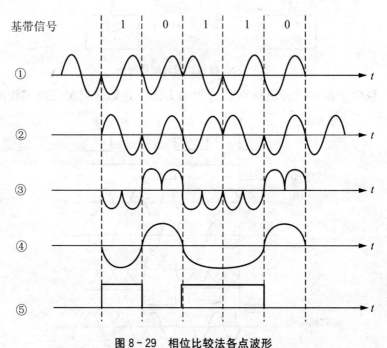

图 8-29   相位比较法各点波形

本 章 小 结

数字通信系统是传输数字信号,其性能指标为码元传输速率与差错率。

二进制基带数字信号有单极性脉冲、双极性脉冲、单极性归零脉冲和双极性归零脉冲等。

　　数字信号调制有 3 种基本方式，即振幅键控（ASK）、频率键控（FSK）和相位键控（PSK）。

　　相位键控有绝对相位键控和相对相位键控。在通信系统中，一般采用相对相位键控 DPSK 方式。

习　　题

1. 数字通信系统由哪几部分构成？简述各部分的作用。
2. 数字通信与模拟通信相比有哪些优点？
3. 画出二进制数字序列 111001001 的绝对码和相对码。

第9章

高频电子线路实验

9.1　高频小信号调谐放大电路

9.1.1　实验目的

（1）了解谐振回路的幅频特性分析——通频带与选择性。

（2）了解信号源内阻及负载对谐振回路的影响，并掌握频带的展宽方法。

（3）掌握放大器的动态范围及其测试方法。

9.1.2　实验器材

直流稳压电源、高频小信号调谐放大电路模块、双踪示波器和扫频仪。

9.1.3　实验原理

1. 小信号调谐放大器基本原理

高频小信号放大器电路是构成无线电设备的主要电路，它的作用是放大信道中的高频小信号。为使放大信号不失真，放大器必须工作在线性范围内，例如无线电接收机中的高放电路，都是典型的高频窄带小信号放大电路。窄带放大电路中，被放大信号的频带宽度小于或远小于它的中心频率。如在调幅接收机的中放电路中，带宽为 9kHz，中心频率为 465kHz，相对带宽 $\Delta f/f_0$ 约为百分之几。因此，高频小信号放大电路的基本类型是选频放大电路，选频放大电路以选频器作为线性放大器的负载，或作为放大器与负载之间的匹配器。它主要由放大器与选频回路两部分构成。用于放大的有源器件可以是晶体管（又称半导体三极管），也可以是场效应管、电子管或者是集成运算放大器。用于调谐的选频器件可以是 LC 谐振回路，也可以是晶体滤波器、陶瓷滤波器、LC 集中滤波器、声表面波滤波器等。本实验用三极管作为放大器件，LC 谐振回路作为选频器。在分析时，主要用如下参数衡量电路的技术指标：中心频率、增益、噪声系数、灵敏度、通频带与选择性。

单调谐放大电路一般采用 LC 回路作为选频器的放大电路，它只有一个 LC 回路，调谐在一个频率上，并通过变压器耦合输出，图 9-1 所示为该电路原理图。

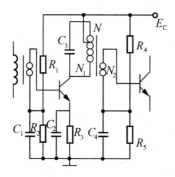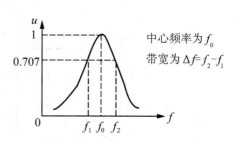

中心频率为 f_0

带宽为 $\Delta f = f_2 - f_1$

图 9-1 单调谐放大电路

为了改善调谐电路的频率特性，通常采用双调谐放大电路，其电路如图 9-2 所示。双调谐放大电路是由两个彼此耦合的单调谐放大回路所组成。它们的谐振频率应调在同一个中心频率上。两种常见的耦合回路是：①两个单调谐回路通过互感 M 耦合，如图 9-2(a)所示，称为互感耦合双调谐回路；②两个单调谐回路通过电容耦合，如图 9-2(b)所示，称为电容耦合双调谐回路。

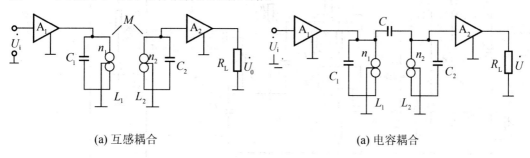

(a) 互感耦合   (a) 电容耦合

图 9-2 双调谐放大电路

若改变互感系数 M 或者耦合电容 C，就可以改变两个单调谐回路之间的耦合程度。通常用耦合系数 k 来表征其耦合程度，即

$$k = \frac{M}{\sqrt{L_1 L_2}}$$

电容耦合双调谐回路的耦合系数为

$$k = \frac{C}{\sqrt{(C_1' + C)(C_2' + C)}}$$

式中：C_1' 与 C_2' 是等效到初、次级回路的全部电容之和。

2. 小信号调谐放大器电路分析

双调谐电路的幅频特性曲线如图 9-3 所示。

实验用小信号调谐放大器电路如图 9-4 所示，图中由 VT_1 等元器件组成单调谐放大器，由 VT_2 等元器件组成双调谐放大器，它们的天线输入端(J_1 和 J_3)接收 10MHz 调制波信号，至放大管之间的 LC 元件组成天线输入匹配回路。切换开关 K_1 用于改变射级电阻，以改变 VT_1 的直流工作点。切换开关 K_2 用于改变 LC 振荡回路的阻尼电阻，以改变 LC 回

路的 Q 值。切换开关 K_3 可改变双调谐回路的耦合电容，以观测 $\eta < 1$、$\eta = 1$、$\eta > 1$ 三种状态下的双调谐回路幅频特性曲线。

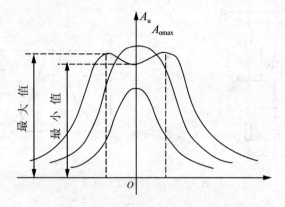

图 9-3   双调谐电路的幅频特性曲线

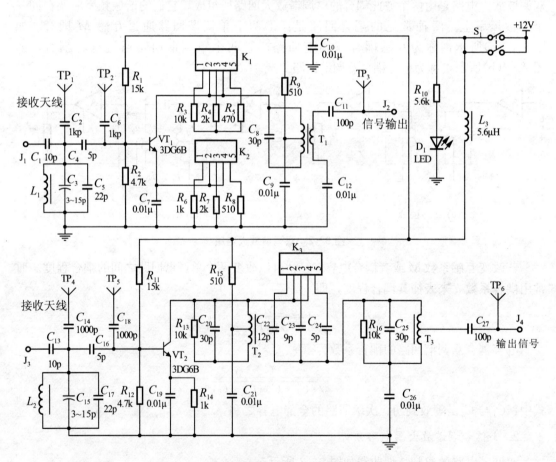

图 9-4   实验用小信号调谐放大器原理图

9.1.4   实验内容与步骤

首先合上 S_1，接上实验模块电路电源。

1. 输入回路的调节

将扫频仪的输出探头接在 J_1 或 J_3，检波探头接在 TP_2 或 TP_5，调节 L_1 或 L_2、C_3 或 C_{15}，使输入回路谐振在 10MHz 频率处。测量输入回路谐振曲线，并记录之。

2. 单调谐放大器增益和带宽的测试

将扫频仪的输出探头接到电路的输入端 TP_2，扫频仪的检波探头接到电路的输出端 TP_3，然后在放大器的射极和调谐回路中分别接入不同阻值的电阻，并通过调节调谐回路的磁芯 T_1，使波形的顶峰出现在频率为 10MHz 处，分别测量单调谐放大器的增值与带宽，并记录之。

3. 双调谐放大电路的测试

将扫频仪的输出探头接到电路的输入端 TP_5，扫频仪的检波探头接到电路的输出端 TP_6。

（1）改变双调谐回路的耦合电容，并通过调节初、次级谐振回路的磁芯，使出现的双峰波形的峰值等高。测量放大器的增益与带宽，并记录之。

（2）不同信号频率下的耦合程度测试。

在电路的输入端 J_3 输入测量模块的高频载波信号（$0.4V_{P-P}$，其频率分别为 9.5、10、10.5MHz），用示波器在电路的输出端（TP_6）分别测试 3 种耦合状态下的输出幅度（V_{P-P}），其相应实验数据填入表 9 – 1 中。

表 9 – 1　不同信号频率下的耦合程度的输出幅度

	9.5MHz	10MHz	10.5MHz
K_3 1－2 紧耦合			
K_3 2－3 适中耦合			
K_4 4－5 松耦合			

9.1.5　实验注意事项

在调节谐振回路的磁芯时，要用小型无感性的起子，缓慢进行调节，用力不可过大，以免损坏磁心。

9.1.6　实验报告要求

（1）根据实验结果，绘制单调谐放大电路在不同参数下的频响曲线，并求出相应的增益和带宽，并作分析。

（2）根据实验结果，绘制双调谐放大电路在不同参数下的频响曲线，并求出相应的增益和带宽，并作分析。

9.1.7　实验后思考

（1）试分析单调谐放大回路的发射极电阻 R_e 和谐振回路的阻尼电阻 R_L 对放大器的增益、带宽和中心频率各有何影响？

（2）为什么发射极电阻 Re 对增益、带宽和中心频率的影响不及阻尼电阻 R_L 大？

（3）在电容耦合双调谐回路中，为什么大的耦合电容（紧耦合）会出现双峰，小的耦合电容（松耦合）会出现单峰？

9.2 高频功率放大与发射

9.2.1 实验目的

（1）了解丙类功率放大器的基本工作原理，掌握丙类功率放大器的调谐特性以及负载变化时的动态特性。

（2）了解激励信号变化对功率放大器工作状态的影响。

（3）比较甲类功率放大器与丙类功率放大器的功率、效率与特点。

9.2.2 实验器材

直流稳压电源、高频功率放大与发射电路模块、双踪示波器和万用表。

9.2.3 实验原理

丙类功率放大器通常作为发射机末级功放以获得较大的功率和较高的效率。本实验单元由三级放大器组成，如图 9-5 所示。

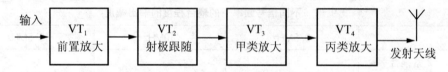

图 9-5　高频功率放大器原理框图

高频功率放大与发射的实际电路如图 9-6 所示。图 9-6 中 VT_1 是一级甲类线性放大器，以适应较小的输入信号电平。W_1 和 W_2 可调节这一级放大器的偏置电压，同时控制输入电平；VT_2 为射极跟随电路，W_3 和 W_4 可控制后两级放大器的输入电平，以满足甲类功放和丙类功放对输入电平的要求；VT_3 为甲类功率放大器，其集电极负载为 LC 选频谐振回路，谐振频率为 10MHz，W_5 和 W_6 可调节甲类放大器的偏置电压，以获得较宽的动态范围；VT_4 为一典型的丙类高频功率放大电路，其基极无直流偏置电压。只有载波的正半周且幅度足够才能使功率管导通，其集电极负载为 LC 选频谐振回路，谐振在载波频率上以选出基波，因此可获得较大的功率输出。W_7 可调节丙类放大器的功率增益，SW_1 可选择丙类放大器的输出负载。全部电路由 +12V 电源供电。

9.2.4 实验内容与步骤

首先合上 S_1，接上实验用模块电路电源。

1. 调整高频功率放大电路三级放大器的工作状态

对照图 9-6 所示原理图，用扫频仪观察整个高频功率放大与发射电路的增益和频率特性，扫频输出探头接 TP_1，检波探头夹在发射天线绝缘外层上，输出衰减为 30～40dB

(SW₁拨在4)，观察谐振点 10MHz。

在 TP_1(或 J_1)输入 10MHz，$0.4V_{P-P}$，调制度为 30％的调幅波(由幅度调制与解调实验产生)，用示波器在 TP_3、TP_4 和 TP_5 观察，调整电路中各电位器，使甲放与丙放的输出最大，失真最小(SW₁拨在4)。

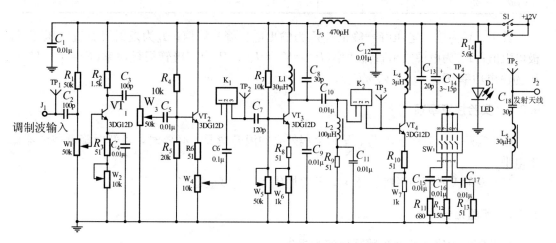

图 9-6 高频功率放大与发射实验原理图

2. 甲类、丙类功放直流工作点的比较

在上述状态下，用万用表直流电压挡测量 VT_3 和 VT_4 的基极电压，然后断开 TP_1 处的高频输入信号，再次测量 VT_3 和 VT_4 的基极电压，进行比较。

3. 调谐特性的测试

在上述状态下，改变输入信号频率(由载波发生器产生)，频率范围为 7～13MHz，用示波器测量 TP_5 的电压值(SW₁拨在4)，将不同信号频率下的输出电压值填入表 9-2 中。

表 9-2 不同信号频率下的输出电压值

f/MHz	7MHz	8MHz	9MHz	10MHz	11MHz	12MHz	13MHz
$U_{c,p-p}$/V							

4. 负载特性的测试

在上述状态下，保持输入信号频率 10MHz，然后将负载电阻转换开关 SW₁ 依次从 1—4 拨动，用示波器测量 TP_4 的电压值 U_c 和发射极的电压值 U_e，将其分别填入表 9-3 中，分析负载 R_L 对工作状态的影响。

表 9-3 不同负载下的输出电压值

R_L/Ω	680	150	51	天线
$U_{c,p-p}$/V				
$U_{e,p-p}$/V				

5. 功率、效率的测量与计算

按表 9-4 所示，计算功率与效率。

表 9-4   实验功率与效率计算

f/10MHz	V_b	V_c	V_{ce}	V_i	V_o	I_o	I_c	$P_=$	P_o	P_c	η
甲放											
丙放											

其中：V_i为输入电压峰—峰值；V_o为输出电压峰—峰值；I_o为发射极直流电压/发射极电阻值；$P_=$为电源给出直流功率（$P_= = V_{cc} * I_o$）；P_c为三极管损耗功率（$P_c = I_c * V_{ce}$）；P_o为输出功率（$P_o = 0.5 * V_o^2 / R_L$）。

9.2.5   实验注意事项

（1）实验时，应注意 VT_3、VT_4金属外壳的温升情况，必要时，可暂时降低载波器输出电平。

（2）发射天线可用短接线插头向上叠加代替，高度应适当。

9.2.6   实验报告要求

按照实验内容的 5 个步骤写出实验报告。

9.2.7   实验后思考

（1）丙类放大器的特点是什么？为什么要用丙类放大器？
（2）影响功率放大器功率和效率的主要电路参数是什么？

9.3   LC 与晶体振荡器

9.3.1   实验目的

（1）了解电容三点式振荡器和晶体振荡器的基本电路及其工作原理。
（2）比较静态工作点和动态工作点，了解工作点对振荡波形的影响。
（3）测量振荡器的反馈系数、波段复盖系数、频率稳定度等参数。
（4）比较 LC 与晶体振荡器的频率稳定度。

9.3.2   实验器材

直流稳压电源、LC 与晶体振荡器电路模块、双踪示波器和万用表。

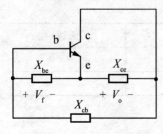

图 9-7   三点式振荡器

9.3.3   实验原理

三点式振荡器包括电感三点式振荡器(哈特莱振荡器)和电容三点式振荡器(考毕兹振荡器)，其交流等效电路如图 9-7 所示。

1. 起振条件

1) 相位平衡条件

X_{ce} 和 X_{be} 必须为同性质的电抗，X_{cb} 必须为异性质的电抗，且它们之间满足下列关系。

$$X_C = -(X_{be} + X_{ce})$$

即
$$|X_L| = -|X_C|, \quad \omega_o = \frac{1}{\sqrt{LC}}$$

2) 幅度起振条件

$$q_m > Fu * q_{ie} + \frac{1}{Au}(q_{oe} + q'_L)$$

式中：q_m 为晶体管的跨导；F_U 为反馈系数一般在 $0.1 \sim 0.5$ 之间取值；A_U 为放大器的增益；q_{ie} 为晶体管的输入电导；q_{oe} 为晶体管的输出电导；q'_L 为晶体管的等效负载电导。

2. 电容三点式振荡器

1) 电容反馈三点式电路(考毕兹振荡器)

图 9-8 所示是基本的三点式电路，其缺点是晶体管的输入电容 C_i 和输出电容 C_o 对频率稳定度的影响较大，且频率不可调。

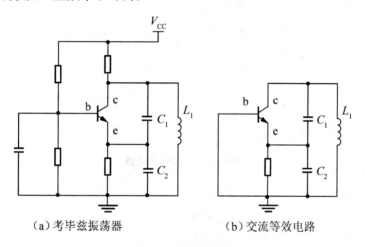

（a）考毕兹振荡器　　　　　　（b）交流等效电路

图 9-8　考毕兹振荡器

2) 串联改进型电容反馈三点式电路(克拉泼振荡器)

电路如图 9-9 所示，其特点是在电感支路中串入一个可调的小电容 C_3，并加大 C_1 和

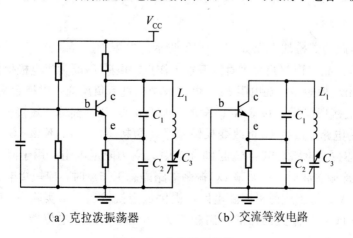

（a）克拉泼振荡器　　　　　　（b）交流等效电路

图 9-9　克拉泼振荡器

C_2 的容量，振荡频率主要由 C_3 和 L 决定。C_1 和 C_2 主要起电容分压反馈作用，从而大大减小了 C_i 和 C_o 对频率稳定度的影响，且使频率可调。

3. 并联改进型电容反馈三点式电路（西勒振荡器）

电路如图 9 - 10 所示，它是在串联改进型的基础上，在 L_1 两端并联一个小电容 C_4，调节 C_4 可改变振荡频率。西勒电路的优点是进一步提高电路的稳定性，振荡频率可以做的较高，该电路在短波、超短波通信机、电视接收机等高频设备中得到了非常广泛的应用。本实验所提供的 LC 振荡器就是西勒振荡器。

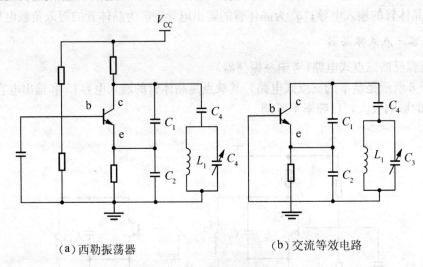

(a) 西勒振荡器　　　　　　　(b) 交流等效电路

图 9 - 10　西勒振荡器

4. 晶体振荡器

本电路模块提供的晶体振荡器电路为并联晶振 b—c 型电路，又称皮尔斯电路，其交流等效电路如图 9 - 11 所示。

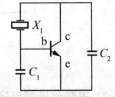

图 9 - 11　皮尔斯振荡器

9.3.4　实验内容与步骤

首先把实验用 LC 与晶体振荡模块按电路要求接上电源。

1. 实验电路分析

LC 与晶体振荡器模块电路如图 9 - 12 所示。电阻 $R_1 \sim R_6$ （R_3 除外）和 W_1 为晶体管 VT_1 提供直流偏置工作点，电感 L_1 既为集电极提供直流通路，又可防止交流输出对地短路，在电阻 R_5 上可生成交、直流负反馈，以稳定交、直流工作点。用"短路帽"短接切换开关 K_1、K_2、K_3 的 1 和 2 接点（以后简称"短接 Kx ×—×"）便成为 LC 西勒振荡电路，改变 C_7 可改变反馈系数，短接 K_1、K_2、K_3 2 - 3，并去除电容 C_7 后，便成为晶体振荡电路，电容 C_6 起耦合作用，R_3 为阻尼电阻，用于降低晶体等效电感的 Q 值，以改善振荡波形。在调整 LC 振荡电路静态工作点时，应短接电感 L_2（即短接 K_4 2 - 3）。晶体管 VT_2 等组成射极跟随电路，提供低阻抗输出。本实验中 LC 振荡器的输出频率约为 1.5MHz，晶体振荡器的输出频率为 10MHz，调节电位器 W_2，可调节输出的幅度。

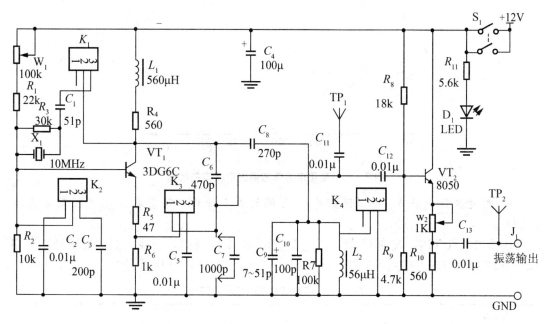

图 9-12 LC与晶体振荡器实验电原理图

经过以上的分析后,可进入实验操作。接通交流电源,然后按下实验板上的+12V的总电源开关 S_1,电源指示发光二极管 D_1 点亮。

2. 调整和测量西勒振荡器的静态工作点,并比较振荡器射极直流电压(U_e、U_{eq})和直流电流(I_e、I_{eq})

(1) 组成LC西勒振荡器:短接 $K_1 1-2$、$K_2 1-2$、$K_3 1-2$、$K_4 1-2$,并在 C_7 处插入 1000pF 的电容器,这样就组成了与图 9-10 所示完全相同的 LC 西勒振荡器电路。用示波器(探头衰减 10)在测试点 TP_2 观测 LC 振荡器的输出波形,再合上频率计电源,用频率计模块测量其输出频率。

(2) 调整静态工作点:短接 $K_4 2-3$(即短接电感 L_2),使振荡器停振,并测量晶体管 VT_1 的发射极电压 U_{eq};然后调整电位器 W_1 的值,使 $U_{eq}=0.5V$,并计算出电流 I_{eq}($=0.5V/1k=0.5mA$)。

(3) 测量发射极电压和电流:短接 $K_4 1-2$,使西勒振荡器恢复工作,测量 VT_2 的发射极电压 U_e 和 I_e。

(4) 调整振荡器的输出:改变电容 C_9 和电位器 W_2 值,使 LC 振荡器的输出频率 f_0 为 1.5MHz,输出幅度 V_{Lo} 为 $1.5V_{P-P}$。

3. 观察反馈系数 K_{fu} 对振荡电压的影响

由原理可知反馈系数 $K_{fu}=C_6/C_7$。按表 9-5 所示改变电容 C_7 的值,在 TP_2 处测量振荡器的输出幅度 V_L(保持 $U_{eq}=0.5V$),记录相应的数据,并在图 9-13 中绘制 $V_L=f(C)$ 曲线。

表 9-5 不同电容取值的输出电压值

C_{107}/pF	500	1000	1500	2000	2500
$V_{L,P-P}$/V					

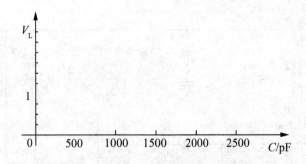

图 9 - 13　变化电容值与输出电压值关系图

4. 测量振荡电压 V_L 与振荡频率 f 之间的关系曲线，计算振荡器波段覆盖系数 f_{max}/f_{min}

选择测试点 TP_2，改变 C_9 值，测量 V_L 随 f 的变化规律，并找出振荡器的最高频率 f_{max} 和最低频率 f_{min}。把测量的数据填入表 9 - 6 中，并在图 9 - 14 中绘制出其关系曲线。

表 9 - 6　不同频率下的输出电压值

f/kHz					
$V_{L,p-p}/V$					

$f_{max} =$ _____ 和 $f_{min} =$ _____ ，　$f_{max}/f_{min} =$ _____

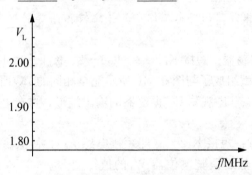

图 9 - 14　频率与输出电压曲线

5. 观察振荡器直流工作点 I_{eq} 对振荡电压 V_L 的影响

保持 $C_7 = 1000pF$，$U_{eq} = 0.5V$，$f_o = 1.5MHz$ 不变，然后按以上调整静态工作点的方法改变 I_{eq}，并测量相应的 V_L，且把数据记入表 9 - 7 中。

表 9 - 7　直流工作点 I_{eq} 对振荡电压 V_L

I_{eq}/mA	0.25	0.30	0.35	0.40	0.45	0.50	0.55
V_L/V_{p-p}							

6. 比较两类振荡器的频率稳定度

1) LC 振荡器

保持 $C_7 = 1000pF$，$U_{eq} = 0.5V$，$f_0 = 1.5MHz$ 不变，分别测量 f_1 在 TP_1 处和 f_2 在 TP_2

处的频率，观察有何变化。

2）晶体振荡器

短接 K_1、K_2、K_3 2—3，并去除电容 C_7，再观测 TP_2 处的振荡波形，记录幅度 V_L 和频率 f_0 之值。

波形：_____　　幅度 $V_L=$ _____　　频率 $f_0=$ _____。

然后将测试点移至 TP_1 处，测得频率 $f_1=$ _____。

根据以上的测量结果，试比较两种振荡器频率的稳定度 $\Delta f/f_0$。

LC 振荡器　$\Delta f/f_0=(f_0-f_1)/f_0 \times 100\%=$ _____ ％

晶体振荡器　$\Delta f/f_0=(f_0-f_1)/f_0 \times 100\%=$ _____ ％

9.3.5　实验注意事项

（1）不要随意操作与本次实验无关的单元电路。

（2）用"短路帽"换接电路时，动作要轻巧，更不能丢失"短路帽"，以免影响后续实验的正常进行。

（3）实验完毕时必须按开启电源的逆顺序逐级切换相应的电源开关。

（4）测量模块在不用时，应保持电源处于切断状态，以免引起干扰。

9.3.6　实验报告要求

（1）整理实验数据，绘画出相应的曲线。

（2）总结对两类振荡器的认识。

（3）小结实验的体会与意见等。

9.3.7　实验后思考

（1）静态和动态直流工作点有何区别？如何测定？

（2）本电路采用何种形式的反馈电路？反馈量的大小对电路有何影响？

（3）试分析 C_1、L_2 对晶振电路的影响。

（4）射极跟随电路有何特性？本电路为何采用此电路？

9.4　幅度调制与解调

9.4.1　实验目的

（1）加深理解幅度调制与检波的原理。

（2）掌握用集成模拟乘法器构成调幅与检波电路的方法。

（3）掌握集成模拟乘法器的使用方法。

（4）了解二极管包络检波的主要指标、检波效率及波形失真。

9.4.2　实验器材

直流稳压电源、幅度调制与解调电路模块、双踪示波器、万用表、函数信号发生器和频率计。

9.4.3 实验原理

1. 调幅与检波原理简述

调幅就是用低频调制信号去控制高频振荡(载波)的幅度,使高频振荡的振幅按调制信号的规律变化;而检波则是从调幅波中取出低频信号。振幅调制信号按其不同频谱结构分为普通调幅(AM)信号,抑制载波的双边带调制(DSB)信号,抑制载波和一个边带的单边带调制(SSB)信号。

把调制信号和载波同时加到一个非线性元件(例如二极管和晶体管)上,经过非线性变换电路,就可以产生新的频率成分,再利用一定带宽的谐振回路选出所需的频率成分就可实现调幅。

2. 集成模拟乘法器 MC1496 简介

本器件的典型应用包括乘、除、平方、开方、倍频、调制、混频、检波、鉴相、鉴频、动态增益控制等。它有两个输入端 V_X、V_Y 和一个输出端 V_O。一个理想乘法器的输出为 $V_O = K V_X V_Y$,而实际上输出存在着各种误差,其输出的关系为 $V_O = K(V_X + V_{XOS})(V_Y + V_{YOS}) + V_{ZOX}$。为了得到好的精度,必须消除 V_{XOS}、V_{YOS} 与 V_{ZOX} 3 项失调电压。集成模拟乘法器 MC1496 是目前常用的平衡调制/解调器,内部电路含有 8 个有源晶体管。在幅度调制、同步检波、混频电路 3 个基本实验项目中均可采用 MC1496。

MC1496 的内部原理图和引脚功能如图 9-15 所示,MC1496 各引脚功能如下。

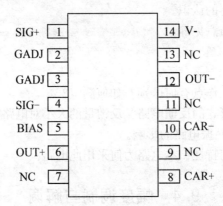

图 9-15 集成电路 MC1496 引脚图

(1) SIG+：输入正端。

(2) GADJ：增益调节端。

(3) GADJ：增益调节端。

(4) SIG-：信号输入负端。

(5) BIAS：偏置端。

(6) OUT+：正电流输出端。

(7) NC：空脚。

(8) CAR+：载波输入正端。

(9) NC：空脚。

(10) CAR-：载波输入负端。

（11）NC：空脚。

（12）OUT－：负电流输出端。

（13）NC：空脚。

（14）V－：负电源。

3. 实际电路分析

实验电路如图 9-16 所示，图中 U_1 是幅度调制乘法器，音频信号和载波分别从 J_1 和 J_2 输入到乘法器的两个输入端，K_1 和 K_3 可分别将两路输入对地短路，以便对乘法器进行输入失调调零。W_1 可控制调幅波的调制度，K_2 断开时，可观察平衡调幅波，R_4 为增益调节电阻，R_6 和 R_8 分别为乘法器的负载电阻，C_8 对输出负端进行交流旁路，C_9 为调幅波输出耦合电容，VT_1 接成低阻抗输出的射极跟随器。

U_2 是幅度解调乘法器，调幅波和载波分别从 J_4 和 J_5 输入，K_4 和 K_5 可分别将两路输入对地短路，以便对乘法器进行输入失调调零。R_{13}、R_{15}、R_{17} 和 C_{16} 作用与 R_4、R_6、R_8 和 C_9 作用相同。

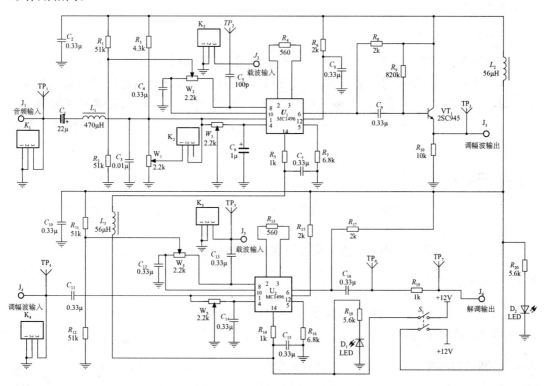

图 9-16　幅度调制与解调实验电原理图

9.4.4　实验内容与步骤

对照实验原理图熟悉元器件的位置和实际电路的布局，接上实验所需的电源，打开函数信号发生器电源。

幅度调制实验需要加音频信号 V_L 和高频信号 V_H。调节函数信号发生器的输出为 $0.3V_{P-P}$、1kHz 的正弦波信号；合上频率计测量模块电源，调节载波发生器的输出为

$0.6V_{P-P}$、10MHz 的正弦波信号。

1. 乘法器 U_1 失调调零

将音频信号接入调制器的音频输入口 J_1，高频信号接入载波输入口 J_2 或 TP_2，用双踪示波器同时监视 TP_1 和 TP_3 的波形。通过电路中有关的切换开关和相应的电位器对乘法器的两路输入进行输入失调调零。具体步骤参考如下。

(1) 短接 K_1 的 2—3，K_3 的 1—2，K_2 的 2—3，调节 W_3 至 TP_3 输出最小。

(2) 短接 K_1 的 1—2，K_3 的 2—3，K_2 的 1—2，调节 W_1 和 W_2，至 TP_3 输出最小。

(3) 短接 K_1 的 1—2，K_3 的 1—2，K_2 的 1—2，微调 W_3，即能得到理想的 10MHz 调幅波。

2. 观测调幅波

在乘法器的两个输入端分别输入高、低频信号，调节相关的电位器（W_1 等），短接 K_2 1—2，在输出端观测调幅波 V_O，并记录 V_O 的幅度和调制度。此外，在短接 K_2 2—3 时，可观测平衡调幅波 V_O，记录 V_O 的幅度。

3. 观测解调输出

对解调乘法器进行失调调零，在保持调幅波输出的基础上，将调制波和高频载波输入解调乘法器 U_2，即分别连接 J_3 和 J_4、J_2 和 J_5，用双踪示波器分别监视音频输入和解调器的输出。然后在乘法器的两个输入端分别输入调幅波和载波。用示波器观测解调器的输出，记录其频率和幅度。若用平衡调幅波输入（K_2 2—3 短接），再观察解调器的输出并记录之。

9.4.5　实验注意事项

(1) 为了得到准确的结果，乘法器的失调调零至关重要，而且又是一项细致的工作，必须要认真完成这一实验步骤。

(2) 用示波器观察波形时，探头应保持在衰减 10 倍的位置。

9.4.6　实验报告要求

(1) 根据观察结果绘制相应的波形图，并作详细分析。

(2) 回答实验后思考题。

9.4.7　实验后思考

(1) 三极管调幅与乘法器调幅各自有何特点？当它们处于过调幅时，两者的波形有何不同？

(2) 如果平衡调幅波出现图 9-17 所示的波形，是何缘故？

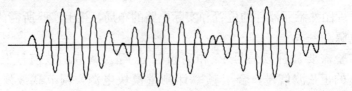

图 9-17　平衡调幅波波形

9.5 二极管检波

9.5.1 实验目的

（1）进一步了解调幅波的原理，掌握调幅波的解调方法。
（2）了解二极管包络检波的主要指标、检波效率及波形失真。

9.5.2 实验器材

直流稳压电源、二极管检波电路模块、双踪示波器和高频信号发生器。

9.5.3 实验原理

调幅波的解调是从调幅信号中取出调制信号的过程，通常称为检波。调幅波解调方法有二极管包络检波器、同步检波器。本实验板上主要完成二极管包络检波。

二极管包络检波器适合于解调含有较大载波分量的大信号的检波过程，它具有电路简单、易于实现的优点。本实验电路如图 9 - 18 所示，主要由二极管 D_1 及 RC 低通滤波器组成，利用二极管的单向导电特性和检波负载 RC 的充放电过程实现检波。所以 RC 时间常数的选择很重要，RC 时间常数过大，则会产生对角切割失真；RC 常数太小，高频分量会滤不干净。综合考虑要求满足

$$\frac{1}{f_0} << RC << \frac{\sqrt{1-m^2}}{\Omega m}$$

式中：m 为调幅系数，f_0 为载波频率，Ω 为调制信号角频率。

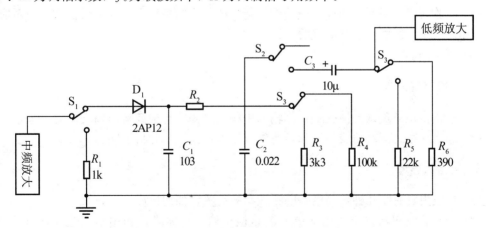

图 9 - 18　晶体二极管检波实验电路图

9.5.4 实验内容与步骤

二极管检波模块电路如图 9 - 19 所示，按照电路图要求连接电源。

1. 解调全载波调幅信号

从高频信号发生器输出 455kHz 调幅波（调制度≤30%，$0.1V_{P-P}$）至 J_1，短接 $K_1 1-2$，

调节 T_1 至 TP_2 调幅波幅度最大(然后再略微减小一些以防自激)。

短接 $K_1 2-3$，$K_2 1-2$，$K_3 2-3$，$K_4 1-2$，在 TP_3 和 TP_4 观察正常输出波形。

2. 观察对角切割失真

保持以上输出，短接 $K_2 2-3$，$K_4 2-3$，检波直流负载电阻由 $3.3k\Omega$ 变为 $100k\Omega$，在 TP_3 和 TP_4 观察输出波形(必要时可适当加大调幅波输出)，并与上述波形进行比较。

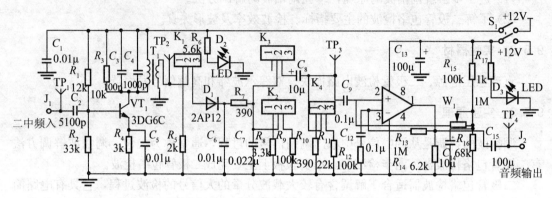

图 9-19 二极管检波实验电路原理图

3. 观察底部切割失真

保持正常输出波形，短接 $K_2 2-3$、$K_4 1-2$，检波交流负载电阻为 390Ω，在 TP_3 和 TP_4 观察输出波形(必要时可适当加大调幅波输出)，并与上述波形进行比较。

9.5.5 实验注意事项

(1) 实验时必须对照实验原理线路图进行，要与实验模块上的实际元器件一一对应。

(2) 调节中频线圈，手势要轻缓，以免损坏。

(3) 其余同前。

9.5.6 实验报告要求

(1) 在正常检波负载的情况下，作输入中频信号幅度与检波输出幅度的对应关系表。

(2) 画出观察到的对角线失真和负峰失真波形，并进行分析说明。

9.5.7 实验后思考

(1) 检波失真有哪几种，与电路的哪些参数有关，如何形成？

(2) 抑制载波调幅波能否用本单元电路检出信号？你能否利用本实验模块证明你的结论。

9.6 变容二极管调频器与相位鉴频器

9.6.1 实验目的

(1) 了解变容二极管调频器的电路结构与电路工作原理。

（2）掌握调频器的调制特性及其测量方法。

（3）观察寄生调幅现象，了解其产生的原因及其消除方法。

9.6.2　实验器材

直流稳压电源、变容二极管调频器与相位鉴频器电路模块、双踪示波器和扫频仪。

9.6.3　实验原理

1. 变容二极管直接调频电路

变容二极管实际上是一个电压控制的可变电容元件。当外加反向偏置电压变化时，变容二极管 PN 结的结电容会随之改变，其变化规律如图 9-20 所示。

变容二极管的结电容 C_j 与电容二极管两端所加的反向偏置电压之间的关系为

$$C_j = \frac{C_o}{(1 + \frac{|u|}{U_\varphi})^\gamma}$$

式中：U_φ 为 PN 结的势垒电位差（硅管约为 0.7V，锗管约为 0.2～0.3V）；C_o 为未加外电压时的耗尽层电容值；u 为变容二极管两端所加的反向偏置电压；γ 为变容二极管结电容变化指数，它与 PN 结渗杂情况有关，通常 $\gamma = 1/2 \sim 1/3$。采用特殊工艺制成的变容二极管 γ 值可达 1～5。

直接调频的基本原理是用调制信号直接控制振荡回路的参数，使振荡器的输出频率随调制信号的变化规律呈线性改变，来生成调频信号。

若载波信号由 LC 自激振荡器产生，则振荡频率主要由振荡回路的电感和电容元件决定。因而，只要用调制信号去控制振荡回路的电感和电容，就能达到控制振荡频率的目的。

若在 LC 振荡回路上并联一个变容二极管，如图 9-21 所示，并用调制信号电压来控制变容二极管的电容值，则振荡器的输出频率将随调制信号的变化而改变，从而实现了直接调频的目的。

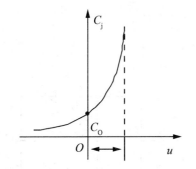

图 9-20　变容二极管的 $C_j \sim u$ 曲线

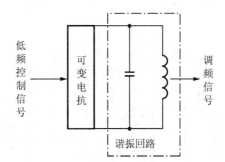

图 9-21　直接调频示意图

2. 电容耦合双调谐回路相位鉴频器

相位鉴频器的组成框图如 9-22 示。图 9-22 中的线性移相网络就是频—相变换网络，它将输入调频信号 u_1 的瞬时频率变化转换为相位变化的信号 u_2，然后与原输入的调频信号一起加到相位检波器上，检出反映频率变化的相位变化，从而实现了鉴频的目的。

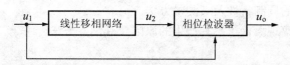

图 9-22　相位鉴频器的组成框图

　　图 9-23 所示的耦合回路相位鉴频器是常用的一种鉴频器。这种鉴频器的相位检波器部分由两个包络检波器组成，线性移相网络采用耦合回路。为了扩大线性鉴频的范围，这种相位鉴频器通常都接成平衡和差动输出。

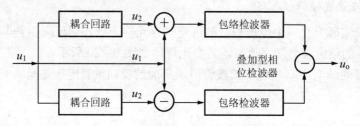

图 9-23　耦合回路相位鉴频器

　　图 9-24(a)是电容耦合的双调谐回路相位鉴频器的电路原理图，它由调频—调相变换器和相位检波器两部分所组成。调频—调相变换器实质上是一个电容耦合双调谐回路谐振放大器，耦合回路初级信号通过电容 C_p 耦合到次级线圈的中心抽头上，L_1C_1 为初级调谐回路，L_2C_2 为次级调谐回路，初、次级回路均调谐在输入调频波的中心频率 f_c 上，二极管 D_1、D_2 和电阻 R_1、R_2 分别构成两个对称的包络检波器。鉴频器输出电压 u_o 由 C_5 两端取出，C_5 对高频短路而对低频开路，再考虑到 L_2、C_2 对低频分量的短路作用，因而鉴频器的输出电压 u_o 等于两个检波器负载电阻上电压的变化之差。电阻 R_3 对输入信号频率呈现高阻抗，并为二极管提供直流通路。图 9-24(a)中初次级回路之间仅通过 C_p 与 C_m 进行耦合，只要改变 C_p 和 C_m 的大小就可调节耦合的松紧程度。由于 C_p 的容量远大于 C_m，C_p 对高频可视为短路。基于上述内容，耦合回路部分的交流等效电路如图 9-24(b)所示。初级电压 u_1 经 C_m 耦合，在次级回路产生电压 u_2，经 L_2 中心抽头分成两个相等的电压 $\frac{1}{2}u_2$，由

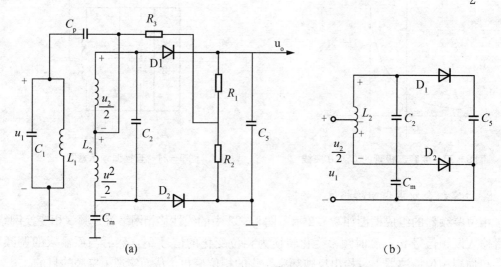

(a)　　　　　　　　　　　　　　　(b)

图 9-24　电容耦合双调谐回路相位鉴频器

图可见，加到两个二极管上的信号电压分别为 $u_{D1}=u_1+\dfrac{1}{2}u_2$ 和 $u_{D2}=u_1-\dfrac{1}{2}u_2$，随着输入信号频率的变化。$u_1$ 和 u_2 之间的相位也发生相应的变化，从而使它们的合成电压发生变化，由此可将调频波变成调幅—调频波，最后由包络检波器检出调制信号。

3. 实际线路分析

电路原理图如图 9-25 所示，图 9-25 中的上半部分为变容二极管调频器，下半部分为相位鉴频器。VT_1 为电容三点式振荡器，产生 10MHz 的载波信号。变容二极管 D_1 和 C_6 构成振荡回路电容的一部分，直流偏置电压通过 R_4、W_1、R_2 和 L_1 加至变容二极管 D_1 的负端，C_4 为变容二极管的交流通路，R_5 为变容二极管的直流通路，L_1 和 R_2 组成隔离支路，防止载波信号通过电源和低频回路短路。低频信号从输入端 J_1 输入，通过变容二极管 D_1 实现直接调频，C_3 为耦合电容，VT_2 对调制波进行放大，通过 W_3 控制调制波的幅度，VT_3 为射极跟随器，以减小负载对调频电路的影响。从输出端 J_2 或 TP_2 输出 10MHz 的调制波，通过隔离电容 C_{20} 接至频率计；用示波器接在 TP_2 处观测输出波形，目的是减小对输出波形的影响。J_3 为相位鉴频器调制波的输入端，C_{21} 提供合适的容性负载；VT_4 和 VT_5 接成共集—共基电路，以提高输入阻抗和展宽频带，R_{18}、R_{19} 提供公用偏置电压，C_{23} 用以改善输出波形。VT_5 集电极负载以及之后的电路在原理分析中都已阐明，这里不再重复。

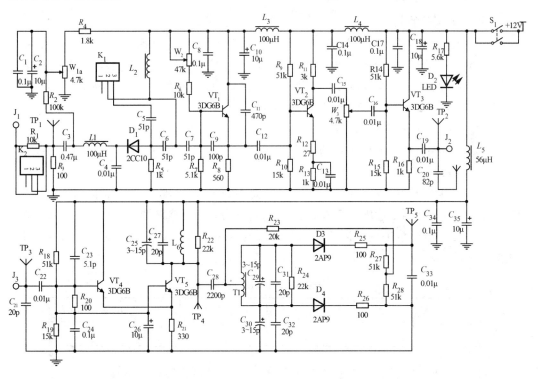

图 9-25 变容二极管调频器与相位鉴频器实验电原理图

9.6.4 实验内容与步骤

按照电路图要求连接电源。

1. 振荡器输出的调整

(1) 将切换开关 K_1 的 1—2 接点短接，调整电位器 W_1 使变容二极管 D_1 的负极对地电压为 +2V，并观测振荡器输出端的振荡波形与频率。

(2) 调整线圈 L_2 的磁心和可调电阻 W_2，使 R_8 两端电压为 (2.5 ± 0.05) V（用直流电压表测量），使振荡器的输出频率为 (10 ± 0.02) MHz。

(3) 调整电位器 W_3，使输出振荡幅度为 $1.6V_{P-P}$。

2. 变容二极管静态调制特性的测量

输入端 J_1 无信号输入时，改变变容二极管的直流偏置电压，使反偏电压 E_d 在 $0\sim$ 5.5V 范围内变化，分两种情况测量输出频率，并填入表 9 − 8 中。

表 9 − 8　偏电压 E_d 变化时输出频率

E_d/V		0	0.5	1	1.5	2	2.5	3	3.5	4	4.5	5	5.5
f_0/MHz	不并 C_5												
	并 C_5												

3. 相位鉴频器鉴频特性的测试

1) 相位鉴频器的调整

扫频输出探头接 TP_3，扫频输出衰减 30dB，Y 输入用开路探头接 TP_4，Y 衰减 10（20dB），Y 增幅最大，扫频宽度控制在 0.5 格/MHz 左右，使用内频标观察和调整 10MHz 鉴频 S 曲线，可调器件为 L_6、T_1、C_{25}、C_{29}、C_{30} 5 个元件。其主要作用如下。

(1) T_1、C_{29}：调中心 10MHz 至 X 轴线。

(2) L_6、C_{25}：调上下波形对称。

(3) C_{30}：调中心 10MHz 附近的线性。

2) 鉴频特性的测试

使载波发生器模块输出载波 CW，频率为 10MHz，幅度为 $0.4V_{P-P}$，接入输入端 TP_3，用直流电压表测量输出端 TP_5 对地电压（若不为零，可略微调 T_1 和 C_{29}，使其为零），然后在 $9.0\sim11$ MHz 范围内，以相距 0.2MHz 的点频，测得相应的直流输出电压，并填入表 9 − 9 中。

表 9 − 9　鉴频特性

f/MHz	9.0	9.2	9.4	9.6	9.8	10	10.2	10.4	10.6	10.8	11
V_o/mV											

绘制 $f-V_o$ 曲线，并按最小误差画出鉴频特性的直线（用虚线表示）。

3) 相位鉴频器的解调功能测量

使变容二极管调频器输出 FM 调频信号，幅度为 $0.4V_{P-P}$，频率为 10MHz，频偏最大，并接入电路输入端 J_3，在输出端 TP_5 测量解调信号：

波形：_____波；频率：_____kHz；幅度：_____V_{P-P}（允许略微调节 T_1）。

4. 变容二极管动态调制特性的测量

在变容二极管调频器的输入端 J_1 接入 1kHz 的音频调制信号 V_i。将 K_1 的 1—2 短接，令 $E_d = 2V$，连接 J_2 与 J_3。用双踪示波器同时观察调制信号与解调信号，改变 V_i 的幅度，测量输出信号，结果填入表 9-10 中。

表 9-10 变容二极管动态调制特性

$V_i(V_{P-P})$	0	0.2	0.4	0.6	0.8	1.0	1.2	1.4	1.6	1.8	2.0	2.2	2.4	2.6
$V_0(V_{P-P})$														

9.6.5 实验注意事项

（1）实验前必须认真阅读扫频仪的使用方法。

（2）实验时必须对照实验原理线路图进行，要与实验板上的实际元器件一一对应。

（3）其他同前。

9.6.6 实验报告要求

（1）在同一坐标上画出两根变容二极管的静态调制特性曲线，并求出其调制灵敏度 S，说明曲线斜率受哪些因素的影响。

（2）根据实验数据绘制相位鉴频器的鉴频特性 $f \sim V_0$ 曲线。

（3）根据实验数据绘制相位鉴频器的动态调制特性曲线 $V_0 \sim V_i$ 和 $V_0 \sim f$，并分析输出波形产生畸变的原因。

（4）根据实验步骤的测量结果，并结合相频特性测试所得的 S 曲线，

（5）求出变容二极管输出调频波的频偏 Δf。

9.6.7 实验后思考

（1）变容二极管有何特性？有何应用？

（2）电容耦合双调谐回路是如何实现鉴频的?

（3）相位鉴频器的频率特性为什么会是一条以载波频率为中心的 S 曲线？试从原理上加以分析。·

第10章

高频电子线路实训

10.1 七管超外差调幅收音机装配实训

10.1.1 实训任务和目标

1. 基本任务

通过对调幅收音机的安装、焊接和调试，了解调幅收音机装配的全过程，掌握元器件的识别、测试、整机装配和调试工艺。

2. 实训目标

1) 知识目标

(1) 掌握调幅收音机的工作原理。

(2) 对照原理图，看懂调幅收音机的装配接线图。

(3) 对照原理图与印制电路板图，了解调幅收音机的电路符号、元件和实物。

(4) 根据技术指标，测试各元件的主要参数。

(5) 掌握调试的基本方法，学会排除焊接和装配过程中出现的故障。

2) 技能目标

(1) 根据技术指标，测试各元件的主要参数。

(2) 掌握调试的基本方法，学会排除焊接和装配过程中出现的故障。

(3) 学会利用工艺文件独立进行整机的装焊和调试，并达到产品质量要求。

(4) 学会编制简单电子产品的工艺文件，能按照行业规程要求，撰写实训报告。

(5) 训练动手能力，培养职业道德和职业技能，培养工程实践观念及严谨细致的科学作风。

10.1.2 实训项目原理

1. 调幅收音机简介

调幅收音机为七管中波调幅袖珍式半导体收音机，采用全硅管标准二级中放电路，用两只二极管正向压降稳压电路，稳定从变频、中频到低放的工作电压，不会因为电池电压降低而影响接收灵敏度，使收音机仍能正常工作。该机体积小巧，外观精致，便于携带。主要技术指标如下。

频率范围：525～1605kHz；中频频率：465kHz；灵敏度：≤2mV/m；S/N：20dB；扬声器：Φ57mm，8Ω；输出功率：50mW；电源：3V（两节5号电池）。

2．调幅收音机工作原理

调幅收音机的工作原理如图10-1所示，主要由输入回路、混频电路、本振电路、中频放大、检波、前置低频放大、功率放大和扬声器组成。

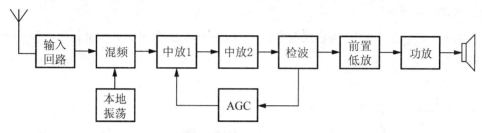

图 10-1　超外差调幅收音机工作原理框图

调幅收音机的电路原理如图10-2所示。调幅信号感应到由 B_1、C_1 组成的天线调谐回路，选出所需要频率的电信号（例如 f_1）进入晶体管 V_1（9018H）的基极；本振信号（高出 f_1 一个中频，若 f_1＝700kHz，则 f_2＝700kHz＋465kHz＝1165kHz）由晶体管 V_1 的发射极输入；调幅信号经晶体管 V_1 进行变频后通过 B_3 选取 465kHz 的中频信号，中频信号经晶体管 V_2 和 V_3 二级中频放大后进入检波管晶体管 V_4，由检波管 V_4 检出的音频信号经晶体管 V_5（9014）前置低频放大，再由 V_6、V_7 组成功率放大器进行功率放大后，推动扬声器发声。

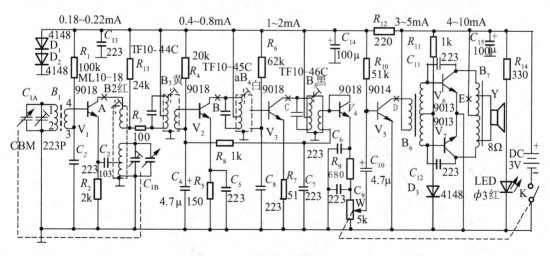

图 10-2　调幅收音机电路原理图

在图10-2中，D_1 和 D_2（1N4148）组成（1.3±0.1）V稳压电路，以稳定变频、一中放、二中放、低放的基极电压稳定各级工作电流，确保灵敏度。V_4（9018）晶体管的PN结用作检波；R_1、R_4、R_6、R_{10} 分别为 V_1、V_2、V_3、V_5 的工作点调整电阻；R_{11} 为 V_6、V_7 功放级的工作点调整电阻；R_8 为中放AGC电阻；B_3、B_4、B_5 为中周（内置谐振电容），既是放大器的交流负载又是中频选频器；B_6、B_7为音频变压器，起交流负载及阻抗匹配的作用。该机的灵敏度、选择性等指标由中频放大器保证。

10.1.3　实训用仪表、工具及器件

1. 仪表

电源（3V/200mA 稳压电源或 2 节 5 号电池）、XFC−7 高频信号发生器（或同类仪器）、示波器、毫伏表 GB−9（或同类仪器）、圆环天线（调 AM 使用）和无感应螺丝刀。

以上调试仪器按 5～8 人一组，每组一套。

2. 工具

万用表 1 块，20～30W 内热式电烙铁、小十字起、尖嘴钳、斜口钳和镊子各一把。以上工具每人一套。

3. 元器件

调幅收音机元器件材料清单见表 10−1。

表 10−1　调幅收音机材料清单

序号	名称	型号规格	位号	数量	序号	名称	型号规格	位号	数量
1	晶体管	9018	V_1、V_2	2 只	20	瓷片电容	223	C_2、C_5、C_6	3 只
2	晶体管	9018	V_3、V_4	2 只	21	瓷片电容	223	C_7、C_8、C_9	3 只
3	晶体管	9014（或 3DG201）	V_5	1 只	22	瓷片电容	223	C_{11}、C_{12}、C_{13}	3 只
4	晶体管	9013H	V_6、V_7	2 只	23	双联电容	223	C_1	1 只
5	发光二极管	红	LED	1 只	24	收音机前盖			1 个
6	二极管	1N4418	D_1、D_2	2 只	25	收音机后盖			1 个
7	磁棒天线		B_1	1 套	26	频率刻度板			1 个
8	中周	红、黄、白、黑			27	音窗			1 个
9	变压器		B_6 绿、B_7 红	2 个	28	双联拨盘			1 个
10	扬声器		Y	1 个	29	电位器拨盘			1 个
11	电阻	51Ω、100Ω、150Ω	R_7、R_3、R_5 各 1 只		30	磁棒支架			1 个
12	电阻	220Ω、330Ω、680Ω	R_{12}、R_{14}、R_9 各 1 只		31	印制电路板			1 块
13	电阻	1k	R_8、R_{11}	2 只	32	装配说明书			1 份
14	电阻	2kΩ、20kΩ、24kΩ	R_2、R_4、R_{13} 各 1 只		33	电池正负极			1 套
15	电阻	51kΩ、62kΩ、100kΩ	R_{10}、R_6、R_1 各 1 只		34	连体簧			1 个
16	电位器	5k	W	1 只	35	连接导线			4 根
17	电解电容	4.7μF	C_4、C_{10}	2 只	36	双联拨盘螺钉			3 颗
18	电解电容	100μF	C_{14}、C_{15}	2 只	37	电位器拨盘螺钉			1 颗
19	瓷片电容	103	C_3	1 只	38	电路板螺钉			1 颗

10.1.4　实训步骤和方法

1. 装配前准备工作及元器件初测

1）按材料清单清点材料

（1）打开塑料袋时请小心，不要将袋子撕破，以免材料丢失。

（2）清点材料时将机壳后盖当容器，将所有的元器件都放在里面，小心弹簧与螺钉的滚落。

（3）清点之后，将材料放回塑料袋备用。

2）用万用表初步检测元器件的好坏

按表 10-2 要求测试元器件。

表 10-2　元器件测试表

类　别	测　量　内　容	万用表量程
电阻 R	电阻值	×10、×100、×1k
电容 C	电容绝缘电阻	×10k
晶体管 hfe	晶体管放大倍数 9018H（97～146）9014C（200～600）、9013H(144～202)	hfe
二极管	正、反向电阻	×1k
中周	红 4Ω 0.3Ω 0.4Ω 黄 2Ω 4Ω 0.3Ω 白 1.8Ω 3.8Ω 0.4Ω 黑 2Ω 4.5Ω 1Ω　初次级间为无穷大	×1
输入变压器(蓝色)	90Ω 90Ω 220Ω	×1
输出变压器(红色)	90Ω 90Ω 0.4Ω 1Ω 0.4Ω　自耦变压器，无初次级	×1

（1）区分二极管的极性。将万用表置于 R×100 挡或 R×1k 挡，两表笔分别接二极管的两个电极，测出一个结果后，对调两表笔，再测出一个结果。两次测量的结果中，有一次测量出的阻值较大(为反向电阻)，一次测量出的阻值较小(为正向电阻)。在阻值较小的一次测量中，黑表笔接的是二极管的正极，红表笔接的是二极管的负极。

（2）区分电容的极性。区分电容的极性可根据正接时漏电流小(阻值大)，反接时漏电流大来判断。

（3）电位器阻值的测量。电位器中间引脚为 2 脚，转动旋钮，用万用表"1k"挡测量时，1 与 2、2 与 3 间的阻值应随之改变。

2. 元件安装与焊接

元件的安装与焊接可按照图 10-3 所示的步骤进行。

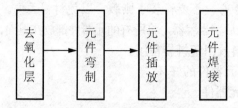

图 10-3　元件安装与焊接步骤

去氧化层可用锯条轻刮元件引脚的表面，直到其表面的氧化层全部去掉。元件的弯制可用镊子夹住离元件主体 1～2mm 的根部，将元件引脚弯制成型。

元件的焊接技术很重要，焊接质量的好坏将直接影响收音质量。焊接收音机应选用 30～35W 电烙铁，电烙铁温度和焊接时间要适当，焊接时应让烙铁头加热到温度高于焊锡熔点，焊接时间一般不超过 3s。时间过长会使印制电路板铜箔翘起，损坏电路板及元器件。

焊接结束后，首先检查有没有漏焊、搭焊及虚焊等现象，虚焊是比较难以发现的毛病。造成虚焊的因素有很多，检查时可用尖头钳或镊子将每个元件轻轻地拉一下，看是否有松动，若有就要重新焊接。

焊接中需要注意以下几点：

（1）焊接前电阻要看清阻值大小，并用万用表校对。电容、二极管要看清极性。

（2）一旦焊错要小心地用烙铁加热后取下重焊。拨下的动作要轻，如果安装孔堵塞，要边加热，边用针捅开。

（3）电阻的读数方向要一致，色环不清楚时要用万用表测定阻值后再安装。

（4）上螺钉、螺母时用力要适度，不可用力太大。

调幅收音机的装配图如图 10-4 所示。

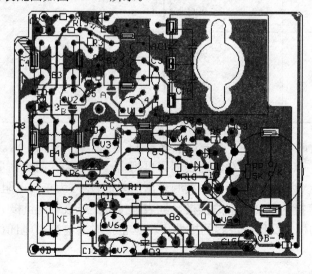

图 10-4　调幅收音机装配图

10.1.5 调幅收音机的调试

1. 用仪器调试的步骤

1) 接通电源

在元器件装配、焊接无误及机壳装配好后，接通电源，在 AM 波段能收到本地电台后，即可进行调试工作。

2) 中频调试

仪器按图 10－5 所示连接，首先将双联旋至最低频率点，XFG－7 信号发生器置于 465kHz 频率处，输出场强为 10mV/M，调制频率为 1000Hz，调幅度为 30%，收到信号后，示波器有为 1000Hz 波形，用无感应螺丝刀依次调节黑、白、黄 3 个中周，且反复调节，使其输出最大 465kHz 中频，即调好。

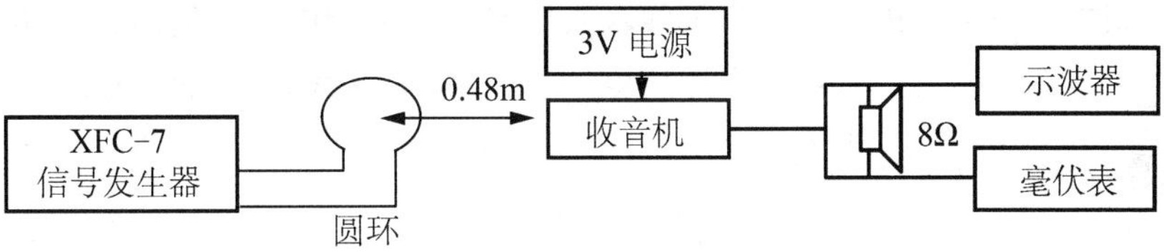

图 10－5 仪器连接框图

3) 覆盖及统调调试

将 XFG—7 置于 520kHz 频率处，输出场强为 5mV/M，调制频率为 1000Hz，调制度为 30%，双联调至低端，用无感应螺丝刀调节红中周(振荡线圈)。收到信号后，再将双联旋到最高端，XFG—7 信号发生器置于 1620kHz 频率处，调节双联微调电容 CA—2，收到信号后，再重复双联旋至低端，调红中周，高低端反复调整，直至低端频率为 520kHz，高端频率为 1620kHz 为止。

将 XGF—7 置于 600kHz 频率处，输出场强为 5mV/M 左右，调节收音机调谐旋钮，收到 600kHz 信号后，调节中波磁棒线圈位置，使输出最大。然后将 XFG－7 旋至 1400kHz 频率处，调节收音机，直至收到 1400kHz 信号后，调双联微调电容 CA—1，使输出为最大，重复调节 600～1400kHz 统调点，直至两点均为最大为止。

在中频、覆盖和统调结束后，即可收到高、中、低端电台，且频率与刻度基本相符。

2. 无仪器情况下的调整方法

1) 调整中频频率

本套件所提供的中频变压器(中周)，出厂时都已调整在 465kHz 频率处(一般调整范围在半圈左右)，因此调整工作较简单。打开收音机，随便在低端找一个电台，按顺序先从 B_5 开始，然后 B_4、B_3 用无感螺丝刀(也可用塑料、竹条)向前顺序调节，调节到声音响亮为止。由于自动增益控制作用，人耳对音响变化不易分辨的缘故，收听本地电台当声音已调节到很响时，往往不易调精确，这时可以改收较弱的外地电台或者转动磁性天线方向以减小输入信号，再调到声音最响为止。按上述方法从后向前的次序反复细调两、三遍，调到最佳效果为止。

2）调整频率范围（对刻度）

（1）调低端：在 550～700kHz 范围内选一个电台，例如中央人民广播电台 640kHz，参考调谐盘指针在 640kHz 的位置，调整振荡线圈 B_2（红色）的磁心，收到这个电台，并调到声音较大，当双联全部旋进，容量最大时的接收频率约在 525～530kHz 附近。那么，低端刻度就对准了。

（2）调高端：在 1400～1600kHz 范围内选一个已知频率的广播电台，例如 1500kHz，再将调谐盘指针指在周率板刻度 1500kHz 这个位置，调节振荡回路中双联顶部左上角的微调电容，使这个电台在此位置声音最响。这样，当双联全旋出，容量最小时，接收频率必定在 1620～1640kHz 附近。那么，高端就对准了。

以上两步需反复调节两到三次，频率刻度才能调准。

3）统调

利用最低端收到的电台，调整天线线圈在磁棒上的位置，使声音最响，以达到低端统调。利用最高端收听到的电台，调节天线输入回路中的微调电容，使声音最响，以达到高端统调。为了检查是否统调好，可以采用电感量测试棒（铜铁棒）来加以鉴别。

10.1.6　故障排除

1. 组装调整中易出现的问题

1）变频部分

判断变频级是否起振，用 MF47 型万用表直流 2.5V 挡接 V_1 发射级，黑表笔接地，然后用手摸双联振荡联（即连接 B_2 端），万用表指针应向左摆动，说明电路工作正常，反之电路中存在故障。变频级工作电流不宜太大，否则噪声大。红色振荡线圈外壳两脚应焊牢，以防调谐盘卡盘。

2）中频部分

中频变压器序号位置搞错，结果是灵敏度和选择性降低，有时产生自激。

3）低频部分

输入、输出位置搞错，虽然工作电流正常，但音量很低，V_6、V_7 集电极（c）和发射极（e）搞错，工作电流调不上，音量极低。

2. 检测修理方法

1）检测前提

安装正确、元器件无差错、无缺焊、无错焊及搭焊。

2）检查要领

一般由后级向前检测，先检查低功放级，再检查中放和变频级。

3）检测修理方法

（1）整机静态总电流测量。整机静态总电流小于等于 25mA，无信号时若大于 25mA，则该机出现短路或局部短路，无电流则电源没接上。

（2）工作电压测量，总电压 3V。正常情况下，D_1、D_2 两二极管电压在 (1.3 ± 0.1)V，若此电压大于 1.4V 或小于 1.2V，则不能正常工作。大于 1.4V 时，二极管 1N4148 可能极性接反或损坏，检查该二极管。小于 1.3V 或无电压应检查：①电源 3V 是否接上；②R_{12}电阻 220Ω 是否正常；③中周(特别是白中周和黄中周)初级与其外壳短路。

(3) 变频级无工作电流。变频级无工作电流，此时应重点检查如下工作点：①天线线圈次级未接好；②V_1三极管已损坏或未按要求接好；③本振线圈(红)次级不通，R_3虚焊或错焊接了大阻值电阻。④电阻 R_1 和 R_2 接错或虚焊。

(4) 一中放无工作电流。一中放无工作电流具体检查如下工作点：①V_2晶体管坏，或V_2管管脚插错(e、b、c 脚)；②R_4未接好；③黄中周次级开路；④电解电容 C_4 短路；⑤R_5开路或虚焊。

(5) 一中放工作电流大，例如 1.5～2mA(标准是 0.4～0.8mA)。一中放工作电流过大具体检查如下工作点：①R_8未接好或铜箔有断裂现象；②C_5短路或 R_5错接成 51Ω；③电位器坏，测量不出阻值，R_9未接好；④检波管 V_4坏或引脚插错。

(6) 二中放无工作电流。二中放无工作电流具体检查如下工作点：①黑中周初级开路；②黄中周次级开路；③晶体管坏或引脚接错；④R_7未接上；⑤R_6未接上。

(7) 二中放工作电流太大，大于 2mA。二中放工作电流太大，具体检测电阻 R_6，其电阻值远小于 62kΩ。

(8) 低放级无工作电流。低放级无工作电流重点检测如下工作点：①输入变压器(蓝)初级开路；②晶体管 V_5损坏或接错引脚；③电阻 R_{10}未接好。

(9) 低放级电流太大，大于 6mA。低放级电流太大，应重点检测电阻 R_{10}是否装错，造成电阻值太小。

(10) 功放级无电流(V_6、V_7管)。功放级无电流应重点检测如下工作点：①输入变压器次级不通；②输出变压器不通；③V_6、V_7损坏或接错引脚；④R_{11}未接好。

(11) 功放级电流太大，大于 20mA。功放级电流过大应重点检测如下工作点：①二极管 D_4损坏，或极性接反，引脚未焊好；②R_{11}装错，用了小电阻(远小于 1kΩ 的电阻)。

(12) 整机无声。整机没有声音应检测如下工作点：①检查电源有无加上；②检查 D_1、D_2(1N4148 两端是否是(1.3±0.1)V)；③有无静态电流≤5mA；④检查各级电流是否正常(15mA 左右属于正常)；变频级(0.2±0.02)mA，一中放(0.6±0.2)mA；二中放(1.5±0.5)mA；低放(3±1)mA；功放(4±10)mA；⑤用万用表×1 挡检查喇叭(测量时应将喇叭焊下，不可连机测量)，电阻应在 8Ω 左右，表笔接触喇叭引出接头时应有"喀喀"声，若无阻值或无"喀喀"声，说明喇叭已损坏；⑥B_3黄中周外壳未焊好；⑦音量电位器未打开。

(13) 用 MF47 型万用表检查故障方法。用万用表 Ω×1 挡黑表笔接地，红表笔从后级往前级寻找，对照原理图，从喇叭开始，顺着信号传播方向逐级往前碰触，喇叭应发出"喀喀"声。当碰触到哪级无声时，则故障就在该级，可测量工作点是否正常，并检查有无接错、焊错、塔焊和虚焊等。若在整机上无法查出该元件的好坏，则可拆下检查。

10.1.7　实训报告要求

实训报告应包括主要指标、工作原理、装配工艺、调试说明、调试工艺以及实训体会等，并根据七管超外差收音机的电路图，回答下列问题。

(1) B_3、B_4 和 B_5 是什么器件，正常工作时其初级调谐回路应谐振在多大频率上？

(2) B_1 的初级调谐回路的谐振频率和 V_1 管发射级振荡调谐回路的谐振频率之间具有什

么样的关系?

(3) 图 10-2 中的本振电路和混频电路各是什么形式的电路?

(4) 如果 V_6 或 V_7 其中有一管极间开路损坏,扬声器中有没有声音,为什么?

(5) 如果在 V_1 基极输入普通调幅波,试画出 V_4 基极、电位器 W 上引脚和 V_5 基极的波形。

(6) R_8 开路会出现什么现象?

(7) 说明该收音机的检波原理。

10.2 无线话筒设计装配实训

10.2.1 实训任务和目标

1. 基本任务

本课程设计是作为高频电子线路课程的重要组成部分,目的是使学生进一步理解课程内容,基本掌握高频电子线路设计和调试的方法,增加模拟电路应用知识,培养学生实际动手能力以及分析、解决问题的能力。目的是使学生更好地巩固和加深对专业基础知识的理解,学会设计中、小型电子线路的方法,独立完成调试过程,增强学生理论联系实际的能力,提高学生电路分析和设计的能力。通过实践教学引导学生在理论指导下有所创新,为专业课的学习和日后的工程实践奠定基础。

2. 实训目标

1) 知识目标

(1) 掌握调频信号的调制工作原理。

(2) 掌握简单调频信号发射设计工作原理。

2) 技能目标

(1) 设计制作调频发射机(调频无线话筒)。

(2) 分析高频发射系统各功能模块的工作原理,提出系统的设计方案,对电路进行调试。

(3) 进行创新设计,如改善电路性能、故障分析。

10.2.2 实训项目原理

1. 无线话筒技术指标

载波频率 90MHz 附近,用收音机 FM 段接收;电源电压 1.5V;音质清晰,发射距离 20～30m。

2. 电路工作原理

图 10-6 是无线话筒的电路原理图。该电路主要由驻极体话筒和一只高频晶体管 9018 组成。L_1、C_4、C_5 等外围元件组成高频振荡电路。驻极体话筒 BM 将声音信号变成电信号,通过电解电容 C_1 耦合到 VT_1 的基极,对高频等幅振荡电压进行调制,经过调制的高频信号通过 C_6,由天线向外发射。R_3、R_4 是 VT_1 的直流偏置电阻,R_4 组成直流负反馈电路,使得 VT_1 的工作更加稳定。L_1 和 C_5 决定振荡频率 $f = 1/2\pi \sqrt{L_1 C_5}$,调整 L_1 的匝数及间距可改变振荡频率。R_1 为驻极体话筒的供电电阻。

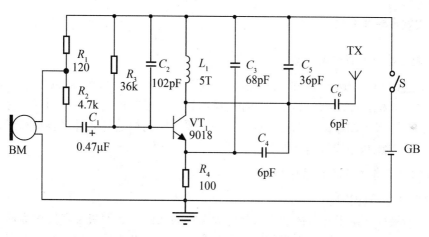

图 10－6　无线话筒原理图

10.2.3　实训用仪表、工具及器件

1. 仪表及工具

5 号电池、万用表、示波器、调频收音机和焊接工具箱。

2. 元器件清单

无线话筒的元器件材料清单见表 10－3。

表 10－3　无线话筒元器件清单

序号	名称	型号规格	位号	数量	序号	名称	型号规格	位号	数量
1	晶体管	9018	VT_1	1只	13	开关		S	1只
2	振荡线圈	5T	L_1	1只	14	发射天线	15～25mm	TX	1根
3	驻极体		BM	1只	15	印制电路板	54mm×15mm		1块
3	电阻	100Ω	R_4	1只	16	电池架	5号1节		1个
4	电阻	120Ω	R_1	1只	17	电池弹簧			1个
6	电阻	4.7kΩ	R_2	1只	18	电池极片			1片
7	电阻	3.6kΩ	R_3	1只	19	螺钉	Φ2×4		2粒
8	电解电容	0.47nF	C_1	1只	20	开关标牌			1个
9	瓷片电容	6pF	C_4、C_6	2只	21	话筒手柄			1个
10	瓷片电容	36pF	C_5	1只	22	网罩海绵			2块
11	瓷片电容	68pF	C_3	1只	23	网罩架			1个
12	瓷片电容	102pF	C_2	1只	24	线尾			1个

10.2.4　实训步骤和方法

1. 印制电路板的设计与制作

根据原理图利用 Protel 软件，绘制好无线话筒的印制电路板图（可以参考图 10－10）。再利用激光打印机打印图纸，利用热转印把图纸转印到覆铜板上，然后利用三氯化铁溶液进行腐蚀，去除多余的覆铜，钻孔完成后待用。要求印制板上各元件要合理布局，信号线不要过长，电源线和地线可适当加宽。

2. 装配前准备工作及元器件初测

1）驻极体话筒的检测

（1）判断极性。由于驻极体话筒内部场效应管的漏极 d 和源极 s 直接作为话筒的引出电极，所以只要判断出漏极 d 和源极 s，就不难确定出驻极体话筒的电极。如图 10－7 所示，将万用表拨至"R×100"或"R×1k"电阻挡，黑表笔接任意一极，红表笔接另外一极，读出电阻值数；对调两表笔后，再次读出电阻值数，并比较两次测量结果，阻值较小的一次中，黑表笔所接的应为源极 s，红表笔所接的应为漏极 d。进一步判断：如果驻极体话筒的金属外壳与所检测出的源极 s 电极相连，则被测话筒应为两端式驻极体话筒，其漏极 d 电极应为"正电源/信号输出脚"，源极 s 电极为"接地引脚"；如果话筒的金属外壳与漏极 d 相连，则源极 s 电极应为"负电源/信号输出脚"，漏极 d 电极为"接地引脚"。如果被测话筒的金属外壳与源极 s、漏极 d 电极均不相通，则为三端式驻极体话筒，其漏极 d 和源极 s 电极可分别作为"正电源引脚"和"信号输出脚"（或"信号输出脚"和"负电源引脚"），金属外壳则为"接地引脚"。

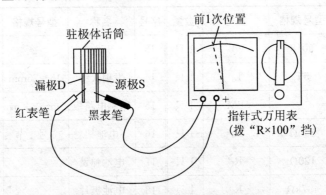

图 10－7　驻极体话筒极性与好坏判断

（2）好坏检测。在上面的测量中，驻极体话筒正常测得的电阻值应该是一大一小。如果正、反向电阻值均为∞，则说明被测话筒内部的场效应管已经开路；如果正、反向电阻值均接近或等于 0Ω，则说明被测话筒内部的场效应管已被击穿或发生了短路；如果正、反向电阻值相等，则说明被测话筒内部场效应管栅极 g 与源极 s 之间的二极管已经开路。由于驻极体话筒是一次性压封而成，所以内部发生故障时一般不能维修，弃旧换新即可。

（3）灵敏度检测。将万用表拨至"R×100"或"R×1k"电阻挡，按照图 10－8(a)所示，黑表笔（万用表内部接电池正极）接被测两端式驻极体话筒的漏极 d，红表笔接接地端（或红表笔接源极 s，黑表笔接接地端），此时万用表指针指示在某一刻度上，再用嘴对着话筒正面的入声孔吹一口气，万用表指针应有较大摆动。指针摆动范围越大，说明被测话筒的灵敏度越高。如果没有反应或反应不明显，则说明被测话筒已经损坏或性能下降。对于三端式驻极体话筒，按照图10－8(b)所示，黑表笔仍接被测话筒的漏极 d，红表笔同时接通源极 s 和接地端(金属外壳)，然后按相同方法吹气检测即可。

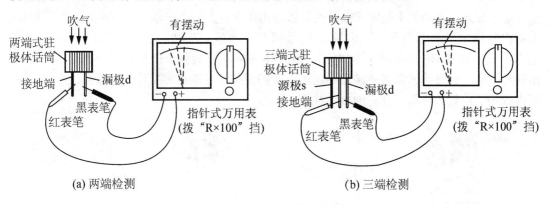

(a) 两端检测　　　　　　　　　　　　　(b) 三端检测

图 10－8　驻极体话筒灵敏度检测

(4) 驻极体话筒的选用。驻极体话筒虽然品种多、型号不一，但其主要特性一般相差都不太大，差别常在于灵敏度高低的不同。尤其是常用机装型驻极体话筒的外形尺寸绝大多数也很接近，故其通用互换性较好。在电子制作或维修时，如果找不到所需的型号，可用相似尺寸和特性的任何驻极体话筒来代换。但要注意的是，有些型号的驻极体话筒采用色点标记对其灵敏度进行分挡，例如英伦牌 CM－18W 型驻极体话筒的灵敏度划分成 5 个挡，每挡差别约 4dB，依次是：红色为 －66dB，小黄为 －62dB，大黄为 －58dB，蓝色为 －54dB，白色＞－52dB。代换时，即使型号相同还不够，必须要求两者色点相同或灵敏度接近才行。如果是非色标产品，最好查阅产品手册或说明书，弄清具体特性和主要参数后，再确定能否代换。

驻极体话筒的灵敏度选择是使用中一个比较关键的问题，究竟选择灵敏度高好还是低好，应根据实际情况而定。在要求动态范围较大的场合应选用灵敏度低一些的产品，这样录制节目背景噪声较小、信噪比较高，声音听起来比较干净、清晰，但对电路的增益相对就要求高一些；在简易系统中可选用灵敏度高一点的产品，以减轻对后级放大电路增益的要求。另外要注意的是，普通驻极体话筒的离散性较大，即使是同一型号和色点的话筒有时灵敏度也存在较大差异。

驻极体话筒和电子设备连接时，要特别注意两者阻抗的匹配。无论使用何种话筒，都必须始终牢记这样的原则：高阻抗的话筒不可以直接接至低输入阻抗的电子设备，但低阻抗的话筒接至高输入阻抗的电子设备是允许的。另外，高阻抗的话筒引线不宜过长，否则容易引起各种杂声并增加频率失真。在需要使用较长的话筒接线时，应尽可能地选用阻抗低一些的话筒。无论话筒的引出线或长或短，都应采用屏蔽线，以免外界杂波信号感应给引出线，对后级放大电路造成干扰。

(5) 驻极体话筒的连接。驻极体话筒在接入电路时，共有 4 种不同的接线方式，其具体电路如图 10－9 所示。图中的 R 既是话筒内部场效应管的外接负载电阻，也是话筒的直流偏置电阻，它对话筒的工作状态和性能有较大影响。C 为话筒输出信号耦合电容器。图10－9(a)和图 10－9(b)所示为两端式话筒的接线方法，图 10－9(c)和图 10－9(d)为三端式驻极体话筒的接线方法。目前市售的驻极体话筒大多是两端式,几乎全部采用图10-9(a)所示的连接方法。这种接法是将场效应管接成漏极 d 输出电路,类似于晶体三极管的共发射极放大电路,其特点是输出信号具有一定的电压增益,使得话筒的灵敏度比较高,但动态范围相对要小些。三端式话筒目前市场上比较少见,使用时多接成图10-9(c)所示的源极 s 输出方式,这类似于晶体三极管的射极输出电路,其特点是输出阻抗小(一般≤2kΩ),电路比较稳定,动态范围大,但输出信号相对要小些。当然,也可将三端式话筒接成图10-9(a)或图10-9(b)所示的电路,直接作为两端式话筒来使用。但要注意,无论采用何种接法,驻极体话筒必须满足一定的直流偏置条件才能正常工作,这实际上是为了保证内置场效应管始终处于良好的放大状态。

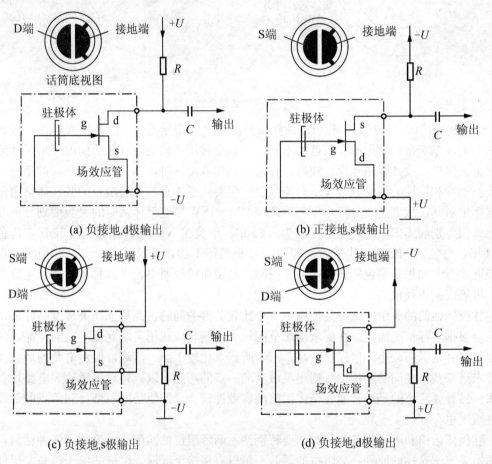

(a) 负接地,d极输出　　　　　　　　(b) 正接地,s极输出

(c) 负接地,s极输出　　　　　　　　(d) 负接地,d极输出

图 10-9　驻极体话筒的 4 种接法

2) 振荡线圈的制作

振荡线圈 L_1 需自制,制作方法是在直径为 5mm 的直柄钻花上用直径为 0.5mm 的漆包线平绕 4 圈后即成。

3. 元器件的选择

晶体管 VT_1 除可以使用 9018 外,还可以选用截止频率高的高频晶体管,如 3DG80 等。C_2、C_3、C_4 和 C_5 应使用稳定性好的高频瓷介电容,尤其是 C_5 一定要保证质量。驻极体话筒采用优质的话筒。其他电阻采用图 10-6 中所示的参数即可。

4. 安装制作

无线话筒的印制电路板参考图如图 10 - 10 所示。

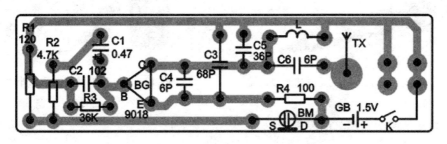

图 10 - 10　无线话筒印制电路板图

在安装制作前，先用万用表筛选一下各个元器件的质量，有条件的话将各瓷片电容用电容表测量一下电容量，这样就万无一失了。

安装的先后顺序是电感线圈、电阻器、电容器、高频晶体管、话筒和拨动开关、电池卡子。将电阻器、电容器等元器件分类集中安装的目的是减少差错和防止元器件的丢失。以上元器件的插装孔位需认真对照图 10 - 10 来确定。电感线圈的两个引出端首先刮除表面上的绝缘漆，然后上好锡，插装时要贴近电路板并牢固焊接。如有虚焊，振荡会不稳定，工作也会不正常。

晶体管尽可能最后安装的目的是尽量减少焊接中静电、热量对管子的损害，插装时注意极性同时尽量贴近电路板。

驻极体话筒用两根导线焊接引出，焊接到电路时注意极性，将焊好线的话筒固定在电池架上。电池正极片和负极簧都插装在电池夹的相应处，并用红色、黑色导线分别焊接在正极片和负极簧上，并引出焊接到电路板上。

电阻器和电解电容器采用卧式安装，并靠近电路板。瓷介电容立式安装，也需靠近电路板。

所有元器件安装完成后的效果如图 10 - 11 所示（其中贯穿电路板的引线为天线，下方两根线为驻极体话筒连接线，左侧黑线接驻极体负极，右侧红线接驻极体整机）。

图 10 - 11　元器件安装完成效果图

根据电路图及印制电路板图，焊接电源线到电路板上，然后装上电池。在罩网内装入海绵，并在其中装好驻极体话筒，组装完成的无线话筒如图 10 - 12 所示。

上述模型按照一般话筒外形进行设计，对于授课用无线语音放大器的设计只是在外形上有所改变。我们同样可以把上述设计改装成图 10 - 13 所示的头挂式。

图 10-12 装配完成的无线话筒

图 10-13 无线话筒的其他外观

10.2.5 无线话筒的调试及故障排除

将无线话筒的电源开关置于"关"的位置,将万用表置于"10mA"挡,两表笔接到电源开关的两端,可测量电路的总电流,如在 10mA 左右则电路基本正常,电流过大或过小(甚至为 0)都不正常,应检查电路板上有无错焊、虚焊、短路等现象,及时予以排除。

然后打开收音机(置于 FM 段)和话筒开关(置 ON 处),手持话筒,一边对话筒讲话一边调收台旋钮(或选频键)直到收音机中传出自己的声音为止。如果在整个频段(即 88~108MHz)中仍收不到自己的声音则仔细拨动振荡线圈 L_1,拨动时只需拉开或缩小线圈每匝之间的距离,调整时应仔细。若调整线圈的松紧仍不奏效则应将 L_1 焊下来增加一匝或者减少一匝(因电子元件参数的影响),重新焊上后继续上述调整。

10.2.6 实训报告要求

实训报告应包括无线话筒的主要指标、工作原理、装配工艺、调试说明、调试工艺以及实训体会等,并根据无线话筒的电路原理图,回答下列问题。

(1) 晶体管 VT_1 在电路中起到什么作用?为什么它可以用 3DG80 代替?

(2) 在绘制无线话筒印制电路板时应考虑其哪些特性?实际设计如何处理?

(3) 驻极体话筒焊接装反,会出现什么结果?如何判别其正负极?

(4) 参考其他资料,说明现在舞台、授课等场合所使用无线话筒的工作频率在什么波段?为什么?

10.3 集成电路收音机的组装与调试

10.3.1 实训任务和目标

1. 基本任务

通过对集成调频收音机的安装、焊接和调试,了解调频收音机装配的全过程及其工作原理,掌握元器件的识别、测试、整机装配和调试工艺。

2. 实训目标

1) 知识目标

(1) 掌握调频信号的解调工作原理。

(2) 掌握简单调频信号接收工作原理。

2) 技能目标

(1) 读懂集成收音机电路的基本组成、工作原理及印制电路板的安装图。

(2) 掌握电子元器件的识别、安装、焊接工艺及相关工具、仪表的使用方法。

(3) 掌握简单电子产品的整机工艺、装配、调试方法，并达到产品质量要求。

(4) 学会编制简单电子产品的工艺文件，能按照行业规程要求，撰写实验报告。

10.3.2　实训项目原理

1. 调频收音机工作原理简介

由于集成技术的迅速发展，分立元件的晶体管收音机早已被集成电路所取代，大规模集成电路可将调幅、调频收音机的绝大部分电路集成在一个芯片内，不但大大简化了电路，而且工作更加可靠。集成电路收音机是由集成电路配以适当的外围元器件构成的。目前收音机的高频、中频、检波、鉴频及音频放大电路均已实现集成化，而且集成度越来越高。为了满足接收不同频率的需要，输入调谐电路一般需使用分立元件或专用集成电路，其他各功能电路均集成在一个芯片内，下面简单概述调频收音机的基本原理。

调频广播使用的是超短波发送，采用的频段为 $88\sim108\text{MHz}$，中频频率为 10.7MHz。它和调幅超外差式收音机的电路结构很相似，是由输入电路、高频放大器、中频放大器、限幅器、鉴频器、低频放大器、功放电路及 AFC 等电路组成的。图 10-14 所示为调频收音机的原理框图及各点处的波形。

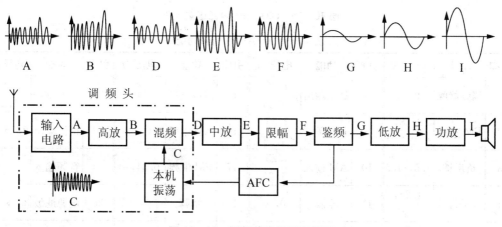

图 10-14　调频收音机原理框图

天线接收到的调频无线电波经输入电路选频和高频放大器放大后送给变频级，变频级利用晶体管的非线性作用，将调频信号和本振振荡产生的正弦波信号进行混频，得到 10.7MHz 的差频(中频)信号，即完成超外差过程。10.7MHz 的中频信号经中频放大器放大后送到限幅器。限幅器的作用是切除调频波上的干扰和噪声，使中频信号变成一个等幅的调频波，然后送至鉴频器。鉴频器相当于调幅收音机的检波，将频率变化的信号转变成电压变化信号。低放和功放级功能同调幅收音机。此外，为防止电源电压及温度变化而引起振荡频率漂移，电路还设有自动频率控制电路(AFC)。

本收音机为全集成电路调频调幅式收音机，具有体积小、外围元件少、灵敏度高、质量稳定、一致性好、耗电省、发音宏亮等优点，是提高电子技术的理想实验套件。本机参数为：中波频率范围 525～1605kHz；调频频率范围 87～108MHz；灵敏度：AM＝2mV/m；FM＜30mV；电源电压 3V（5 号两节电池）；信噪比：AM＞40dB；输出功率≥100mW。

2. 集成电路调频调幅收音机工作原理

本实训以 CXA1691 系列集成电路为例。该集成电路由日本索尼公司研制，在调频/调幅中短波收音机中被广泛使用且其功能齐全，集成化程度高。其内部逻辑电路如图 10－15 所示，从图中可以看到，在集成电路内有调频高频放大、调频、本机振荡、调频中频放大及鉴波、音频放大电路等，几乎包含了调频/调幅收音机的所有电路。各引脚的功能见表 10－4。

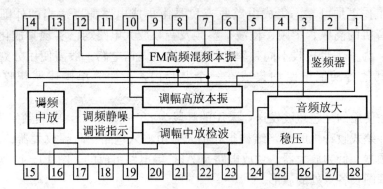

图 10－15　CXA1691 内部逻辑电路

表 10－4　CXA1691 引脚功能

引脚	功能	电压/V	引脚	功能	电压/V	引脚	功能	电压/V	引脚	功能	电压/V
1	调频静噪	0，0	8	稳压输出	1.25，1.25	15	波段选择	0.84，0	22	AFC 滤波	1.25，1.25
2	FM 鉴频	2.18，2.7	9	FM 高放	1.25，1.25	16	AM 中频	0，0	23	检波输出	1.25，0
3	负反馈	1.5，1.5	10	AM 输入	1.25，1.25	17	FM 中频	0.34，0	24	音频输入	0，0
4	电子音量	1.25，1.25	11	空脚	0，0	18	空脚	0，0	25	电源滤波	3.0，3.0
5	AM 本振	1.25，1.25	12	FM 输入	0.3，0	19	调谐指示	1.6，1.6	26	电源正极	3.0，3.0
6	AFC	1.25	13	高频地	0，0	20	中频地	0，0	27	音频输出	1.5，1.5
7	FM 本振	1.25，1.25	14	中频输出	0.36，0.2	21	AGC 滤波	1，25，1.49	28	电源地	0，0

说明：电压为静态电压参考值，前者为 FM 电压，后者为 AM 电压。

由集成块 CXA1691 组成的调幅调频收音机电路图如图 10－16 所示，由于集成电路内部不便制作电感、电容和大电阻以及可调元件，故外围元件多以电感、电容和电阻及可调元件为主，组成各种控制、谐振、供电、滤波和耦合等电路。

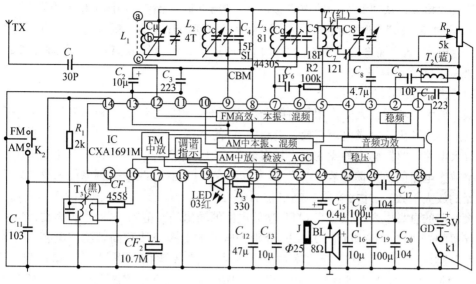

图 10 - 16　调频调幅收音机原理图

1) 输入调谐(即选台)与变频

由于同一时间内广播电台很多，收音机天线接收到的不仅仅是一个电台的信号，是 N 个电台的信号。由于各个电台发射的载波频率均不相同，收音机的选频回路通过调谐，改变自身的振荡频率，当振荡频率与某电台的载波频率相同时，即可选中该电台的无线信号，从而完成选台。

由于采用的是超外差式收音，选出的信号并不立即送到检波级，而是要进行频率的变换(即变频，目的是让收音机整个频段内的信号放大量基本一致，因为频率稳定放大倍数也就相对稳定)。利用本机振荡产生的频率与外来接收到的信号进行混频，选出差频，即获得固定的中频信号(AM 的中频为 465kHz，FM 的中频为 10.7MHz)。

在所示收音机电路中，这部分电路有 4 个 LC 调谐回路，带箭头用虚线连在一起的是一只四联可变电容器 CBM－443DF，其中 C_A 与 L_1 并联是调幅波段的输入回路(选台回路)、C_B 与 T_1 相连的是调幅波段本机振荡电路，C_7(120pF)是一只垫振电容，把本振频率垫高，使本振电路频率比输入回路频率高 465kHZ，C_C 与 L_2 并联的是调频波段的输入回路(选台回路)，C_D 与 L_3 并联为 FM(调频)波段本振回路，和可变电容并联的分别是与它们适配的微调电容，用作统调。K_2 是波段开关，与集成电路"15"脚内部的电子开关配合完成波段转换，开关闭合是低电平为调幅波段，开关断开是高电平为调频波段。以上元件与集成电路内部有关电路一起构成调谐和本机振荡电路，变频功能基本由 IC 内部完成。

2) 中频放大与检波

中频放大与检波的作用是将选台、变频后的中频调制信号(调幅为 465kHz，调频为 10.7MHz)送入中频放大电路进行中频放大，然后再进行解调，取出低频调制信号，即所需要的音频信号。

在图 10-16 所示的电路中，中频放大电路的特征是具有"中周(中频变压器)"调谐电路或中频陶瓷滤波器。IC 内部变频电路送出的中频信号从"14"脚输出，10.7MHz 的调频中频信号经三端陶瓷滤波器 CF_2 选出送往 IC 的"17"脚，465kHz 的调幅中频信号经 R_1 和 T_3 中周，再经过 CF_1 三端陶瓷滤波器选出送往 IC 的"16"脚，中频信号进入 IC 内部进行放大并检波,从"23"脚输出音频信号。鉴频(调频检波)和调幅检波电路都在 IC 内部。IC 的"23-24"脚之间的电容 C_{15} 是检波后得到的音频信号耦合到音频功率放大输入端的耦合电容(通交隔直,让交流的音频信号通过,直流分量隔离),"2"脚外接的 C_9 和 T_2 是外接 FM 鉴频网络。

3)低频放大与功率放大

低频放大与功率放大的作用是将解调后得到的音频信号经低频和功率放大电路放大后送到扬声器或耳机,完成电声转换。电路中 IC 的"1"、"3"、"4"、"24~28"脚内部都是低频放大电路。"1"脚为静噪滤波,接有电容 $C_{10}(0.022\mu F)$,"3"脚所接电容 $C_8(4.7\mu F)$ 为功率放大电路的负反馈电容,"4"脚为直流音量控制端(改变引脚电位来改变内部差动放大器的放大倍数),外接音量控制电位器中心抽头。IC 的"25"脚接的 $C_{18}(10\mu F)$ 是功率放大电路的自举电容,以提高 OTL 功放电路的输出动态范围,"26"脚为功放电路供电端,外接的 $C_{19}(100\mu F)$ 和 $C_{17}(0.1\mu F)$ 分别为电源的低频滤波和高频滤波电容。音频信号经"24"脚输入到 IC 中进行功率放大,放大后的音频信号从"27"脚输出,经 C_{16} $(100\mu F)$ 耦合送到扬声器或耳机发声,$C_{20}(0.1\mu F)$ 是一只高频滤波电容,防止高频成分送入扬声器。

4)电源及其他电路

本机的电源部分包括有两节 1.5V 电池、"26"脚外围的低频滤波电容 C_{19} $(100\mu F)$、$C_{17}(0.1\mu F)$ 电源高频滤波电容,"8"脚外围的低频去耦滤波电容 C_2 $(10\mu F)$,电源高频滤波电容 $C_3(0.22\mu F)$ 及由音量电位器连动的电源开关 K_1、R_3 和 LED 构成电源指示电路。"21"脚外围的 $C_{12}(4.7\mu F)$、"22"脚外围的 $C_{13}(10\mu F)$ 是自动增益控制(AGC)电路滤波电容。此外,为了防止各部分电路的相互干扰,IC 内部各部分的电路都单独接地,并通过多个引脚与外电路的地相接,如"13"脚是前置电路地,"28"脚是功放电路地。

5)天线接收部分

CXAl691M(CDl691M)内部还设有调谐高放电路,目的是提高灵敏度。拉杆天线收到的调频电磁波由 C_1 耦合进入"12"脚调频 FM 高放输入,再进行混频。调幅部分则由天线磁棒汇聚接收电磁波,经 L_1 的次级线圈进入变频电路。

10.3.3 实训用仪表、工具及器件

1. 仪表

电源(3V/200mA 稳压电源或 2 节 5 号电池)、XFC-7 高频信号发生器(或同类仪器)、示波器、毫伏表 GB-9(或同类仪器)和无感应螺丝刀。

以上调试仪器按 5~8 人一组,每组一套。

2. 工具

万用表 1 块,20~30W 内热式电烙铁、小十字起、尖嘴钳、斜口钳、镊子各一把。以上工具每人一套。

3. 元器件

调频调幅收音机元器件材料清单见表 10-5。

表 10-5　调频调幅收音机材料清单

序号	材料名称	型号/规格	位号	数量
1	集成块	CXA1691BM	IC	1块
2	发光二极管	$\phi 3$ 红	LED	1支
3	三端陶瓷滤波器	455B	CF_1	1支
4	三端陶瓷滤波器	10.7MHz	CF_2	1支
5	中波振荡变压器	红色(中振)	T_1	1支
6	中波中频变压器	黑色(465)	T_3	1支
7	调频中频滤波器	绿色 10.7MHz	T_2	1只
8	磁棒线圈	55mm×13mm×5mm	L_1	1套
9	调频天线线圈	$\phi 6 \times 4$ 圈	L_2	1支
10	调频振荡线圈	$\phi 3 \times 6$ 圈	L_3	1支
11	碳膜电阻	330	R_3	1支
12	碳膜电阻	2k、100k	R_1、R_2	各1支
13	电位器	5k	$R_P(K_1)$	1支
14	瓷片电容	1p、10p	C_6、C_9	各1支
15	瓷片电容	15p、18p	C_4、C_5	各1支
16	瓷片电容	30p、121	C_1、C_7	各1支
17	瓷片电容	103	C_{11}	1支
18	瓷片电容	223 或 203	C_3、C_{10}	2支
19	瓷片电容	104	C_{17}、C_{20}	2支
20	电解电容	$0.47\mu F$	C_{15}	1支
21	电解电容	$4.7\mu F$	C_8、C_{12}	2支
22	电解电容	$10\mu F$	C_2、C_{13}、C_{18}	3支
23	电解电容	$100\mu F$	C_{16}、C_{19}	2支
24	四联电容器	CBM-443DF	SL	1支
25	扬声器	$\phi 58mm$	BL	1个
26	波段开关		K_2	1支
27	拉杆天线		TX	1根
28	耳机插座	$\phi 2.5mm$		1个
29	印刷电路板			1块
30	刻度盘			1块
31	图纸装配说明书			1份
32	连体簧、负极片、正极片	3件		1套
33	连接带线	电池喇叭天线、J		6根

序号	材料名称	型号/规格	位号	数量
34	平机螺钉	$\phi 2.5 \times 5$		4 粒
35	自攻螺钉	$\phi 2 \times 5$		1 粒
36	平机螺钉	$\phi 1.6 \times 5 \phi 2 \times 8$		1 粒
37	焊片、螺母	$\phi 2.5 \phi 2.0$		各 1 个
38	前后盖、大小拨盘、磁棒支架			1 套

10.3.4 实训步骤和方法

调频调幅收音机的装配图如图 10-17 所示。

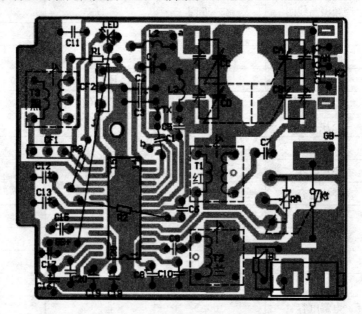

图 10-17 调频调幅收音机装配图

电路板的装配是整机质量的关键，装配质量的好坏对收音机的性能有很大的影响。因此电路板装配总的要求是：①元器件在装配前务必检查其质量好坏，确保元器件能正常使用；②装插位置务必正确，不能有插错、漏插；③焊点要光滑、无虚焊、假焊和连焊。

1. 元器件的装插焊接

应遵循先小后大，先轻后重，先低后高，先外围再集成电路的原则。这里介绍的方法是：以集成电路为中心，从"1～28"脚外围电路元件依次一一清理的办法进行装配，这样有利于电路熟悉和装配顺利进行。

2. 瓷介电容、电解电容及晶体管等元器件立式安装

引线不能太长，否则会降低元器件的稳定性，而且容易短路，也会导致分布参数受到影响而影响整机效果；但也不能过短，以免焊接时因过热损坏元器件。一般要求距离电路

板面 2mm，并且要注意电解电容的正负极性，不能插错。

3. 可调电容器(四联)的装插

六脚应插到位，不要插反(中心抽头多一个引脚的一面为调频部分可变电容)，应该先上螺钉再进行焊接。

4. 音量开关电位器的安装

首先用铜铆钉固定两边开关脚，然后再进行焊接。使电位器与线路板平行，在焊电位器的 3 个焊接片时，应在短时间内完成，否则易焊坏电位器的动触片、从而造成音量电位器不起作用而失调或接触不良。

5. 集成电路的焊接

CXAl691M 为双列 28 脚扁平式封装，焊接时首先要弄清引线脚的排列顺序，并与电路板上的焊盘引脚对准，核对无误后，先焊接 1、15 脚用于固定 IC，然后再重复检查，确认后再焊接其余脚位。由于 IC 引线脚较密，焊接完后要检查有无虚焊、连焊等现象，确保焊接质量，否则会有损坏 IC 的危险。

10.3.5　调频收音机的调试

1. 收音机电路板的调试原理

收音机的调试是收音机实训的一个重要内容，有些同学一焊接完，就以为大功告成，特别是有些同学还能收到一两个电台，就忽视了后面的实训，这是非常错误的指导思想，一定要重视收音机的调试部分的实训。

在调试前必须确保收音机能接收到沙沙的电流声(或电台)，若听不到电流声或电台，应先检查电路的焊接有无错误、元器件有无损坏，直到能听到声音才可做以下的调整实验。

超外差收音机的调整有 3 种。

1) 调中频(即是调中频调谐回路)

中放电路是决定收音电路的灵敏度和选择性的关键所在，它的性能优劣直接决定了整机性能的好坏。调整中频变压器，使之谐振在 AM/465kHz(或 FM/10.7MHz)频率，这就是中放电路的调整任务。

2) 调覆盖(即是调本振谐振回路)

超外差收音机电路接收信号的频率范围与机壳刻度上的频率标志应一致，所以，要进行校准调整，也叫调覆盖。

在超外差收音机中，决定接收频率的是本机振荡频率与中频频率的差值，而不是输入回路的频率，调覆盖实质是调本振频率和中频频率之差。因此调覆盖即调整本振回路，使它比收音机频率刻度盘的指示频率高 AM/465kHz(或 FM/10.7MHz)。在本振电路中，改变振荡线圈的电感值(即调节磁心)可以较为明显地改变低频端的振荡频率(但对高频端也有影响)。改变振荡微调电容的电容量可以明显地改变高频端的振荡频率。

3) 统调(即是调输入回路)

统调又称为调整灵敏度，本机振荡频率与中频频率确定了接收的外来信号频率，输入回路与外来信号的频率的谐振与否决定了超外差收音机的灵敏度和选择性(即选台功能)，因此，调整输入回路使它与外来信号频率谐振，可以使收音机灵敏度高，选择性较好。调整输入回路的选择性也称为调补偿或调跟踪，但是在外差式收音电路中，调整输入谐振回路的选择性会影响灵敏度，因此，调整谐振回路的谐振频率主要是调整灵敏度，使整机各波段的调谐点一致。

调整时，低端调输入回路线圈在磁棒上的位置，高端调天线接收部分与输入回路并联的微调电容。

2. 收音机电路板的调整实验

1) 调幅部分的调整

(1) 中频放大电路的调整——调 AM 中周。用调幅高频信号发生器进行调整的方法如图 10 - 18 所示。

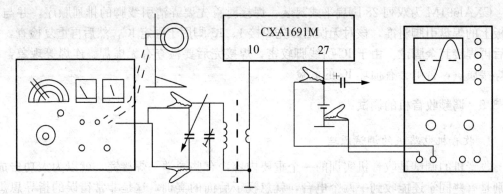

图 10 - 18　中频变压器调整仪器连接示意图

调整时，整机置中波 AM 收音位置，调整前按图中配置仪表和接线或直接听收音机的喇叭输出声音。

将音量电位器置于最大位置，将收音机调谐到无电台广播又无其他干扰的地方(或者将可调电容调到最大，即接收低频端)，必要时可将振荡线圈初级或次级短路，使之停振。

使高频信号发生器的输出载波频率为 465kHz，载波的输出电平为 99dB，调制信号的频率为 1000Hz，调制度为 30％的调幅信号接入 IC 的"14"脚，也可以通过圆环天线发射或接入输入回路(图 10 - 18)，由磁性天线接收作为调整的输入信号。

用无感螺丝刀微微旋转中频变压器(黑色中周 T_3)的磁帽向上或向下调整(调整前最好做好记号，记住原来的位置)，使示波器显示的波形幅度最大，若波形出现平顶，应减小信号发生器的输出，同时再细调一次。在调整中频变压器时也可以用喇叭监听，当喇叭里能听到 1000Hz 的音频信号，且声音最大，音色纯正，此时可认为中频变压器调整到了最佳状态。

注意若中频放大器的谐振频率偏离 465kHz 较大时，示波器可能没有输出或幅度极小，这时可左右偏调输入调幅信号的频率，使示波器有输出，待找到谐振点后，再把调幅高频信号发生器的频率逐步向 465kHz 靠拢，同时调整中频变压器，直到把频率调整在 465kHz。

在调整过程中，必须注意当整机输出信号逐步增大后，应尽可能减小输入信号电平。这是因为收音部分的自动增益控制是通过改变直流工作点来控制晶体管增益的，而直流工作点的变化又会引起晶体管极间电容的变化，从而引起回路谐振频率的偏离，因此必须把输入信号电平尽可能降低。

（2）调整接收范围（频率覆盖）——调 AM 的电感和电容。按国标规定中波段的接收频率范围规定为 525～1605kHz，实际调整时留有一定的余量，一般为 515～1625kHz。我们将对 515kHz 的调整叫低端频率调整，对 1625kHz 的调整叫高端频率调整。用高频信号发生器调整频率接收范围的方法如下。

① 低端频率调整。

调整时，整机置中波 AM 收音位置，调整前按图 10-18 所示配置仪表和接线或直接听收音机的喇叭输出声音，将音量电位器置于最大位置。

将可变电容器（调谐双联）旋到容量最大处，即机壳指针对准频率刻度的最低频端，将收音机调谐到无电台广播又无其他干扰的地方。

使高频信号发生器的输出频率为 515kHz，载波的输出电平为 99dB，调制信号的频率为 1000Hz，调制度为 30% 的高频调幅信号接入收音机的 AM 磁性天线输入端（即 IC 的"10"脚），作为调整的输入信号。

用无感螺丝刀调整中波振荡线圈的磁心（红色中周），如图 10-19 所示，以改变线圈的电感量，使示波器出现 1000Hz 波形，并使波形最大。或直接监听收音机的声音，使收音机发出的声音最响最清晰。

② 高端频率调整。

将整机的可变电容器置于容量最小处，这时机壳指针应对准频率刻度的最高频端。

使高频信号发生器的输出频率为 1625kHz，载波的输出电平为 99dB，调制信号的频率为 1000Hz，调制度为 30% 的高频调幅信号接入收音机的 AM 磁性天线输入端（即 IC 的"10"脚），作为调整的输入信号。

调节并联在振荡回路上的，和 C_B 并联的补偿电容器，如图 10-19 所示，使示波器的波形最大（或喇叭声音最响）。

这样接收电路的频率覆盖就达到 515～1625kHz 的要求了，但因为高低频端的谐振频率的调整相互牵制，所以必须反复调节多次，直到整机的接收频率范围符合要求为止。

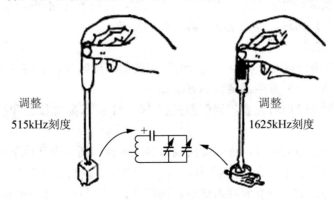

调整
515kHz刻度

调整
1625kHz刻度

图 10-19　调整频率接收范围

（3）统调。中波段的统调点为 630kHz、1000kHz、1400kHz。

调整时，整机置中波 AM 收音位置，调整前按图 10-18 所示配置仪表和接线或直接听收音机的喇叭输出声音。将音量电位器置于最大位置。

由调幅高频信号发生器通过圆环天线送出频率为 630kHz，电平为 99dB，调制信号的频率为 1000Hz，调制度为 30％的高频调幅信号作为调整的输入信号(或接入收音机的 AM 磁性天线输入端，即 IC 的"10"脚)。将接收机调谐到该 630kHz 频率上，然后调整磁性天线线圈在磁棒上的位置，使整机输出波形幅度最大(或听到的收音机的声音最响最清晰)。

接着统调高频端频率点，由调幅高频信号发生 1400kHz 的信号，将整机调谐到该频率上，然后用无感螺刀调节磁性天线回路的补偿电容(在四联可变电容上面)，如图 10 - 20 所示，使整机输出波形最大(或听到的收音机的声音最响最清晰)。

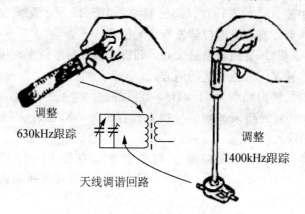

调整
630kHz 跟踪

调整
1400kHz 跟踪

天线调谐回路

图 10 - 20　中波统调示意图

注意统调结果正确与否可以用铜、铁棒来鉴别。当统调正确时，用铜、铁棒的两头分别靠近磁性天线线圈后，整机输出都会下降(即收音机的声音变小)，这种现象称为"铜降"和"铁降"，否则称为"铜升"和"铁升"。若"铁升"，则说明电感量不足，应增加电感量，将线圈往磁棒中心移动；若"铜升"，则反之。在高频端，若"铁升"应增加电容量，若"铜升"则应减小电容量。按上述方法反复进行调整，直至高频端和低频端都完全统调好为止，在一般情况下，低频端和高频端统调好后，中频端 1000kHz 的失谐不会太大。至此，三点频率跟踪已完成。

要注意的是，在统调时输入的调幅信号不宜太大，否则不易调到峰点。另外磁棒线圈统调正确后应用蜡加以固封，以免松动，影响统调效果。

2) 调频部分的调整

(1) 中频放大电路的调整。与调幅收音电路相类似，调频收音电路的中频放大级也要进行调整。用调频高频信号发生器调整的方法如下。

调整时，整机置 FM 收音位置，调整前按图 10 - 21 所示配置仪表和接线或直接听收音机的喇叭输出声音。

将音量电位器置于最大位置，将收音机调谐到无电台广播又无其他干扰的地方。

高频信号发生器输出频率为 10.7MHz，电平为 99dB，调制频率为 1000Hz，频偏为±22.5kHz 的调频信号。对于分立元件组成的调谐器，10.7MHz 信号经中频输入电路引出，用夹子夹在混频管的塑料壳上，由电路中的分布电容耦合到电路中去，对于集成电路组成的调谐器，10.7MHz 的中频调频信号可直接加到调频天线连接的信号输入端。

然后由小至大调节信号发生器的输出信号的幅值，直至示波器里能在收音机的输出端看到 lkHz 的音频信号，此时用无感螺丝刀反复调整中周 T_2(绿色)，使输出为最大，而且波形不失真。同时，注意当整机输出信号增大时，适当减小输入信号电平，再进行调整。

最后将信号发生器的调制方式由调频转向调幅，调制频率仍为 1kHz，调制度为 30%，调节绿色中周，使输出最小。这样反复进行调整，使整机在接收 10.7MHz 中频调频信号时的输出最大，而在接收 10.7MHz 调幅信号时输出最小，即两点重合。在调整中频变压器时也可以用喇叭监听，当喇叭里能听到 1000Hz 的音频信号，且声音最大，音色纯正，此时可认为中频变压器调整到了最佳状态。

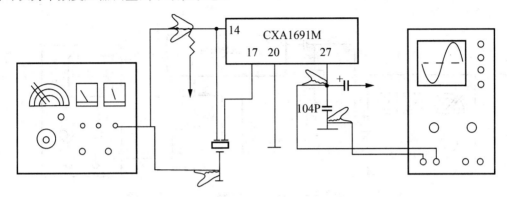

图 10 - 21　用调频高频信号发生器调整中频放大级

（2）调整调频段的接收范围（频率覆盖）——调 FM 的电感和电容。调频广播的接收范围规定为 87～108MHz，实际调整时一般为 86.2～108.5MHz。这里介绍用信号发生器进行调整的方法。

调整时，整机置中波 FM 收音位置，将音量电位器置于最大位置，调整前按图 10 - 21 所示配置仪表和接线或直接听收音机的喇叭输出声音。

① 低端频率调整。将可变电容器（调谐双联）旋到容量最大处，即机壳指针对准频率刻度的最低频端，将收音机调谐到无电台广播又无其他干扰的地方。

使调频高频信号发生器送出调制频率为 1000Hz，频偏为 22.5kHz，电平为 30dB（20μV）左右，频率为 86.2MHz 的调频信号，该信号经调频单信号标准模拟天线加到整机拉杆天线的输入端。

在频率低频端调节 L_3 振荡线圈，以改变线圈的电感量，使示波器出现 1000Hz 波形，并使波形最大。或直接监听收音机的声音，使收音机发出的声音最响最清晰。

② 高端频率调整。将可变电容器（调谐双联）旋到容量最小处，即机壳指针对准频率刻度的最高频端，将收音机调谐到无电台广播又无其他干扰的地方。

使调频高频信号发生器送出调制频率为 1000Hz，频偏为 22.5kHz，电平为 30dB（20μV）左右，频率为 108.5MHz 的调频信号。该信号经调频单信号标准模拟天线加到整机拉杆天线的输入端。

在频率高端，调节振荡回路与 C_D 并联的补偿电容，使示波器出现 1000Hz 波形，并使波形最大。或直接监听收音机的声音，使收音机发出的声音最响最清晰。

由于高低频端的谐振频率的调整相互牵制较大，所以必须反复调节多次，直到整机的接收频率范围符合要求为止。

注意调频振荡线圈一般为空心线圈，欲减小线圈的电感量，可将线圈拨得疏松些；欲增加线圈的电感量，可将线圈拨得紧密些。

这样接收电路的频率覆盖就达到 87～108MHz 的要求了，但因为高低频端的谐振频率的调整相互牵制，所以必须反复调节多次，直到整机的接收频率范围符合要求为止。

③ 统调灵敏度——调节 L_2 的电感量和与 C_C 并联的回路补偿电容的容量。调频波段的统调频率为 89MHz、98MHz、106MHz，但一般统调低频端和高频端两点就可以了。调整时，整机置中波 FM 收音位置，调整前按图 10-22 所示配置仪表和接线（实际电路仅仅一只 C_1，没有 88～108MHz 的带通滤波器）或直接听收音机的喇叭输出声音，将音量电位器置于最大位置。

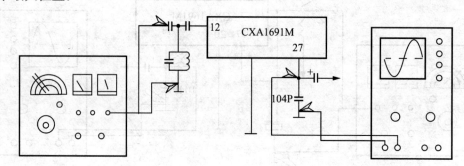

图 10-22　用调频高频信号发生器调整调频段的接收频率范围

先统调低频率 89MHz 端，使调频高频信号发生器送出调制频率为 1000Hz，频偏为 22.5kHz，电平为 26dB（20μV）左右，频率为 89MHz 的调频信号。该信号经调频单信号标准模拟天线加到整机拉杆天线的输入端。

调节的高频调谐回路线圈 L_2 的电感量，使示波器显示输出最大。或直接监听收音机的声音，使收音机发出的声音最响最清晰。

接着统调高频端频率点，使调频高频信号发生器送出调制 1000Hz，频偏为 22.5kHz，电平为 26dB（20μV）左右，频率为 106MHz 的调频信号。该信号经调频单信号标准模拟天线加到整机拉杆天线的输入端。

调节输入回路补偿电容（与 C_C 并联的补偿电容）的容量，使整机输出波形最大（或听到的收音机的声音最响最清晰）。

为了能达到较好的效果，需要耐心反复地调节。

10.3.6　实训报告要求

（1）按实训内容要求整理测量数据。

（2）简述超外差收音机安装与调试的步骤与方法。

（3）在安装与调试收音机过程中遇到的问题有哪些？常见故障有哪些？你是如何排除的？

（4）调整中波灵敏度时，信号源的环形天线与收音机的磁棒线圈应成什么角度？灵敏度统调点一般选在哪几点？如何统调灵敏度？

（5）在调整收音机灵敏度时，信号源的输出幅度为什么不能太大？

（6）如中波收音机低端收台时声小，但用磁棒靠近则声音变大，试问低端统调好了吗？此时天线电感是过大还是过小，应怎样调整为正确？

（7）收音机为什么要统调？

（8）调整 AM、FM 波段的频率覆盖范围，应采取几个步骤？

参 考 文 献

[1] 黄亚平. 高频电子技术 [M]. 北京：机械工业出版社，2009.

[2] 李福勤. 高频电子线路 [M]. 北京：北京大学出版社，2008.

[3] 林春方. 高频电子线路 [M]. 北京：电子工业出版社，2007.

[4] 高金玉. 高频电子技术及应用 [M]. 西安：西安电子科技大学出版社，2009.

[5] 周福平. 电子技能实验与实训教程 [M]. 北京：科学出版社，2011.

[6] 聂典. Multisim 9 计算机仿真 [M]. 北京：电子工业出版社，2007.

北京大学出版社高职高专机电系列规划教材

序号	书号	书名	编著者	定价	出版日期
1	978-7-301-10371-9	液压传动与气动技术	曹建东	28.00	2011.2 第 5 次印刷
2	978-7-301-12181-8	自动控制原理与应用	梁南丁	23.00	2012.1 第 3 次印刷
3	978-7-5038-4861-2	公差配合与测量技术	南秀蓉	23.00	2011.12 第 4 次印刷
4	978-7-5038-4865-0	CAD/CAM 数控编程与实训(CAXA 版)	刘玉春	27.00	2011.2 第 3 次印刷
5	978-7-5038-4869-8	设备状态监测与故障诊断技术	林英志	22.00	2011.8 第 3 次印刷
6	978-7-301-13262-3	实用数控编程与操作	钱东东	32.00	2011.8 第 3 次印刷
7	978-7-301-13383-5	机械专业英语图解教程	朱派龙	22.00	2012.2 第 4 次印刷
8	978-7-301-13582-2	液压与气压传动技术	袁 广	24.00	2011.3 第 3 次印刷
9	978-7-301-13662-1	机械制造技术	宁广庆	42.00	2010.11 第 2 次印刷
10	978-7-301-13653-9	工程力学	武昭晖	25.00	2011.2 第 3 次印刷
11	978-7-301-13652-2	金工实训	柴增田	22.00	2011.11 第 3 次印刷
12	978-7-301-14470-1	数控编程与操作	刘瑞已	29.00	2011.2 第 2 次印刷
13	978-7-301-13651-5	金属工艺学	柴增田	27.00	2011.6 第 2 次印刷
14	978-7-301-12389-8	电机与拖动	梁南丁	32.00	2011.12 第 2 次印刷
15	978-7-301-13659-1	CAD/CAM 实体造型教程与实训 (Pro/ENGINEER 版)	诸小丽	38.00	2012.1 第 3 次印刷
16	978-7-301-13656-0	机械设计基础	时忠明	25.00	2010.12 第 2 次印刷
17	978-7-301-17122-6	AutoCAD 机械绘图项目教程	张海鹏	36.00	2011.10 第 2 次印刷
18	978-7-301-17148-6	普通机床零件加工	杨雪青	26.00	2010.6
19	978-7-301-17398-5	数控加工技术项目教程	李东君	48.00	2010.8
20	978-7-301-17573-6	AutoCAD 机械绘图基础教程	王长忠	32.00	2010.8
21	978-7-301-17557-6	CAD/CAM 数控编程项目教程(UG 版)	慕 灿	45.00	2012.4 第 2 次印刷
22	978-7-301-17609-2	液压传动	龚肖新	22.00	2010.8
23	978-7-301-17679-5	机械零件数控加工	李 文	38.00	2010.8
24	978-7-301-17608-5	机械加工工艺编制	于爱武	45.00	2012.2 第 2 次印刷
25	978-7-301-17707-5	零件加工信息分析	谢 蕾	46.00	2010.8
26	978-7-301-18357-1	机械制图	徐连孝	27.00	2011.1
27	978-7-301-18143-0	机械制图习题集	徐连孝	20.00	2011.1
28	978-7-301-18470-7	传感器检测技术及应用	王晓敏	35.00	2011.1
29	978-7-301-18471-4	冲压工艺与模具设计	张 芳	39.00	2011.3
30	978-7-301-18852-1	机电专业英语	戴正阳	28.00	2011.5
31	978-7-301-19272-6	电气控制与 PLC 程序设计（松下系列）	姜秀玲	36.00	2011.8
32	978-7-301-19297-9	机械制造工艺及夹具设计	徐 勇	28.00	2011.8
33	978-7-301-19319-8	电力系统自动装置	王 伟	24.00	2011.8
34	978-7-301-19374-7	公差配合与技术测量	庄佃霞	26.00	2011.8
35	978-7-301-19436-2	公差与测量技术	余 键	25.00	2011.9
36	978-7-301-19010-4	AutoCAD 机械绘图基础教程与实训(第 2 版)	欧阳全会	36.00	2012.1
37	978-7-301-19638-0	电气控制与 PLC 应用技术	郭 燕	24.00	2012.1
38	978-7-301-19933-6	冷冲压工艺与模具设计	刘洪贤	32.00	2012.1
39	978-7-301-20002-5	数控机床故障诊断与维修	陈学军	38.00	2012.1
40	978-7-301-20312-5	数控编程与加工项目教程	周晓宏	42.00	2012.3
41	978-7-301-20414-6	Pro/ENGINEER Wildfire 产品设计项目教程	罗 武	31.00	2012.5

北京大学出版社高职高专电子信息系列规划教材

序号	书号	书名	编著者	定价	出版日期
1	978-7-301-12180-1	单片机开发应用技术	李国兴	21.00	2010.9 第 2 次印刷
2	978-7-301-12386-7	高频电子线路	李福勤	20.00	2010.3 第 2 次印刷
3	978-7-301-12384-3	电路分析基础	徐 锋	22.00	2010.3 第 2 次印刷
4	978-7-301-13572-3	模拟电子技术及应用	刁修睦	28.00	2010.9 第 2 次印刷
5	978-7-301-12390-4	电力电子技术	梁南丁	29.00	2010.7 第 2 次印刷
6	978-7-301-12383-6	电气控制与 PLC(西门子系列)	李 伟	26.00	2012.3 第 2 次印刷
7	978-7-301-12387-4	电子线路 CAD	殷庆纵	28.00	2011.8 第 3 次印刷
8	978-7-301-12382-9	电气控制及 PLC 应用(三菱系列)	华满香	24.00	2012.5 第 2 次印刷
9	978-7-301-16898-1	单片机设计应用与仿真	陆旭明	26.00	2012.4 第 2 次印刷
10	978-7-301-16830-1	维修电工技能与实训	陈学平	37.00	2010.7
11	978-7-301-17324-4	电机控制与应用	魏润仙	34.00	2010.8
12	978-7-301-17569-9	电工电子技术项目教程	杨德明	32.00	2012.4 第 2 次印刷
13	978-7-301-17696-2	模拟电子技术	蒋 然	35.00	2010.8
14	978-7-301-17712-9	电子技术应用项目式教程	王志伟	32.00	2012.4 第 2 次印刷
15	978-7-301-17730-3	电力电子技术	崔 红	23.00	2010.9
16	978-7-301-17877-5	电子信息专业英语	高金玉	26.00	2011.11 第 2 次印刷
17	978-7-301-17958-1	单片机开发入门及应用实例	熊华波	30.00	2011.1
18	978-7-301-18188-1	可编程控制器应用技术项目教程(西门子)	崔维群	38.00	2011.1
19	978-7-301-18322-9	电子 EDA 技术(Multisim)	刘训非	30.00	2011.1
20	978-7-301-18144-7	数字电子技术项目教程	冯泽虎	28.00	2011.1
21	978-7-301-18470-7	传感器检测技术及应用	王晓敏	35.00	2011.1
22	978-7-301-18630-5	电机与电力拖动	孙英伟	33.00	2011.3
23	978-7-301-18519-3	电工技术应用	孙建领	26.00	2011.3
24	978-7-301-18770-8	电机应用技术	郭宝宁	33.00	2011.5
25	978-7-301-18520-9	电子线路分析与应用	梁玉国	34.00	2011.7
26	978-7-301-18622-0	PLC 与变频器控制系统设计与调试	姜永华	34.00	2011.6
27	978-7-301-19310-5	PCB 板的设计与制作	夏淑丽	33.00	2011.8
28	978-7-301-19326-6	综合电子设计与实践	钱卫钧	25.00	2011.8
29	978-7-301-19302-0	基于汇编语言的单片机仿真教程与实训	张秀国	32.00	2011.8
30	978-7-301-19153-8	数字电子技术与应用	宋雪臣	33.00	2011.9
31	978-7-301-19525-3	电工电子技术	倪 涛	38.00	2011.9
32	978-7-301-19953-4	电子技术项目教程	徐超明	38.00	2012.1
33	978-7-301-20000-1	单片机应用技术教程	罗国荣	40.00	2012.2
34	978-7-301-20009-4	数字逻辑与微机原理	宋振辉	49.00	2012.1
35	978-7-301-20706-2	高频电子技术	朱小样	32.00	2012.6

请登录 www.pup6.cn 免费下载本系列教材的电子书(PDF 版)、电子课件和相关教学资源。

欢迎免费索取样书,并欢迎到北京大学出版社来出版您的大作,可在 www.pup6.cn 在线申请样书和进行选题登记,也可下载相关表格填写后发到我们的邮箱,我们将及时与您取得联系并做好全方位的服务。

联系方式:010-62750667,yongjian3000@163.com,linzhangbo@126.com,欢迎来电来信。